工业和信息化
精品系列教材

U0734208

Python

数据分析
基础教程

微课版 第2版

郑丹青◎编著

人民邮电出版社
北京

图书在版编目（CIP）数据

Python 数据分析基础教程 ：微课版 / 郑丹青编著.
2 版. -- 北京 ：人民邮电出版社，2025. --（工业和信息化精品系列教材）. -- ISBN 978-7-115-65723-7

Ⅰ. TP312.8

中国国家版本馆 CIP 数据核字第 2024BE9603 号

内 容 提 要

本书详细讲解 Python 数据分析的相关内容，共 10 章，第 1～9 章分别讲解数据分析概述、Python 与数据分析、Python 基础、NumPy 数组与矢量计算、用 NumPy 进行简单的统计分析、数据可视化工具——Matplotlib、pandas 数据分析基础、用 pandas 进行数据预处理、机器学习库 scikit-learn 入门；第 10 章用一个综合案例——电影数据分析项目，带领读者灵活掌握本书所讲内容。

本书配套丰富的教学资源，包括教学 PPT、教案、源代码、数据集、课后习题及答案等。

本书可作为高等教育本、专科院校计算机相关专业的教材，也可作为数据分析爱好者的自学参考书。

◆ 编　著　郑丹青
　　责任编辑　范博涛
　　责任印制　王　郁　周昇亮
◆ 人民邮电出版社出版发行　　北京市丰台区成寿寺路 11 号
　　邮编　100164　电子邮件　315@ptpress.com.cn
　　网址　https://www.ptpress.com.cn
　　天津千鹤文化传播有限公司印刷
◆ 开本：787×1092　1/16
　　印张：16　　　　　　　　　　2025 年 6 月第 2 版
　　字数：400 千字　　　　　　　 2025 年 6 月天津第 1 次印刷

定价：59.80 元

读者服务热线：(010)81055256　印装质量热线：(010)81055316
反盗版热线：(010)81055315

前　言

随着云计算与大数据技术的发展，大数据技术已应用到各行各业中，其中大数据分析技术应用范围最为广泛。Python 作为一门面向对象的解释型计算机程序设计语言，具有大量的库，可为数据处理和分析提供完整的工具集，被广泛应用于科学计算领域，成为了大数据分析的主流技术之一。Python 数据分析已成为大数据技术相关专业学生必须掌握的重要技术之一。

本书的特点

本书详细介绍了数据分析的相关概念、数据分析的过程，以及如何运用 Python 数据分析常用库。同时，为便于读者更好地理解 Python 与数据分析的关系，本书详细介绍了 Python 的基础语法，然后运用数据分析技术，介绍如何完成相关的数据分析项目。

本书的各章中都有示例代码，这些示例代码能够帮助读者更好地理解 Python 数据分析中的相关概念。同时，为提高读者对数据分析技术的运用能力，本书在第 2~9 章中还设置了项目实践等内容，在第 10 章设置了综合项目，突出培养读者的动手能力。

本书参考学时为 96~128 学时，建议采用理论实践一体化教学模式，各章的参考学时见下面的学时分配表。

学时分配表

章	课程内容	参考学时
第 1 章	数据分析概述	1
第 2 章	Python 与数据分析	3
第 3 章	Python 基础	16~24
第 4 章	NumPy 数组与矢量计算	12~16
第 5 章	用 NumPy 进行简单的统计分析	8~12
第 6 章	数据可视化工具——Matplotlib	8~12
第 7 章	pandas 数据分析基础	16~20
第 8 章	用 pandas 进行数据预处理	16~20
第 9 章	机器学习库 scikit-learn 入门	12~16
第 10 章	电影数据分析项目	4
学时总计		96~128

作者简介

郑丹青，教授，高级工程师，湖南省计算机应用技术省级专业带头人，具有多年的计算机教学工作经验及企业软件项目开发经验。

由于编者水平和经验有限，书中难免有不足之处，恳请读者批评指正。

编者
2025 年 5 月

目 录

第 1 章

数据分析概述

学习目标

① 了解数据、数据类型的基本概念。
② 了解数据分析的基本概念。
③ 了解数据分析的过程。

④ 了解数据分析的作用。
⑤ 了解数据分析的常用工具。

1.1 数据

【微课视频】

1.1.1 数据的概念

数据是描述事物的符号，是对客观事物的性质、状态和相互关系等进行记载的物理符号或者是这些物理符号的组合。在计算机系统中，各种文字、字母、数字符号的组合，图形、图像、视频、音频等统称为数据，数据经过加工后就成为信息。在现实生活中，数据无所不在，如居民身份证号、快递单号和火车时刻表中就包含大量的数据。人们通过数据来认识世界、交流信息。

数据是对世界万物的记录，任何可以被测量或是分类的事物都能用数据来表示。在采集完数据后，可以对数据进行研究和分析，从而获得有价值的信息。数据与信息既有联系，又有区别。数据是信息的表现形式和载体，而信息则是数据的内涵，信息是加载于数据之上的，对数据具体含义的解释。数据和信息是不可分离的，信息依赖数据来表达，数据则生动、具体地表达出信息。数据是符号，是物理性的，信息是对原始数据进行加工后得到的并对决策产生影响的数据，信息是数据有意义的表示。人们也常常借助信息进行预测，或者即使做不到预测，至少也能让推测更有依据。

当信息转化为一组有助于更好地理解特定机制的规则时，信息就成为知识，人们可以利用这些知识来预测事件的演变。

1.1.2　数据的类型

数据可以分为以下两种不同的类型。

❑　类别型：定类和定序。

❑　数值型：离散和连续。

类别型数据是指可以被分成不同组或类别的值或观察结果，通常可分为两种，即定类（nominal）和定序（ordinal）。定类型数据的各类别没有内在的顺序，而定序型数据有预先指定的顺序。

数值型数据是指通过测量得到的数值或观察结果，通常可分为两种，即离散和连续。离散型数据是指只能按计量单位数计数的数据，例如：职工人数、设备台数等。相反，连续型数据是指在一定范围内可以任意取值，数值是连续不断的，相邻两个数值可做无限分割（即可取无限个数值）的数据，例如：人体的身高和体重等。

1.2　数据分析

1.2.1　数据分析的概念

随着移动互联时代的到来，特别是虚拟现实、人工智能、物联网和车联网等科学技术的不断发展，当今世界对信息技术的依赖程度日渐加深，每天都会产生和存储海量的数据。数据来源多种多样，除了生产过程中的自动检测系统、传感器和科学仪器会产生大量的数据，日常生活中的网上购物、预订车票、发微信、写微博等，也都会产生大量的数据。处理这些海量数据，并从中提取出有价值的信息的过程就是数据分析。

数据分析是指用适当的统计分析方法对收集来的大量原始数据进行分析，为提取有用信息和形成结论而对数据加以详细研究和概括总结的过程。数据分析的目的是提取不易推断的信息并加以分析，一旦理解了这些信息，就能够对产生数据的系统的运行机制进行研究，从而对系统可能的响应和演变做出预测。

数据分析最初用于保护数据，现已发展成为数据建模的方法论。模型实际上是指将所研究的系统转化成数学形式，一旦建立了数学模型或逻辑模型，就能对系统的响应做出不同精度的预测。而模型的预测能力不仅取决于建模的质量，还取决于数据集的质量。因此，数据采集、数据提取和数据准备等预处理工作也属于数据分析的范畴，它们对最终结果有着重要的影响。

在数据分析中，理解数据的最好方法莫过于将其转变为可视化图形，从而传达出数据中蕴含（有时是隐藏）的信息。因此，数据分析可看成模型和图形化的展示。根据模型可以预测所研究系统的响应，用已知输出结果的一个数据集对模型进行测试。这些数据不是用来生成模型的，而是用来检验系统能否重现实际观察到的输出，从而掌握模型的误差，了解其有效性和局限性。然后，对模型进行优化，再将新模型与原来模型进行比较，如果新模型胜出，即可进行数据分析的最后一步——部署。部署阶段需要根据模型给出预测结果，实现相应的决策，同时还要防范模型预测到的潜在风险。

1.2.2　数据分析的过程

数据分析的过程可以用以下几步来描述：转换和处理原始数据，用可视化方式呈现数据，建模并做预测。其中每一步所起的作用对后面的步骤而言都是至关重要的。因此，数据分析的过程可以概括为问题定义、数据采集、数据预处理、数据探索和数据可视化、预测模型的创建和选择、模型评估、部署几个阶段。

1．问题定义

在进行数据分析前，首先需要明确数据分析的目标，即本次数据分析要研究的主要问题和预期的分析目标等，这称为问题定义。

只有深入探究作为研究对象的系统后，才有可能准确定义问题。事实上，对系统进行全面或详尽的研究有时会很复杂，一开始可能没有足够的信息。因此问题的定义，尤其是问题的规划，是整个数据分析项目所遵循的指导方针。

问题定义会产生一些相关文档，在定义好问题并形成文档后，接下来就可以进入数据分析的项目规划环节。该环节要弄清楚高效完成数据分析项目需要哪些专业人士和资源，此时就需要寻找相关领域的专家和安装数据分析软件。因此，在项目规划过程中要组建高效的数据分析团队。一般而言，这个团队应该是跨学科的，因为从不同角度研究数据有助于解决问题。

2．数据采集

经过问题定义阶段后，在分析数据之前，首先要做的就是数据采集。数据采集一定要本着创建预测模型的目的，数据采集对数据分析的成功起着至关重要的作用。所采集的样本数据应尽可能多地反映实际情况，即能够描述系统对来自现实刺激的反应。如果采集了不当的数据，或者对不能很好地代表系统的数据集进行数据分析，得到的模型将会偏离作为研究对象的系统。例如，如果需要探究北京空气质量变化的趋势，就需要收集北京最近几年的空气质量数据、天气数据，甚至工厂环境状况数据、气体排放数据、重要日程数据等；如果需要分析影响公司销售的关键因素，就需要调用公司的历史销售数据、用户数据、广告投放数据等。

数据的采集方式有以下几种。

（1）利用 SQL（结构查询语言）语句直接从企业管理数据库中调取相关业务数据。例如，提取 2022 年度所有的销售数据和销量排名前 20 的商品数据，提取华东、华南、西部地区用户的消费数据等。

（2）到特定的网站下载一些科研机构、企业、政府开放的公开数据集。这些数据集通常比较完善，质量相对较高。当然这种方式也有一些缺陷，就是这些数据集的发布通常比较滞后，但因其具有较高的客观性和权威性，故依然具有很大的价值。

（3）编写网页爬虫去收集互联网上的数据。例如，可以通过爬虫获取淘宝网上商品的销售和评价信息、租房网站上某城市的租房信息、豆瓣网上电影和电影评分的列表信息、网易云音乐评论排行列表信息等。基于互联网爬取的数据，可以用于针对某个行业、某一类人群的分析，是一种非常精准的市场调研和竞品分析方式。

虽然通过数据采集不能获得所有需要的数据，但是可以通过有限的可获取的数据，提取出更多有用的信息。

3．数据预处理

利用数据采集获得的数据大部分是不完整、不一致的"脏"数据，无法直接进行数据分析，若直接用会使分析结果不能令人满意。数据预处理就是使数据采集阶段中获得的原始数据，经过数据清洗和数据转换后，转变为"干净"的数据。使用这些"干净"的数据，才能获得更加精确的分析结果。

数据清洗是对数据重新审查和校验的过程，目的是删除重复数据、纠正存在的错误数据、检查数据一致性、处理无效值和缺失值等。例如，空气质量数据中有许多天的数据由于设备的原因没有监测到，有些数据被重复记录，还有一些数据由于设备故障而无效。那么，对于这些数据，是直接删除，还是用临近的值去补全？这些都是需要考虑的问题。

数据转换是将数据从一种表示形式转变为另一种表示形式的过程，如日期格式转换、数据计量单位转换等。

另外，还可以利用基本描述统计量的计算和基本统计图形的绘制来发现缺失值和异常值。

4. 数据探索和数据可视化

数据探索的本质是从图形或统计数字中搜寻数据，以发现数据中的模式、关系。数据可视化是获得信息的最佳方式之一。通过可视化呈现数据的方式，不仅能快速抓住要点信息，还可以揭示通过简单统计不能观察到的模式和结论。

数据探索包括初步的数据检验，确定数据类型是类别型数据还是数值型数据，选择出最合适的定义模型的数据分析方法。

一般情况下，在这个阶段，除了细致研究用数据可视化方法得到的图表，可能还包括以下一种或多种活动。

- ❏ 总结数据。
- ❏ 为数据分组。
- ❏ 探索不同属性之间的关系。
- ❏ 识别模式和趋势。
- ❏ 建立分类模型和回归模型。
- ❏ 建立聚类模型。

分类模型是通过学习输入数据与预定义标签之间的关系来预测离散标签；回归模型是根据输入变量预测一个连续的数值；聚类模型是将数据点划分为几个组，使得同一组内的数据点比其他组的数据点更相似。

通常，进行数据分析需要总结与数据分析相关的各种表述。在总结过程中，在不损失重要信息的情况下，将数据浓缩为对系统的解释。

数据分析还需要关注所识别数据中的关系、趋势和异常现象。为了找到这些信息，需要使用合适的工具，同时要分析可视化后得到的图表。

其他数据分析方法，如决策树或关联规则，则可以自动从数据中抽取重要的事实或规则。这些方法可以与数据可视化配合使用，以便发现数据之间存在的各种关系。

5. 预测模型的创建和选择

预测模型是指用于预测的、用数学语言或公式来描述的事物间的数量关系，它在一定程度上揭示了事物间的内在规律性，预测时把它作为计算预测值的直接依据。在数据分析的预测模型的创建和选择阶段，要通过创建或选择合适的统计模型来预测某一个结果的概率。

具体来说，模型主要有以下两个方面的用途。

- ❏ 使用回归模型来预测系统所产生数据的值。
- ❏ 使用分类模型或聚类模型为新数据分类。

事实上，根据输出结果的类型，模型可分为以下 3 种。

- ❑ 分类模型：模型输出结果为类别型数据。
- ❑ 回归模型：模型输出结果为数值型数据。
- ❑ 聚类模型：模型输出结果为描述型数据。

生成这些模型的简单方法包括线性回归、逻辑回归、分类、回归树和 K 近邻算法等。但是分析方法有许多种，每一种都有各自擅长处理和分析的特定的数据类型。每一种方法都能生成一种特定的模型，选取哪种方法与模型的自身特点有关。

有些模型输出的预测值与系统实际输出的结果一致，这些模型的结构使得它们能够以一种简洁、清晰的方式解释所研究的系统的某些特点。另外，还有一些模型虽然也能够给出正确的预测值，但是它们的结构为"黑箱"，对系统特点的解释能力有限。

6. 模型评估

模型评估阶段也就是测试阶段。该阶段是从整个数据分析的原始数据集中抽取出一部分用作验证集，并用验证集去评估使用先前采集的数据所创建的模型是否有效。

一般来说，用于建模的数据称为训练集，用于验证模型的数据称为验证集或测试集。

通过比较模型和实际系统的输出结果，就能评估错误率。使用不同的测试集，可以得出模型的有效性区间。事实上，预测结果只在一定范围内才有效，或因预测值取值范围而异，预测值和有效值之间存在不同层次的对应关系。

在模型评估过程中，不仅可以得到模型确切的有效程度，还可以比较出它与其他模型的不同之处。模型评估的方法有许多，其中著名的是交叉验证，它的基本操作是将训练集分成不同部分，每一部分轮流作为验证集，同时其余部分用作训练集。通过这种迭代的方式，可以获得最佳模型。

7. 部署

数据分析的最后一步是部署，旨在展示结果，也就是给出数据分析的结论。若应用场景在商业领域中，部署过程将分析结果转换为对购买数据分析服务的客户有益的方案；若应用场景在科技领域中，部署过程将分析结果转换为设计方案或科技出版物。也就是说，部署过程基本上就是把数据分析得到的结果应用到实践中的过程。

数据分析的结果有多种部署方案，通常这个阶段也称为数据报告的撰写。数据报告应详细描述以下几点。

- ❑ 分析结果。
- ❑ 决策部署。
- ❑ 风险分析。
- ❑ 商业影响评估。

如果项目的产出包括生成预测模型，那么这些模型就可以以单独应用的形式进行部署或集成到其他软件中。

1.2.3　数据分析的作用

当前，无论是互联网企业还是传统企业，都需要进行数据分析。企业如果需要进行经营决策或者推出某种新型产品，就需要利用数据分析将一些凌乱的数据整合汇总，从中判断出具体方向。其实，在企业的经营分析中，数据分析具有三大作用。

（1）现状分析。所谓现状有两层含义，一层含义是指已经发生的事情，另一层含义是指现在正在发生的事情。通过对企业的基础周报或月报进行分析，可了解企业的整体运营情况，发现企业经营中的问题，了解企业的现状。

（2）原因分析。通过现状分析，了解到企业存在某种隐患后，就需要分析该隐患，了解该隐患存在的原因等。

（3）预测分析。在分析了现状，也分析了原因后，就需要进行预测分析。利用现在所掌握的数据，预测未来的发展趋势等。

总的来说，数据分析的作用就是分析企业过去整体的运营情况，分析企业现在所存在的隐患，以及预测企业未来的发展趋势。

1.2.4　数据分析的常用工具

目前主流的数据分析工具包括 Python、R 语言、MATLAB，3 种语言。其中，Python 具有丰富且强大的库，它常被称为"胶水语言"，能够把使用其他程序设计语言（尤其是 C/C++）实现的各种模块很轻松地连接在一起，是一门易学、严谨的程序设计语言。R 语言是一种计算机程序设计语言，主要用于数据分析、统计建模、数据可视化，同时也是一个自由、免费、开源的软件。MATLAB 是一款用于算法开发、数据可视化、数据分析以及数值计算的高级技术计算语言和交互式应用开发环境的商业数学软件，主要应用于工程计算、控制设计、信号处理与通信、图像处理、信号检测、金融建模设计与分析等领域。

Python、R 语言、MATLAB 这 3 种语言均可以进行数据分析。表 1-1 从语言学习难易程度、使用场景、第三方支持、流行领域和软件成本 5 个方面比较了这 3 种数据分析工具。

表 1-1　Python、R 语言、MATLAB 这 3 种数据分析工具的比较

比较项	Python	R 语言	MATLAB
语言学习难易程度	接口统一，学习曲线平缓	接口众多，学习曲线陡峭	自由度大，学习曲线较为平缓
使用场景	数据分析、机器学习、矩阵运算、科学数据可视化、数字图像处理、Web 应用、网络爬虫、系统运维等	统计分析、机器学习、科学数据可视化等	矩阵运算、数值分析、科学数据可视化、机器学习、数字图像处理、数字信号处理、仿真模拟等
第三方支持	拥有大量的第三方库，能够简便地调用 C、C++、Fortran、Java 等其他程序设计语言	拥有大量的包，能够调用 C、C++、Fortran、Java 等其他程序设计语言	拥有大量专业的工具箱，在新版本中加入了对 C、C++、Java 的支持
流行领域	工业界	经济界	学术界
软件成本	开源、免费	开源、免费	商业收费

本章小结

本章介绍了数据和数据分析的基本概念，重点介绍了数据分析的过程，包括问题定义、数据采集、数据预处理、数据探索和数据可视化、预测模型的创建和选择、模型评估、部署等，以及介绍了数据分析的作用和数据分析的常用工具。

思考练习

简答题

（1）简述数据的概念，以及数据、信息和知识三者之间的关系。

（2）什么是数据分析？数据分析包括哪几个阶段？

（3）数据的采集方式有哪些？

（4）为什么要进行数据预处理？数据预处理包括哪些方面？

（5）数据可视化的作用是什么？

（6）数据分析有哪些作用？

（7）数据分析的常用工具有哪些？各有什么优劣？

第 **2** 章

Python与数据分析

学习目标

① 了解 Python 的特点。
② 了解 Python 与数据分析的关系。
③ 了解 Python 数据分析常用的库。
④ 掌握 Python 的环境搭建方法。
⑤ 掌握 PyCharm 的安装与使用方法。
⑥ 掌握 Jupyter Notebook 的安装与使用方法。

2.1 Python 简介

【微课视频】

2.1.1 Python 的特点

Python 是由吉多·范罗苏姆（Guido van Rossum）于 1991 年在荷兰国家数学与计算机科学研究中心设计出来的。Python 由 ABC 语言发展而来，与 Perl 一样，Python 源代码同样遵循 GPL（GNU General Public License，GNU 通用公共许可）协议。

Python 是一门面向对象的解释型计算机程序设计语言，其具有如下特点。

（1）Python 是一门解释型程序设计语言。Python 采用的是伪编译的方法，编写完程序后，要用解释器解释后才能运行，因此，需要在计算机上安装解释器。与用 C、C++和 Java 等语言编写的程序不同，Python 程序不需要编译。

（2）Python 是一门交互式程序设计语言。由于 Python 用解释器运行代码，因此，可以输入一行代码就运行，这样可以马上得到代码运行的结果，然后根据返回的结果来决定下一行将要输入的代码；或者也可像 C++或 Java 那样，编写大量的程序代码后再运行。

（3）Python 是一门面向对象的程序设计语言。Python 支持面向对象的编程技术，它的类模式支持诸如多态、运算符重载、多重继承等。而且，Python 的动态类型、面向对象编程（Object Oriented Programming，OOP）都十分易于应用。

（4）Python 具有很高的可移植性。对于任何现有的系统（如 Linux、Windows 和 macOS），只要安装了相应版本的解释器，Python 代码无须修改就可在其上运行。

（5）Python 具有可扩展性。Python 可以用作"胶水"，黏合 C 或 C++和 Fortran 等其他程序设计语言。例如，为了弥补 Python 运行速度慢的缺陷或者为了对程序中的一段关键代码进行加密，可以将这部分程序代码用其他语言（如 C 或 C++）编写，然后在 Python 中无缝使用编译好的其他语言的代码。

（6）Python 具有可嵌入性。人们可以把 Python 嵌入 C 或 C++ 程序中，从而实现为 C 或 C++ 程序提供脚本的功能。

（7）Python 提供了许多商业数据库的接口。这使得用户在进行数据分析时，可以直接调用数据库中的数据，而不需要进行数据格式的转换和导入。

（8）Python 支持 GUI（图形用户界面）编程。

（9）Python 是一门开源的程序设计语言，同时，Python 还是一门易于学习和使用的程序设计语言，它的代码非常直观、简单、易懂。Python 与 C 或 C++ 和 Fortran 等其他程序设计语言相比，其处理各种任务更加简单。

但是，Python 也有缺点。由于 Python 代码是通过解释器运行的，因此，Python 程序的运行速度相对于 C、C++ 或 Java 程序的要慢。同时，Python 程序代码不能加密，要实现加密功能只能用其他语言编写后再在 Python 中使用。

由于 Python 具有大量的库，可为数据分析和处理提供完整的工具集，因此，Python 被广泛地应用于科学计算领域。

2.1.2　Python 解释器

Python 是一门解释型程序设计语言，每次运行 Python 代码时，Python 的解释器就会启动，此时就会出现 Python 命令提示符>>>。

Python 的解释器可分为 CPython、IPython、Jython、PyPy 和 IronPython 几种，具体如下。

（1）CPython 是 Python 的标准解释器，它是用 C 语言编写的。当从 Python 官网下载并安装好 Python 后，就可直接获得 Python 的标准解释器。

（2）IPython 是基于 CPython 的一个交互式解释器。

（3）Jython 是运行在 Java 平台上的 Python 解释器，可以直接把 Python 代码编译成 Java 字节码运行。

（4）PyPy 解释器是一种即时编译器，它在运行时直接将 Python 代码转换成机器码，这样做是为了提升代码的运行速度。但是，PyPy 不支持所有的 CPython 库，这就导致无法使用如 NumPy、SciPy 等重要的第三方库。

（5）IronPython 是用 C# 开发的、只适用于 Windows 系统的解释器。

2.2　Python 与数据分析的关系

常用的数据分析工具有 Python、R 语言、MATLAB 等，但在大数据分析领域，Python 是目前最受欢迎的主流数据分析工具。究其原因主要有以下几点。

（1）Python 是一门解释型程序设计语言，在数据分析的场景中，解释型语言的好处是不需要对代码进行编译链接，只需要编写好程序，就可直接运行，这样就可以避免解决编译链接过程中所出现的各种问题。同时，Python 语法和结构相对简单，便于专注于数据分析的初学者快速掌握。

（2）Python 拥有与数据分析相关的大量开源库和分析框架，可直接使用，非常方便。另外，Python 不仅提供了数据处理的平台，还能与很多语言（如 C 和 Fortran）对接。

（3）Python 其实不只能用于数据分析，它还有很多其他方面的用途。例如，Python 是一门通用型的程序设计语言，它也可以作为脚本来使用，还能操作数据库；而且由于 Django 等框架的问世，Python 近年来还可用于开发 Web 应用，这就使用 Python 开发的数据分析项目完全可以与 Web 服务器兼容，从而可以整合到 Web 应用中。

由此可见，Python 具有比其他数据分析工具更多的优势，因此其成为数据分析的最佳选择。

2.3　Python 数据分析常用的库

库是一组相关的功能和方法的集合，通常以模块的形式提供。库可以包含多个模块，每个模块提供一组相关的功能，建立库的目的是重复使用和共享代码，以简化开发过程。Python 数据分析中常用的库有 NumPy、pandas、Matplotlib、SciPy 和 scikit-learn 等，这些库在数据分析中起着很重要的作用。有关这些库的使用将在后面的章节中做详细介绍，本节只对这些库进行简单介绍。

1. NumPy

NumPy（Numerical Python）是 Python 的科学计算库，支持大量的维度数组与矩阵运算，此外，也针对数组运算提供大量的数学函数库。

除了为 Python 提供快速的数组处理能力，NumPy 在数据分析方面还有另外一个主要作用，即作为算法之间传递数据的容器。对于数值型数据，NumPy 数组在存储和处理数据时要比内置的 Python 数据结构高效得多。此外，用高级语言（如 C 和 Fortran）编写的库可以直接操作 NumPy 数组中的数据，无须进行任何数据复制工作。

2. pandas

pandas 是 Python 数据分析的核心库，它是基于 NumPy 构建的、含有复杂数据结构和工具的数据分析库。pandas 最初是被作为金融数据分析工具而开发出来的，因此，它为时间序列分析提供了很好的支持。pandas 纳入了大量库和标准数据模型，提供了大量可快速、便捷处理数据的函数和高效操作数据集所需的工具。

pandas 围绕 Series 和 DataFrame 这两个核心数据结构展开，而 Series 和 DataFrame 分别对应一维的序列和二维的表结构。pandas 提供了复杂、精细的索引功能，以便快捷地完成重塑、切片、聚合和选取数据子集等操作。

3. Matplotlib

Matplotlib 是非常流行的用于绘制数据图表的 Python 库，它非常适合创建出版物中的图表。Matplotlib 提供了一整套与 MATLAB 相似的绘图 API（应用程序接口），十分适合交互式地进行绘图，而且可以方便地将它作为绘图控件，嵌入 GUI 应用程序中。通过 Matplotlib 的 pyplot 子库提供的与 MATLAB 类似的绘图 API，可方便用户快速绘制 2D 图表，例如直方图、条形图、散点图等。

4. SciPy

SciPy 是一组专门用于科学计算的开源 Python 库，它构建于 NumPy 的基础上，提供了一个用于在 Python 中进行科学计算的工具集。SciPy 经常与 NumPy、pandas 和 Matplotlib 这些核心库一起使用。SciPy 主要包括 8 个包，这些包分别对应不同的科学计算领域。SciPy 主要包括的包如表 2-1 所示。

表 2-1　SciPy 主要包括的包

包名	描述
scipy.integrate	数值积分例程和微分方程求解器
scipy.linalg	扩展了由 numpy. linalg 提供的线性代数例程和矩阵分解功能
scipy.optimize	提供了函数最小值、曲线拟合和寻找等式的根的算法
scipy.signal	信号处理工具
scipy.sparse	稀疏矩阵和稀疏线性系统求解器
scipy.special	SPECFUN（一个实现了许多常用数学函数的 Fortran 库）的包装器
scipy.stats	提供了大量统计信息、概率分布函数
scipy.weave	利用内联的 C++ 代码加速数组计算的工具

注意

NumPy 与 SciPy 的有机结合完全可以替代 MATLAB 的计算功能。

5. scikit-learn

scikit-learn 是一个简单、有效的数据挖掘和数据分析库，可供用户在各种环境下重复使用，而且 scikit-learn 是建立在 NumPy、SciPy 和 Matplotlib 的基础上的，对一些常用的算法进行了封装。scikit-learn 的基本功能主要分为六大部分：分类、回归、聚类、数据降维、模型选择和数据预处理。在数据量不大的情况下，scikit-learn 可以解决大部分问题。对算法不精通的用户在执行建模任务时，并不需要自行编写所有算法，只需要简单地调用 scikit-learn 里的模块就可以了。

2.4　Python 开发环境的搭建

Python 有 2.7 版本和 3.x.x 版本，早期人们采用 Python 2.7，但随着 Python 3.x.x 的发展，Python 2.7 逐步被淘汰。因此，在搭建 Python 开发环境时，建议选择安装 Python 3.x.x。

Python 的安装软件与用户计算机操作系统有关，Python 官网上分别提供了 Windows、Linux/UNIX、Mac OS X 和其他操作系统的安装软件。下面以在 Windows 操作系统下安装 Python 3.10.2 为例，介绍 Python 开发环境的搭建，并设置 Python 安装路径为 D:\python。

1. Python 3.10.2 的安装

（1）在 Python 官网下载与用户 Windows 操作系统位数（32 位或 64 位）相对应的 Python 软件。如：

❑　Windows 是 32 位就下载 Python 3.10.2 Windows x86 executable installer；

❑　Windows 是 64 位就下载 Python 3.10.2 Windows x86-64 executable installer。

此时下载的文件是 python-3.10.2.exe（32 位）或 python-3.10.2-amd64.exe（64 位）的可执行的 Python 安装程序。

（2）如果用户的计算机是 64 位 Windows 操作系统，则双击 python-3.10.2-amd64.exe 可执行的 Python 安装程序文件，在安装界面上，勾选 Add Python 3.10 to PATH，如图 2-1 所示。

（3）在安装界面上，选择 Customize installation（自定义安装），进入选项功能界面，如图 2-2 所示。勾选选项功能界面上的所有选项，单击 Next 按钮，进入高级选项界面，如图 2-3 所示。

图2-1　安装界面

图2-2　选项功能界面

图2-3　高级选项界面

（4）在高级选项界面上，勾选 Install for all users、Associate files with Python(requires the py launcher)、Create shortcuts for installed applications、Add Python to environment variables 和 Precompile standard library 这 5 个选项。单击 Browse 按钮，更改 Python 安装路径为 D:\python。若单击 Back 按钮，则返回到选项功能界面；若单击 Install 按钮，则开始安装软件。

Python 安装进度界面如图 2-4 所示。Python 安装成功后，弹出 Python 安装成功界面，如图 2-5 所示。单击 Close 按钮关闭界面。

图2-4　Python安装进度界面

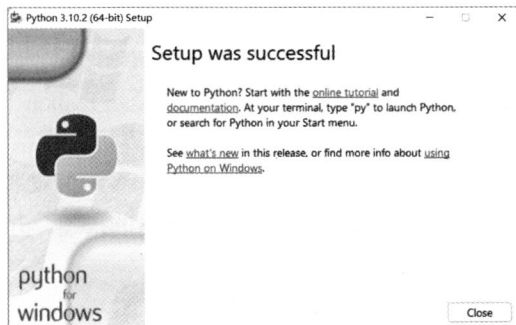

图2-5　Python安装成功界面

▌注意▐

　　由于在安装 Python 时选择了 Add Python 3.10 to PATH，因此在环境变量的用户变量中，Path 的变量值会增加 D:\python\Scripts\;D:\python\;值。

2. 环境变量的设置

如果在安装 Python 时没有选择 Add Python 3.10 to PATH，那么，在 Python 安装完成后，还需要将 Python 安装路径添加到用户环境变量中。下面以在 Windows 11 系统中设置环境变量为例，介绍 Python 的环境变量设置。具体操作步骤如下。

（1）右击桌面的"计算机"图标，在弹出的快捷菜单中选择"属性"命令，在弹出的窗口的左侧单击"高级系统设置"，弹出"系统属性"对话框。

（2）在"系统属性"对话框的"高级"选项卡中，单击"环境变量"按钮，弹出"环境变量"对话框。

（3）选中"系统变量"中的"Path"，单击"编辑"按钮，在弹出的"编辑环境变量"对话框中，单击"新建"按钮，依次输入 Python 安装路径 D:\python\Scripts\和 D:\python\，如图 2-6 所示。

（4）单击"确定"按钮完成环境变量的设置。

3. 测试 Python

按【Windows】+【R】组合键，打开"运行"对话框，在"打开"文本框中输入 python，按【Enter】键，进入 Python 的交互式终端，如图 2-7 所示。在 Python 命令提示符>>>后输入 Python 代码，按【Enter】键后直接运行。

图2-6　Path变量值设置

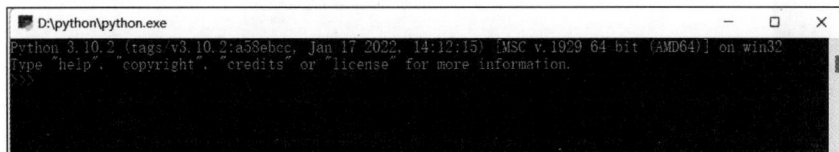

图2-7　Python的交互式终端

2.5　Python 集成开发环境的搭建

安装好 Python 后，可以直接在 Shell（Python 或 IPython）中编写代码。除此之外，还可以采用 Python 的集成开发环境（Integrated Development Environment，IDE）来编写代码。Python 常用的集成开发环境有 PyCharm 和 Jupyter Notebook 等。其中，PyCharm 适用于开发 Python 的项目程序，而 Jupyter Notebook 则非常适合做交互式的数据分析。下面分别介绍 PyCharm 和 Jupyter Notebook 这两款开发软件的安装与使用。

2.5.1　PyCharm 的安装与使用

1. PyCharm 简介

PyCharm 是由 JetBrains 公司开发的一款 Python 的 IDE 软件。该软件除了具备一般 IDE 的功能（如调试、语法高亮、项目管理、代码跳转、智能提示、自动完成、单元测试和版本控制），还提供了一些高级功能，用于支持 Django 框架下的专业 Web 应用开发。同时，PyCharm 还支持 Google App Engine 和 IronPython。由于 PyCharm 是一款专门服务于 Python 程序开发的 IDE，又具有配置简单、功能强大、使用方便等优点，因而其已成为 Python 专业开发人员和初学者经常使用的工具。

PyCharm 有免费的社区版和付费的专业版两个版本。专业版额外增加了项目模板、远程开发、数据库支持等高级功能，对于个人学习者而言，使用免费的社区版即可。

2. PyCharm 的安装

（1）在 JetBrains 官网下载社区版的 PyCharm，安装包名称为 pycharm-community-2020.3.3.exe。

（2）双击 pycharm-community-2020.3.3.exe，打开 PyCharm 安装界面，如图 2-8 所示，单击 Next 按钮。

（3）进入选择安装位置界面，如图 2-9 所示，单击 Browse 按钮，修改 PyCharm 安装路径为 D:\pycharm，再单击 Next 按钮。

图2-8　PyCharm安装界面　　　　图2-9　选择安装位置界面

（4）进入安装选项界面，如图 2-10 所示，勾选所有选项，单击 Next 按钮。

（5）进入选择开始菜单界面，如图 2-11 所示，单击 Install 按钮。

图2-10　安装选项界面　　　　图2-11　选择开始菜单界面

（6）进入 PyCharm 安装进度界面，如图 2-12 所示。

（7）进入 PyCharm 安装完成界面，如图 2-13 所示，单击 Finish 按钮，完成 PyCharm 的安装。此时，计算机桌面上会创建一个 PyCharm 的快捷方式。

图2-12　PyCharm安装进度界面

图2-13　PyCharm安装完成界面

（8）双击桌面上的 PyCharm 快捷方式，弹出 Import PyCharm Settings 对话框，如图 2-14 所示，单击 OK 按钮，进入 Welcome to PyCharm 界面，如图 2-15 所示。

在 Welcome to PyCharm 界面上可选择 New Project 来新建项目，也可选择 Open 来打开已有的项目，或通过 Get from VCS 进入版本控制。

图2-14　Import PyCharm Settings对话框

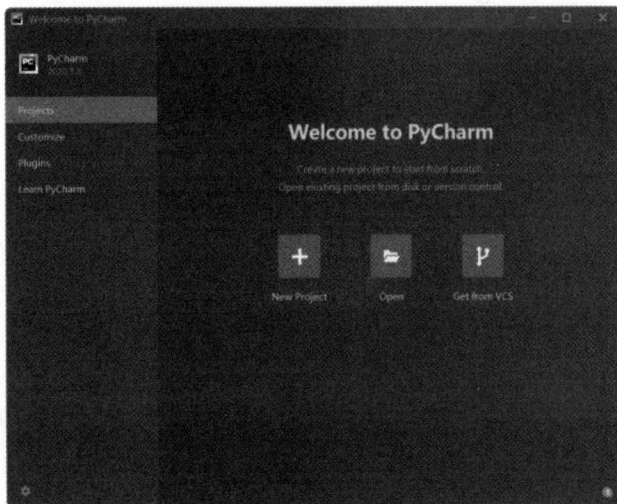

图2-15　Welcome to PyCharm界面

3. PyCharm 的简单设置

（1）更换主题

如果要修改 PyCharm 的界面，可以采用更换主题的方法。

【微课视频】

操作步骤：选择 File→Settings→Appearance & Behavior→Appearance，可在 Theme 下拉列表中选择主题，如选择 Darcula，单击 OK 按钮，将主题设置为背景为黑色的经典样式。

（2）修改源代码字号

操作步骤：选择 File→Settings→Editor→Font，可在 Font 下拉列表中选择 Source Code Pro，在 Size 栏中选择 20，单击 OK 按钮，将源代码字号设置为 20。

（3）修改编码设置

PyCharm 使用编码设置的 3 处分别是 IDE Encoding、Project Encoding 和 Property Files。

操作步骤：选择 File→Settings→Editor→File Encodings，调整 Global Encoding、Project Encoding 和 Default encoding for properties files 这 3 个下拉列表中的选项，选择文件编码方式。例如，Project Encoding 下拉列表中选择 UTF-8，单击 OK 按钮，可将项目编码设置为 UTF-8。

（4）选择解释器设置

如果在计算机上安装了多个 Python 的版本，当需要更改解释器设置时，其操作步骤为选择 File→Settings→Project:pythonProject→Python Interpreter，弹出图 2-16 所示的设置对话框。

首先在 Python Interpreter 下拉列表中选择解释器；然后通过 Python Interpreter 下拉列表框右边的 按钮，创建虚拟环境或添加新的 Python 路径；最后通过对话框下边的 + 按钮或 − 按钮可添加库或卸载库。当单击 按钮时，会弹出 上下文菜单，选择 Add，将弹出图 2-17 所示的创建虚拟环境对话框。

图2-16　设置对话框

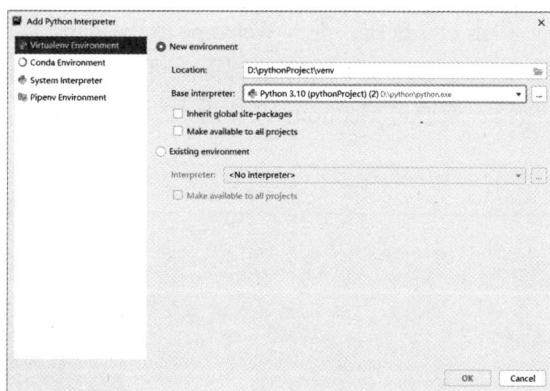

图2-17　创建虚拟环境对话框

（5）设置快捷键方案

PyCharm 可以为不同平台的用户提供不同的定制快捷键方案，其操作步骤为选择 File→Settings→Keymap，在 Keymap 下拉列表中选择一个快捷键方案，单击 Apply 按钮，保存更改。

4. PyCharm 的使用

（1）新建项目

操作步骤：打开 PyCharm，选择 File→New Project，弹出图 2-18 所示的 New Project 对话框，在此对话框中，可选择项目保存的位置（如 D:\pythonProject 表示项目名为 pythonProject，保存于 D:\pythonProject 文件夹下）、项目创建的虚拟环境、位置与项目解释器（Python 的安装路径）和创建 main.py 欢迎程序（可选项），然后单击 Create 按钮。

（2）创建 Python 文件

操作步骤：右击项目名，选择 New→Python File，弹出 New Python file 对话框，

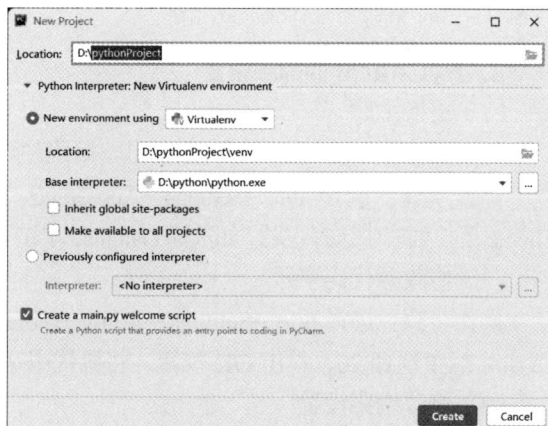

图2-18　New Project对话框

如图 2-19 所示，输入 Python 文件名为 test，选择 Python file 项，按【Enter】键，创建 test.py 文件。

> **注意**
>
> 在 PyCharm 集成开发环境下创建的 Python 文件的扩展名为 .py。

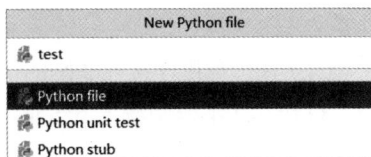

图2-19　New Python file对话框

（3）编写和运行 Python 代码

打开 PyCharm 集成开发环境，如图 2-20 所示，双击项目目录区的 test.py 文件，在右边的代码编辑区中输入一行 Python 代码 "print("hello world!")"，然后右击代码编辑区，在弹出的快捷菜单中选择 Run test 或者单击右上角的运行按钮，就可运行这一行 Python 代码，并在控制台上输出 "hello world!" 字符串。

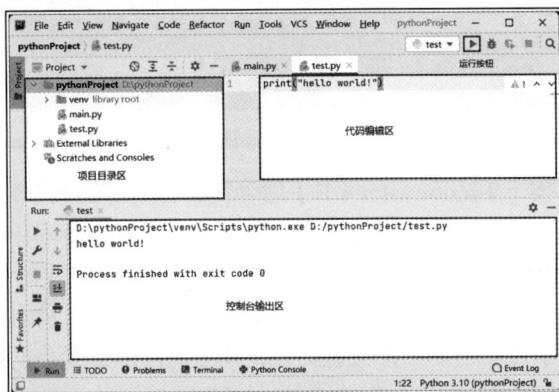

图2-20　PyCharm集成开发环境

2.5.2　Jupyter Notebook 的安装与使用

1. Jupyter Notebook 简介

Jupyter Notebook（又称 IPython Notebook）是一个交互式的在线编辑器，它可以每编辑一行代码就运行该行代码，并且将运行的结果显示在代码的下方，以方便用户查看。对于数据分析而言，Jupyter Notebook 的最大优势是可以重现整个分析过程。

Jupyter Notebook 本质上是一个支持实时代码、数学方程式、可视化和 Markdown 的 Web 应用程序，它允许用户创建和共享包含代码、方程式、可视化和文本的文档。它的用途包括数据清理和转换、数值模拟、统计建模、数据可视化、机器学习等。它具有以下优势。

（1）可选择语言：支持超过 40 种程序设计语言，包括 Python、R、Julia、Scala 等。

（2）共享笔记本：可以使用电子邮件、Dropbox、GitHub 和 Jupyter Notebook Viewer 与他人共享。

（3）交互式输出：代码可生成丰富的交互式输出，包括 HTML（超文本标记语言）、图像、视频、LaTeX 等。

（4）大数据整合：通过 Python、R、Scala 等程序设计语言使用 Apache Spark 等大数据框架工具。

2. Jupyter Notebook 的安装

在 Windows 操作系统下安装 Jupyter Notebook 是通过 pip 命令安装 Jupyter 模块来实现的，

其安装步骤具体如下。

（1）在计算机连接互联网的情况下，按【Windows】+【R】组合键，打开"运行"对话框，在"打开"文本框中输入 pip install jupyter，按【Enter】键，进入 Jupyter 模块安装，安装界面如图 2-21 所示。

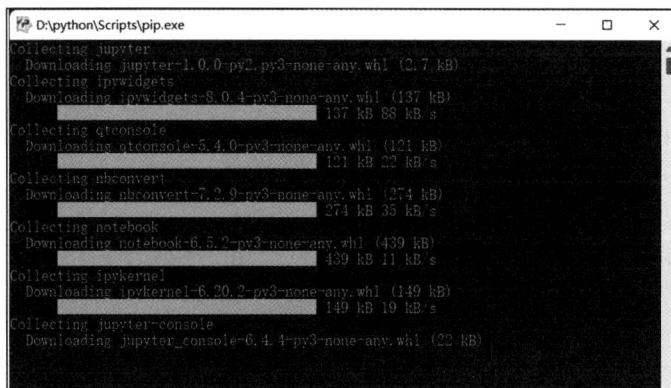

图2-21　安装界面

（2）安装完成后，按【Windows】+【R】组合键，打开"运行"对话框，在"打开"文本框中输入 Jupyter Notebook，按【Enter】键，即可启动 Jupyter Notebook。

3. 新建一个 Notebook

打开 Jupyter Notebook 后，会在系统默认的浏览器中出现图 2-22 所示的界面。单击界面上的 New 下拉列表框，会弹出可新建的文件类型列表，其中，Python 3（ipykernel）为 Python 运行脚本，Text File 为纯文本类型，Folder 为文件夹，如图 2-23 所示。选择 Python 3（ipykernel），进入 Python 脚本的编辑界面，如图 2-24 所示。

图2-22　Jupyter Notebook界面

图2-23　选择新建文件类型

图2-24 Python脚本的编辑界面

4. Jupyter Notebook 的使用

（1）界面构成

Jupyter Notebook 界面是由 Jupyter 文件名、菜单栏、工具栏和 Notebook 的内容编辑区组成的。Notebook 的内容编辑区由一系列单元（Cell）组成，其中，主要由代码单元（Code Cell）和 Markdown 单元组成。如果要详细了解有关 Notebook 或一些库，可以使用菜单栏右侧的 Help 菜单。Jupyter Notebook 界面构成如图 2-25 所示。

图2-25 Jupyter Notebook界面构成

（2）菜单栏组成

菜单栏中有 File、Edit、View、Insert、Cell、Kernel、Widgets、Help 等菜单。

其中，File 菜单功能如表 2-2 所示。

表 2-2 File 菜单功能

选项	功能
New Notebook	新建一个 Notebook
Open	在新的页面中打开主面板
Make a Copy	复制当前 Notebook 生成一个新的 Notebook
Rename	重命名 Notebook
Save and Checkpoint	将当前 Notebook 状态存为一个 Checkpoint
Revert to Checkpoint	恢复到此前存过的 Checkpoint
Print Preview	打印预览
Download as	下载 Notebook 并存为某种类型的文件
Close and Halt	停止运行并退出该 Notebook

Edit 菜单功能如表 2-3 所示。

表 2-3 Edit 菜单功能

选项	功能
Cut Cells	剪切单元
Copy Cells	复制单元
Paste Cells Above	在当前单元上方粘贴所复制的单元

续表

选项	功能
Paste Cells Below	在当前单元下方粘贴所复制的单元
Paste Cells & Replace	替换当前的单元为复制的单元
Delete Cells	删除单元
Undo Delete Cells	撤回删除操作
Split Cell	从光标位置处拆分当前单元为两个单元
Merge Cell Above	合并当前单元和上方单元
Merge Cell Below	合并当前单元和下方单元
Move Cell Up	将当前单元上移一层
Move Cell Down	将当前单元下移一层
Edit Notebook Metadata	编辑 Notebook 的元数据
Find and Replace	查找和替换，支持多种替换方式：区分大小写、使用 JavaScript 正则表达式、在选中单元或全部单元中替换

View 菜单功能如表 2-4 所示。

表 2-4　View 菜单功能

选项	功能
Toggle Header	隐藏/显示 Jupyter Notebook 的 Logo 和名称
Toggle Toolbar	隐藏/显示 Jupyter Notebook 的工具条
Cell Toolbar	更改单元展示样式

Insert 菜单功能就是在当前单元上方/下方插入新的单元。

Cell 菜单功能如表 2-5 所示。

表 2-5　Cell 菜单功能

选项	功能
Run Cells	运行单元内的代码
Run Cells and Select Below	运行单元内的代码并将光标移动到下一个单元
Run Cells and Insert Below	运行单元内的代码并在下方新建一个单元
Run All	运行所有单元内的代码
Run All Above	运行该单元（不包含该单元）上方所有单元内的代码
Run All Below	运行该单元（包含该单元）下方所有单元内的代码
Cell Type	选择单元的类型
Current Outputs	对当前单元的输出结果进行隐藏/显示/滚动/清除
All Output	对所有单元的输出结果进行隐藏/显示/滚动/清除

Kernel 菜单功能如表 2-6 所示。

表 2-6　Kernel 菜单功能

选项	功能
Interrupt	中断与内核的连接（等同于按【Ctrl】+【C】组合键）
Restart	重启内核
Restart & Clear Output	重启内核并清空现有输出结果
Restart & Run All	重启内核并重新运行 Notebook 中的所有代码
Reconnect	重新连接到内核
Change kernel	切换内核

Widgets 菜单功能如表 2-7 所示。

表 2-7　Widgets 菜单功能

选项	功能
Save Notebook Widget State	保存 Notebook 小部件状态
Clear Notebook Widget State	清除 Notebook 小部件状态
Download Widget State	下载小部件状态
Embed Widgets	嵌入小部件

Help 菜单功能如表 2-8 所示。

表 2-8　Help 菜单功能

选项	功能
User Interface Tour	用户使用指南，可使用户全面了解 Notebook
Keyboard Shortcuts	快捷键大全
Notebook Help	Notebook 使用指南
Markdown	Markdown 使用指南
Python/Ipython/NumPy/SciPy/Matplotlib/SymPy/pandas	各类使用指南
About	关于 Jupyter Notebook 的一些信息

（3）工具栏组成

工具栏从左到右的按钮依次为：保存、新建、剪切、复制、粘贴、上移单元格、下移单元格、运行代码、终止运行、重启内核、改变单元格类型和命令面板等。

（4）单元模式

Notebook 中的单元有两种模式：编辑模式（Edit Mode）和命令模式（Command Mode）。在编辑模式下，右上角出现铅笔图标，单元左侧边框线呈现绿色，按【Esc】键或单击菜单栏上 Cell 菜单项就会切换回命令模式。在命令模式下，铅笔图标消失，单元左侧边框线呈现蓝色，按【Enter】键或者单击单元就会变为编辑模式。

（5）标题单元的使用

标题单元（Heading Cell）用于为 Notebook 在顶部添加一个标题，它的设置方法如下。

首先选中第一个单元，然后选择 Insert → Insert Cell Above，即可在选中的单元上方插入一个新单元，再单击工具栏中 Code 下拉列表框，选中下拉列表中的 Heading，就会出现一个弹出消息框，单击 OK 按钮，将此单元变成一个标题单元。标题单元是以#标记开头的，格式如下。

```
#    一级标题
##   二级标题
###   三级标题
……
```

最多有六级标题，在#之后写文档的标题，例如，输入标题为"算术运算"。

（6）代码单元的使用

代码单元是用户编写代码的地方，用户可按【Shift】+【Enter】组合键运行代码，其结果会显示在本单元的下方。代码单元左边有"In[　]:"编号，方便用户查看代码的执行次序。

例如，在"In[　]:"单元中输入"3+2"，按【Shift】+【Enter】组合键后，就会在本单元的下方出现"Out[1]: 5"，其中，"Out[1]:"用红色标记。而光标也会被移动到一个新单元中，这时该新单元用绿色边框线标记，表明该单元是当前工作的单元。代码运行结果如图 2-26 所示。代码单元中提示符及其含义如表 2-9 所示。

图2-26　代码运行结果

表 2-9　代码单元中提示符及其含义

提示符	含义
In[　]	程序未运行
In[num]	程序运行后
In[*]	程序正在运行

Notebook 有一个特性，就是可以修改之前的单元，对其重新进行计算，这样就可以更新整个文档。例如，将光标移到第一个单元，并将"3+2"修改成"3+2+1"，按【Shift】+【Enter】组合键后，请观察输出结果的变化。

Notebook 的这个特性，可以实现不用运行整个脚本，就可用不同的参数测试某个方程式的功能。如果想重新计算整个 Notebook，只要选择 Cell → Run all 即可。

（7）Markdown 单元的使用

Markdown 单元可对文本进行编辑，采用 Markdown 的语法规范，可以设置文本格式，并插入链接、图片或数学公式，同时，按【Shift】+【Enter】组合键可运行 Markdown 单元，显示格式化文本。

（8）单元操作

单元操作使编写 Notebook 变得更加方便。

❑　删除单元：首先选择要删除的单元，再选择 Edit → Delete Cells。

❑　移动单元：首先选择要移动的单元，再选择 Edit → Move Cell Up 或 Move Cell Down。

❑　剪切单元：首先选择要剪切的单元，再选择 Edit → Cut Cells，然后选择 Edit → Paste Cell Above 或 Paste Cell Below。

❑　合并单元：首先选择要合并的单元，再选择 Edit → Merge Cell Above 或 Merge Cell Below。利用合并单元方法，可实现一次运行一大段代码的操作。

（9）其他操作

Jupyter Notebook 的其他运算符如表 2-10 所示。

表 2-10　Jupyter Notebook 的其他运算符

运算符	用途
Tab	查看提示信息或者补全命令
?	在一个库、方法或变量前加上 "?"，就可以获得它的一个快速语法说明
;	使用分号可以阻止该行函数的结果输出

（10）Jupyter Notebook 的常用快捷键

Jupyter Notebook 的常用快捷键如表 2-11 所示。

表 2-11　Jupyter Notebook 的常用快捷键

快捷键	作用
【Shift】+【Enter】	执行当前单元，并自动跳转到下一个单元
【Ctrl】+【Enter】	执行当前单元，执行后不自动跳转到下一个单元
【Enter】	使当前的单元进入编辑模式
【Esc】	退出当前单元的编辑模式
【Esc】+【F】	在代码中查找、替换，忽略输出
【Esc】+【O】	在单元和输出结果间切换
【Shift】+【M】	合并单元
【Z】	撤销对某个单元的删除

5. Jupyter Notebook 的高级功能

（1）Markdown

Markdown 用于编辑文本，其常用功能如表 2-12 所示。

表 2-12　Markdown 常用功能

功能	实现方法	示例
设置标题	文字前面加 "#" 和 1 个空格，最多六级标题	# 一级标题 ## 二级标题 ### 三级标题 …… ###### 六级标题
字体加粗	文字两侧加 "**"	**加粗**
字体斜体	文字两侧加 "*"	*斜体*
设置无序列表	文字前面加 "-""+""*" 等再加 1 个空格	- 文本 1 - 文本 2 - 文本 3
设置有序列表	文字前面加 "1.""2.""3." 等再加 1 个空格	1. 文本 1 2. 文本 2 3. 文本 3
引用	文字前面加 ">" 和 1 个空格	> 引用文字
代码引用	…代码种类 多段代码 …	…python print("hello") …
绘制表格	使用 " l " 和 "-" 可以绘制表格，默认为左对齐，可用 ":" 来调整对齐方式	|名次|姓名|成绩| |:---|:---:|---:| |1|王明|95|
链接	[显示文本](链接地址)	[新浪](http://www.sina.com.cn)
图片链接		

（2）导出功能

Notebook 还有一个强大的功能，就是导出功能。它可以将 Notebook 导出为多种格式，如 HTML、Markdown、PDF（通过 LaTeX）和 Python 等，还可以将 Notebook 作为网页发布到网站上，甚至可以导出为 reST 格式，以作为软件库的文档。

项目实践

（1）在 Windows 系统下搭建 Python 开发环境。

（2）在 Windows 系统下安装和使用 PyCharm，创建输出"hello world!"的程序。

（3）在 Windows 系统下安装和使用 Jupyter Notebook，创建输出"hello world!"的程序。

本章小结

本章介绍了 Python 的特点、Python 与数据分析的关系，以及 Python 数据分析常用的库等。重点是要掌握 Python 开发环境的搭建、Python 集成开发环境 PyCharm 和 Jupyter Notebook 的安装与使用。

思考练习

简答题

（1）Python 有什么特点？

（2）如何测试 Python 是否安装成功？Python 文件的扩展名是什么？

（3）在 Python 交互式终端上 Python 的命令提示符是什么？

（4）运用 Python 进行数据分析有什么优势？

（5）PyCharm 和 Jupyter Notebook 这两款数据分析软件各有什么特点和优势？

（6）Python 数据分析常用的库有哪些？这些库有什么作用？

第**3**章

Python基础

学习目标

① 掌握 Python 的基础语法。
② 掌握 Python 的数据类型。
③ 掌握 Python 流程控制语句的使用方法。

④ 掌握 Python 函数的使用方法。
⑤ 掌握数据类型、流程控制语句和函数的综合运用。

3.1 Python 的基础语法

Python 是一门面向对象的解释型计算机程序设计语言。Python 不仅具有简洁、清晰的语法，而且具有垃圾回收功能，能够自动管理内存，常被当作脚本语言，用于处理系统管理任务和编写程序。同时，Python 还支持命令式程序设计语言，以及面向对象程序设计、函数式编程和泛型编程等多种编程范式，非常适合完成各种高级任务。

下面首先介绍 Python 的语法规则，以及常量、变量与标准数据类型，然后介绍编写 Python 程序。需要说明的是，本章中的所有示例代码都是在 PyCharm 集成开发环境下调试的。

3.1.1 Python 的语法规则

1. Python 编码设置

在 Python 3.x 的源代码中，字符默认使用的是 UTF-8 编码。在大多数情况下，通过编辑器编写的 Python 代码默认保存为 UTF-8 编码文件，系统通过 Python 执行该文件时不会报错。但是如果编辑器不支持 UTF-8 编码文件，或者要使用其他编码方式，就要为源文件指定特定的字符编码。此时，需要在文件首行或者第二行插入一行特殊的注释行作为字符编码声明，其格式如下。

```
# -*- coding: UTF-8 -*-
```

通过上述声明，源文件中的所有字符都会被设置为 UTF-8 编码。当然，这不是唯一的声明格式，也可以采用其他形式的声明，如"# coding: UTF-8"和"# coding = UTF-8"。

【微课视频】

在编写 Python 代码时，除了要声明编码，还需要声明路径。声明路径的格式如下。

```
# !d:/python
```

上述语句声明的路径为 Python 的安装路径，目的是告诉操作系统调用安装路径目录下的 Python 解释器执行文件。一般路径声明应放在脚本的首行。

> **注意**
>
> Windows 中目录的符号为反斜线(\)，但反斜线在 Python 中具有转义作用，所以，在 Python 中目录的符号为双反斜线（\\）或者斜线（/）。

2. 代码注释

在程序设计中，常常要为程序代码添加注释，而添加注释的目的主要是便于程序设计人员对程序进行维护。Python 有以下几种代码注释方法。

（1）单行注释

单行注释通常以"#"开头，在"#"后面紧跟注释说明的文字。单行注释可单独放置一行或放置于语句或表达式的行末。其示例代码 example3-1 如下。

```
# -*- coding: UTF-8 -*-
# 这是输出函数（单行注释）
print("你好! 欢迎来到 Python 社区! ");  # 这是输出函数（单行注释）
```

> **注意**
>
> 注释行是不会被机器解释的。前面介绍的编码声明也是以"#"开头的，但它不是注释行，而且编码声明要放在首行或第二行才能被机器解释。如果在程序编辑器中设置了代码编码方式，则编码声明语句可省略。

（2）多行注释

在实际的程序文档中常常需要添加多行注释，添加多行注释有以下两种方法。

❑ 在每一行前加"#"即可。

❑ 使用 3 个单引号或 3 个双引号将注释的内容引起来以实现对多行或者整段内容的注释。

使用 3 个单引号或 3 个双引号的多行注释的示例代码 example3-2 如下。

```
'''
这是使用 3 个单引号的多行注释
这是使用 3 个单引号的多行注释
'''
print("你好! 欢迎来到 Python 社区! ")

"""
这是使用 3 个双引号的多行注释
这是使用 3 个双引号的多行注释
"""
print("你好! 欢迎来到 Python 社区! ")
```

3. Python 标识符

（1）Python 标识符是由英文字母、数字及下划线（_）组成的。

（2）Python 中的标识符不能以数字开头。

（3）Python 标识符是区分大小写的。

（4）以下划线开头的 Python 标识符是有特殊意义的。

❑ 以单下划线开头（如_foo）代表不能直接访问的类属性，需通过类提供的接口进行访问，不能用"from xxx import *"导入。

❑ 以双下划线开头（如__foo）代表类的私有成员。

❑ 以双下划线开头和结尾（如__foo__）代表 Python 中特殊函数的专用标识，如__init__()代表类的构造函数。

4．Python 关键字

Python 关键字如表 3-1 所示。

表 3-1　Python 关键字

序号	关键字	序号	关键字	序号	关键字	序号	关键字	序号	关键字	序号	关键字
1	False	7	break	13	else	19	if	25	not	31	while
2	None	8	class	14	except	20	import	26	or	32	with
3	True	9	continue	15	finally	21	in	27	pass	33	yield
4	and	10	def	16	for	22	is	28	raise		
5	as	11	del	17	from	23	lambda	29	return		
6	assert	12	elif	18	global	24	nonlocal	30	try		

> **注意**
>
> Python 关键字不能用作常数、变量或标识符。

5．缩进代码

Python 最具特色的就是用缩进方式来标识代码块，而不是使用花括号（{}）来控制代码块。在同一个代码块的语句必须保证相同的缩进空格数，否则程序会报错。至于缩进的空格数，Python 没有要求，但最好使用 4 个空格进行悬挂式缩进。

在设置缩进空格时，注意不要将【Space】键与【Tab】键混用，以免使设置的空格数不一致。

正确缩进的示例代码 example3-3 如下。

```
if True :
    print("正确缩进...")
    print("你好！欢迎来到 Python 社区！")
else :
    print("你好！欢迎来到 Java 社区！")
```

错误缩进的示例代码 example3-4 如下。

```
if True :
        print("错误缩进...")
    print("你好！欢迎来到 Python 社区！")
else :
    print("你好！欢迎来到 Java 社区！")
```

6．多行语句

在用 Python 进行编程时，如果一条语句太长，可以使用反斜线（\）将一行语句换行分为多行，而不会被机器识别为多条语句。其示例代码 example3-5 如下。

```
item_one = 1
item_two = 2
```

```
item_three = 3
total = item_one + \
        item_two + \
        item_three
print(total)    #注意，Python 3 中 print()的输出内容要放在圆括号中
```

但是在 Python 中，如果[]、{}或()里面有多行语句，在换行时不需要使用反斜线，而是使用逗号（,）换行即可。其示例代码 example3-6 如下。

```
days = ['Monday', 'Tuesday', 'Wednesday',
        'Thursday', 'Friday']
print(days)
```

如果一行包含多条语句，则使用分号（;）分隔多条语句。示例代码 example3-7 如下。

```
a = 2; b = 3; c = 4;print(a,b,c)
```

7. 空行

在 Python 中，一般在函数之间或类的方法之间用空行分隔，以表示一段新的代码开始。类和函数入口之间也可以用空行分隔，以突出函数入口。

空行与代码缩进不同，空行不是 Python 语法的一部分。在编写程序代码时，不插入空行，Python 解释器运行也不会出错。但是空行可作为程序代码的一部分，用于分隔两段不同功能或含义的代码，以便于代码的阅读、维护或重构。

8. 用户输入函数

在 Python 中用户输入函数是 input()。例如，运行 input("\n\n 请输入数据：")代码时，"\n\n"表示代码运行时会先输出两个新的空行，再输出"请输入数据："的提示，然后等待用户输入数据，当用户输入数据后，按【Enter】键就结束了数据的输入。

9. 代码组

缩进相同的一组语句构成一个代码块，也称为代码组。如 if、while、def 和 class 这样的复合语句，首行以关键字开始，以冒号（:）结束，该行之后的一行或多行代码构成代码组，将首行及其后面的代码组称为一个子句。

10. 输出函数

输出函数 print()默认输出是换行的，如果要实现不换行输出就需要在变量末尾加上 end=""。示例代码 example3-8 如下，输出结果是 23。

```
a = 2; b = 3;
print(a, end="")
print(b, end="")
```

11. import 与 from…import 语句

在 Python 中可以使用 import 或 from…import 语句来导入相应的模块。import 与 from…import 的作用如表 3-2 所示。

表 3-2　import 与 from…import 的作用

语句格式	作用
import modulename	将整个模块导入（modulename 为模块名)
from modulename import functionname	从某个模块中导入某个函数（functionname 为函数名）
from modulename import firstfunc, secondfunc	从某个模块中导入多个函数（firstfunc、secondfunc 均为函数名）
from modulename import *	将某个模块中的全部函数均导入

3.1.2　常量、变量与标准数据类型

1. 常量

Python 中的常量如同数字 3、2.34、1.3e-2 和字符串"this is a string"，常量的值是不能改变的。

2. 变量

（1）变量的特性

Python 中的变量是指存储在计算机内存中的值。在创建一个变量时，系统会在机器的内存中自动给该变量分配一块内存，用于存储该变量的值。通过 id()函数可以查看创建变量和变量重新赋值时内存空间的变化过程。

例如，按【Windows】+【R】组合键，打开"运行"对话框，在"打开"文本框中输入 python，按【Enter】键，进入 Python 的交互式终端。在交互式终端上定义 total 变量值为 100，然后通过 id()函数可查看 total 变量的内存地址为 2438399135056。当重新定义 total 变量值为 300 后，会发现 total 变量的内存地址被重新分配为 2438400170736。查看变量内存地址变化结果如图 3-1 所示。

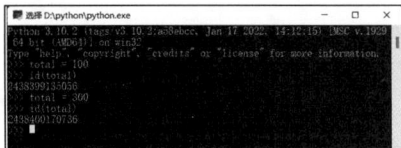

图3-1　查看变量内存地址

在 Python 中，变量不需要提前声明，创建时直接对其赋值即可，变量的数据类型是由赋给变量的值决定的。每个变量都包括变量名和变量值等信息，每个变量在使用前都必须赋值，变量的赋值运算符是等号（=），等号左边是变量名，等号右边是存储在变量中的值。创建一个变量，首先要定义变量名和变量值，然后通过赋值语句将变量值赋给变量名。

（2）变量的命名规则

Python 中变量的命名应遵循如下规则。

❏　必须以下划线或字母开头，后面接任意数量的下划线、字母或数字。Python 3.x 支持 Unicode 字符，所以汉字等各种非英文字符也可作为变量名。例如，_abc、长度、a_1 等都是合法的变量名，而 2abc、pro#则不是。

❏　变量名区分大小写。例如，ABC 与 abc 是两个不同的变量名。

❏　禁止使用 Python 关键字。因为用关键字作变量名会导致语法错误。Python 关键字见表 3-1。

除了命名规则，在 Python 中使用变量还有一些惯例，应尽量避免变量名使用下面这些形式。

❏　前后有下划线的变量名通常为系统变量，例如，_name_、_doc_ 都是系统变量。

❏　以一个下划线开头的变量（如_abc）不能被 from…import 语句从模块导入。

❏　以两个下划线开头、结尾无下划线的变量（如__abc）是类的本地变量。

（3）变量值

变量值就是赋值给变量的数据。

（4）变量赋值

通过单变量赋值创建变量和输出变量的示例代码 example3-9 如下。

```
total = 100          # 赋值整数变量
grade = 78.5         # 赋值浮点数变量
```

```
name = "Jerry"            # 赋值字符串变量
#输出变量
print(total)
print(grade)
print(name)
```

除了单变量赋值，Python 还允许为多个变量赋相同的值，其格式如下。

```
a = b = c = 1
```

其作用是将 a、b、c 这 3 个变量分配到相同的内存空间上，该内存空间上存储了一个整数，其值为 1。

另外，Python 还可以为多个对象指定多个变量，其格式如下。

```
a, b, c = 1, 2, "john"
```

其作用是将两个整型对象 1 和 2 分别分配给变量 a 和 b，将字符串对象"john"分配给变量 c。

3. 标准数据类型

Python 定义了一些标准的数据类型，以用于存储各种类型的数据。Python 的 6 个标准的数据类型分别为 number（数字）、string（字符串）、list（列表）、tuple（元组）、dictionary（字典）和 set（集合）等。3.2 节将详细介绍 Python 数据类型的运用。

3.1.3 编写 Python 程序

下面介绍利用 PyCharm 编写 Python 程序的方法。

【例 3-1】编写一个 Python 程序，该程序的功能是：当用户输入的成绩大于等于 85 分时，则输出"优秀学生!"，否则输出"合格学生!"。

操作步骤如下。

（1）启动 PyCharm，选择 File→New Project，创建一个新项目。在 New Project 对话框中，可选择保存项目的位置、创建项目的虚拟环境、位置与项目解释器，并将项目名修改为 py_project，然后单击 Create 按钮。

（2）右击项目名，选择 New→Python File，弹出 New Python file 对话框，如图 3-2 所示，输入 Python 文件名为 firsttest，按【Enter】键，创建 firsttest.py 文件。

（3）在 PyCharm 的 firsttest.py 文件的代码编辑区输入程序代码，具体如下。

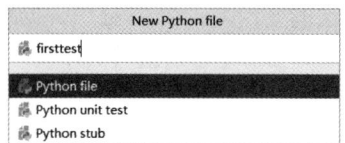

图3-2　创建firsttest.py文件

```
#input()从标准输入中得到的值是一个字符串
grade = input("\n 请输入学生成绩:")
if int(grade)>=85 :      #用 int(grade)强制将 grade 转换为整型
    print("优秀学生! ")
else :
    print("合格学生! ")
```

（4）右击代码编辑区，在快捷菜单中选择 Run 'firsttest'，在控制台会出现"请输入学生成绩:"提示，在此提示后输入学生成绩"90"，则在控制台输出"优秀学生!"。

┃ **注意** ┃

PyCharm 可以自动保存代码。

3.2　Python 的数据类型

3.2.1　数字

1. Python 3 的数值型数据类型

Python 3 支持的数值型数据类型有 int（整数）、float（浮点数）、bool（布尔值）和 complex（复数）。数值型数据类型如表 3-3 所示。

表 3-3　数值型数据类型

数据类型	表示方法	示例
int	整数表示正整数或负整数	123、−450
float	浮点数表示有小数位的数值，它由整数部分与小数部分组成	124.36、−46.12
bool	布尔值表示逻辑真或逻辑假	True、False
complex	复数由实数部分和虚数部分构成，可以用 a + bj 或者 complex(a,b) 表示，其中 a 是实数，b 是虚数	3+4j、3.0+4.0j、4j

> **注意**
> （1）Python 3 中没有限制整数的大小，所以 Python 3 中没有 Python 2 的长整型类型。
> （2）浮点数也可以使用科学记数法来表示，如 1.5e2，相当于 $1.5 \times 10^2 = 150$。
> （3）使用内置的 type() 函数可查询变量所指的对象类型。例如，进入 Python 交互式终端，在命令提示符 >>> 后输入代码 a = 100;print(type(a)) 并按【Enter】键，则会输出 <class 'int'>，显示变量 a 是 int 类型。
> （4）bool 类型只有 True 和 False 两种取值，由于 bool 类型继承了 int 类型，因此，可以用数字 0 表示 False，用数字 1 表示 True，而且它们还可以和数字相加。但在 Python 2 中是没有 bool 类型的。
> （5）可以使用十六进制数和八进制数来代表整数。例如，在十六进制数前加 0x 或 0X 表示十六进制整数（如 0x8AF），或在八进制数前加 0o 表示八进制整数（如 0o236）。

2. 数字对象的创建与删除

当给变量赋一个数字时，数字对象就会被创建。例如 var1=var2 =100，该语句创建了两个数字对象 var1 和 var2，它们的值都是 100。如果要删除这些对象，可以使用 del 语句。

del 语句的格式如下。

```
del var1[,var2[,var3[…,varN]]]
```

3. 数字类型转换

在 Python 中，如果需要对数据内置的类型进行转换，只需要将数据类型作为函数名即可。如在 Python 交互式终端的命令提示符后输入 var = 10.2 ;int(var) 并按【Enter】键，则会输出整数 10。

数字类型转换示例如下。

- int(x) 用于将 x 转换为一个整数。
- float(x) 用于将 x 转换为一个浮点数。
- complex(x) 用于将 x 转换为一个复数，实数部分为 x，虚数部分为 0。

❑   complex(x, y) 用于将 x 和 y 转换为一个复数，实数部分为 x，虚数部分为 y，x 和 y 是数字表达式。

4. 数字运算

数字运算有"+"（加）、"–"（减）、"*"（乘）、"/"（除）或"//"（除）、"%"（取余）、"**"（乘方）。例如，6+7、6-4、3*2、6/4（6 除 4，返回浮点数）、6//4（6 除 4，返回整数）、6%4（6 除 4 取余）、6**2（6 的 2 次方）。

在 Python 3 中进行数字运算时，需注意以下几点。

（1）Python 可以同时为多个变量赋值，如 var1,var2 = 1, 2。

（2）一个变量可以通过赋值指向不同类型的对象。

（3）数字的除法包含两个运算符："/"返回浮点数，"//"返回整数。

（4）在混合计算时，Python 会把整数转换成浮点数。

下面通过例 3-2 说明 Python 中数字的运用。

【例 3-2】首先创建整数、浮点数、复数等类型的数字，然后对这些数字进行数字类型转换和数字运算，并查看数字类型操作。

操作步骤如下。

（1）启动 PyCharm，选择 File→Open，选择 py_project 项目，单击 OK 按钮，打开项目。

（2）右击项目名，选择 New→Python File，在弹出的 New Python file 对话框中输入 Python 文件名为 test3-2，按【Enter】键，创建 test3-2.py 文件。

（3）在 PyCharm 的 test3-2.py 文件的代码编辑区输入程序代码，具体如下。

```
numi1 = 10                        #创建 numi1 整数
numf1 = 6.7                       #创建 numf1 浮点数
numc1 = 2+3j                      #创建 numc1 复数
print(type(numc1))               #输出 numc1 数据类型
numi2 = int(numf1)               #将浮点数转换成整数
numc2 = complex(3.4,5.2)         #将浮点数转换成复数
print(numc2)
num1 = numi1+numi2
num2 = numi1+numf1
print(num1,num2)
#除法中/与//的区别
print(numi1/numi2,numi1//numi2)
```

（4）右击代码编辑区，在快捷菜单中选择 Run 'test3-2'，在控制台输出结果。

3.2.2 字符串

Python 中的字符串是一个有序的字符集合，用于存储表示文本的信息，如符号、单词、载入内存的文本文件等。

1. 字符串定义

在 Python 中，可以使用单引号（'）、双引号（"）或三引号（'''或"""）来标识字符串，引号的开始与结束必须是相同类型的。其中，三引号标识的字符串可以由多行字符串组成，并且字符串中可以包含换行符、制表符以及其他特殊字符；三引号常用于标识文档字符串；在文件的特定区域中，三引号中的字符串也可当作注释。字符串定义的示例代码 example3-10 如下。

```
student = '学生'          #用单引号标识字符串
teacher = "教师"          #用双引号标识字符串
#用三引号标识多行字符串
work = """这是一份工作简历
         包含多个工作经历"""
#输出字符串
print(student)
print(teacher)
print(work)
```

三引号应用的示例代码 example3-11 如下。

```
#用三引号注释
'''
用三引号标识的
HTML 文档字符串
'''
#用三引号标识多行字符串，其中\n 表示换行符
html_str = '''
<HTML>\n<HEAD><TITLE>
Python Demo</TITLE></HEAD>
<BODY>\n<H3>输出语句</H3>
<p>print("Hello Python!")
</BODY>\n</HTML>
'''
print(html_str)
```

2. Python 转义字符

在 Python 中，字符串中如果需要使用特殊字符，可使用反斜线（\）来定义转义字符，如换行符用"\n"表示。Python 中常用的转义字符如表 3-4 所示。

表 3-4　Python 中常用的转义字符

转义字符	含义	转义字符	含义
\（在行尾部）	续行符	\v	纵向制表符
\'	单引号	\t	横向制表符
\"	双引号	\r	回车符
\n	换行符	\f	换页符
\b	退格符	\\	反斜线符

3. 字符串索引

在字符串的提取、切片和拼接操作中常常会用到字符串索引，因此，索引在字符串操作中很重要。

字符串的索引分为正索引和负索引，通常说的索引是指正索引。在 Python 中，正索引从左到右去标记字母，索引从 0 开始，也就是说从左边开始第一个字母的索引是 0，第二个字母的索引是 1，以此类推；负索引是从右到左去标记字母，然后加上一个负号（-），负索引的第一个索引是-1，也就是说从右边开始第一个字母的索引是-1，第二个字母的索引是-2，以此类推。例如，变量 var='Hello'，在正索引中字符串字母与索引的对应关系（字母→索引）为 H→0、e→1、l→2、l→3、o→4；在负索引中字符串字母与索引的对应关系（字母→负索引）为 H→-5、e→-4、l→-3、l→-2、o→-1。

按【Windows】+【R】组合键，打开"运行"对话框，在"打开"文本框中输入 python，按【Enter】键，进入 Python 的交互式终端。在交互式终端的命令提示符>>>后输入命令 var='Hello';var[0];var[1];var[2];var[3];var[4]，按【Enter】键后，就会依次输出字母 H、e、l、l、o。

4．字符串的操作

（1）字符串提取

字符串提取就是通过索引获取字符串中指定位置的字符。字符串提取的方法是在变量名后使用方括号（[ ]）将需要提取的字符索引放置在方括号中。

例如变量 var='Hello'，如果要提取字符串中字母"H"和"e"，可用 var[0]输出"H"字母，用 var[1]输出"e"字母。

（2）字符串切片

字符串切片就是截取字符串中的一部分字符，形成子字符串。字符串切片的方法是在变量名后紧接[i:j])，其中 i 表示截取字符串的开始索引，j 表示结束索引。

> **注意**
>
> 在截取字符串时将包含起始字符，但不包含结束字符，这是一个半开闭区间。

同时，Python 还提供了一个内置函数 len()，用于返回字符串（或其他有长度的对象）的长度。

例如变量 var='Hello'，如果要截取子字符串"ell"，则使用 var[1:4]即可，而使用 var[2:5]则输出"llo"子字符串。

Python 在字符串切片时可设置开始索引或结束索引的默认值。如果省略了开始索引，则默认值为 0；如果省略了结束索引，则默认值为切片字符串的长度。

例如变量 var='Hello'，使用 var[:3]则输出"Hel"子字符串，而使用 var[1:]则输出"ello"子字符串。

在字符串切片时，应注意以下几种情况。

❑　如果结束索引越界，将被切片字符串实际长度替代。例如变量 var='Hello'，使用 var[1:7]则输出"ello"子字符串。

❑　如果开始索引大于字符串的实际长度，则返回空字符串。

❑　如果开始索引大于结束索引，则返回空字符串。

另外，在 Python 中字符串是不可更改的，因此，给指定位置的字符重新赋值会报错，如 var[0]='P'会报错。如果要修改字符串，最好的办法就是重新创建一个字符串。如果只需要改变其中部分字符，可通过字符串拼接来实现。

（3）字符串拼接

字符串拼接也就是将字符串连接，字符串连接的方法就是使用加号（+）将字符串变量连接起来。如果需要重复输出字符串，可使用星号（*），重复输出字符串格式为：重复次数*字符串或者字符串*重复次数。另外，相邻的两个字符串会自动拼接在一起。

字符串拼接的示例代码 example3-12 如下。

```
str1 = 'Hello '
str2 = 'Python!'
str = str1 + str2              #将字符串拼接为 Hello Python!
print(str)
str = str1*3                   #重复输出 Hello 字符串 3 次
```

```
print(str)
print('Hello ' 'Python!')        #相邻字符串自动拼接
```

（4）判断字符串是否包含指定字符串

① 判断字符串包含指定字符串的方法：使用 in 运算符。

例如变量 var='Python!'，如果要判断 var 中是否包含"th"字符串，则可在 Python 交互式终端的命令提示符后输入"th" in var，按【Enter】键，此时返回的结果是 True。

② 判断字符串中不包含指定字符串的方法：使用 not in 运算符。

例如变量 var='Python!'，如果要判断 var 中不包含"he"字符串，则可在 Python 交互式终端的命令提示符后输入"he" not in var，按【Enter】键，此时返回的结果是 True。

（5）字符串格式化

Python 提供了简单的方法来格式化字符串。具体来说，就是在格式化操作符（%）的左侧放一个格式化字符串（包含%的字符串），在右侧放一个或多个对象，这些对象是转换目标。下面是字符串格式化的示例代码。

```
print("我是%s学生，我们班有%d名学生"%("软件技术专业",40))
print('长%s---宽%s---面积%s'%(6,3,6*3))
```

代码运行结果如下。

```
我是软件技术专业学生，我们班有 40 名学生
长 6---宽 3---面积 18
```

代码中的%s、%d 是字符串格式化符号。Python 中的字符串格式化符号如表 3-5 所示。

表 3-5　Python 中的字符串格式化符号

符号	含义	符号	含义
%s	字符串（或任何对象的打印格式）	%X	十六进制整数（大写形式）
%c	字符	%e	浮点数（采用科学记数法）
%d	十进制整数	%E	浮点数（采用科学记数法）
%i	整数	%f	浮点数（可指定小数点后的精度）
%u	无符号整数	%g	%f 和%e 的简写
%o	八进制整数	%G	%f 和%E 的简写
%x	十六进制整数	%p	用十六进制数格式化变量的地址

下面通过例 3-3 说明 Python 中字符串的运用。

【例 3-3】设计一个联系人表，该表包括姓名、电话号码和 E-mail 等数据项，要求输出联系人表中的标题栏部分，并设置表格线为"--------"，表格栏目分隔符为"|"。

操作步骤如下。

（1）启动 PyCharm，选择 File→Open，选择 py_project 项目，单击 OK 按钮，打开项目。

（2）右击项目名，选择 New→Python File，在弹出的 New Python file 对话框中输入 Python 文件名为 test3-3，按【Enter】键，创建 test3-3.py 文件。

（3）在 PyCharm 的 test3-3.py 文件的代码编辑区输入程序代码，具体如下。

```
str1 = ' 姓名 '
str2 = ' 电话号码 '
str3 = '    E-mail '
str4 = "--------"
```

```
str5 = str4*4
print('%s' % (str5))
print('|%s|%s|%s|' % (str1, str2,str3))
print('%s' % (str5))
```

（4）右击代码编辑区，在快捷菜单中选择 Run 'test3-3'，在控制台输出结果。

3.2.3　Python 的数据结构

除了数字和字符串，Python 还有内建的数据结构，也称为容器（Container），因为它们是由一些数据元素组合而成的集合。其中主要包括序列（如列表和元组）、映射（如字典）和集合这 3 种基本的数据结构。

（1）序列

序列是由一些元素的有序排列组成，序列中的每个元素都会被分配一个位置编号（也就是索引）。Python 中有 6 种内建的序列，包括字符串、列表、元组、Unicode 字符串、buffer 对象和 xrange 对象。其中，字符串、列表和元组是较常见的类型。

（2）映射

映射就是存储了对象与对象之间的映射关系的数据结构，Python 中映射数据结构所对应的唯一的数据类型是字典。字典中的每个元素都存在相应的名称（称为键）。字典相当于带有各自名称的元素组成的集合，与序列不同的是，字典中的元素没有排列顺序。

（3）集合

Python 还提供了一种称为集合的数据结构。集合中的元素是不能重复出现且相对唯一的，并且元素不存在排列顺序。由此可见，Python 中的集合概念相当于数学中的集合概念。集合包括可变集合（set）和不可变集合（frozenset）。

综上所述，Python 的数据类型包括数字、字符串、列表、元组、字典和集合，其中字符串、列表、元组、字典和集合是属于数据结构的数据类型。

另外，Python 中的列表和字典属于可变数据类型，而整数、浮点数、字符串和元组属于不可变数据类型。

可变数据类型可以直接对数据结构对象进行元素的修改、删除或添加操作，而不需要重新创建一个对象。由于可变数据类型对象能直接对自身进行修改，所以修改后的新结果仍与原对象引用相同的内存地址，即由始至终只对同一个对象进行操作。但是，对于相同值的不同对象，在内存中则会存在不同的对象，即每个对象都有自己的地址，相当于内存中相同值的对象保存了多份。

不可变数据类型不允许变量的值发生变化，如果改变了变量的值，相当于新建了一个对象。例如，在给一个整数变量重新赋值时，Python 会在内存中查找是否存在另一个整数与之具有相同的值。如果有，就会指向现有的整数对象；如果没有，则会创建一个新的整数对象。

3.2.4　列表

在现实生活中，人们经常要对一组数据进行处理，例如，学生座次表可以看成按照座位号排列学生姓名的一组数据，其中座位号是该组数据的索引，学生姓名是该组数据中的元素；产品信息表可以看成包括产品名称、产品品牌、价格和产地等元素的一组数据。为了对这种类型的数据进行处理，Python 引入了列表这一数据类型。

　　列表是 Python 对象作为其元素并按顺序排列而成的有序集合。列表中的元素不需要具有相同的数据类型，可以是各种类型的对象，如数字、字符串、元组、字典，以及列表本身。此外，列表中的元素可以重复出现。由于列表是一个可变的数据类型，因此可以对列表自身进行内容修改，即对列表元素进行添加、删除和修改操作。

1. 创建列表

　　在 Python 中创建列表的方法有两种，一种是使用方括号创建，另一种是使用 list()函数创建。

【微课视频】

（1）使用方括号创建列表

　　使用方括号创建列表的方法很简单，只需要把所需的列表元素用逗号分隔，并将这些列表元素用方括号括起来即可。如果方括号中没有任何元素，则创建的是一个空列表。Python 列表中允许包括任何类型的对象，其中也包括列表对象，因此，也可以创建嵌套列表。创建列表的示例代码 example3-13 如下。

```
student_list = ['王红','张艳','李明','杨丽']        #创建学生列表
score_list = [['20170001','王红'],70,80,65,90]     #创建嵌套成绩列表
produce_list = ['电视机','长虹',3600,'四川']        #创建产品列表
emptylist = []                                     #创建空列表
#输出 student_list 完整列表
print(student_list)
```

代码运行结果如下。

```
['王红', '张艳', '李明', '杨丽']
```

（2）使用 list()函数创建列表

　　Python 中 list()函数的作用实质上是将传入的对象转换成列表类型。例如，向 list()函数传入一个元组对象，就会将对象从元组类型转换为列表类型。由于其返回的是一个列表对象，因此，可以看作创建列表的一种方法，使用时可以用圆括号或方括号将元素按顺序括起来，元素之间以逗号隔开，并传入 list()函数中。如果不传入任何对象到 list()函数中，则会创建一个空列表。通过 list()函数对字符串创建列表非常有效。使用 list()函数创建列表的示例代码 example3-14 如下。

```
str_list = list('Python')                          #创建字符串列表
emptylist = list()                                 #创建空列表
score_list =list((['2017001','王红'],70, 80,65, 90))#创建嵌套列表
print(str_list)                                    #输出完整列表
print(score_list)                                  #输出完整列表
```

代码运行结果如下。

```
['P', 'y', 't', 'h', 'o', 'n']
[['2017001', '王红'], 70, 80, 65, 90]
```

2. 列表索引

　　列表属于序列类型，列表中的每个元素都有各自的位置编号（称为索引）。列表索引与字符串索引类似，也分为正索引（也称为索引）和负索引两种。列表的正索引从 0 开始，自左向右，以 1 为步长逐渐递增。而列表的负索引按从右到左的方向标记元素，最右边元素的负索引为-1，然后向左边依次为-2、-3 等。

　　类似于字符串，列表可以通过索引访问和列表切片操作对列表中的元素进行提取，其中，索引

访问仅返回列表的一个对应元素，而列表切片操作则会返回列表中对应的子列表。

【微课视频】

3. 列表元素的提取和切片操作

（1）通过索引提取列表元素

为提取列表中的某个元素，可采用在列表对象后面紧接[*i*]的方法，其中，*i* 是指定的索引。运用该方法可方便地提取到列表索引所对应的列表元素。其示例代码 example3-15 如下。

```
str_list = list('Python')          #创建字符串列表
print(str_list[1])                 #输出列表中的 y
print(str_list[4])                 #输出列表中的 o
```

┃ 注意 ┃

如果索引超出了列表正索引或负索引的范围，即小于第一个元素的负索引或者大于最后一个元素的正索引，Python 会返回错误提示。

（2）列表切片操作

在列表的操作中，如果需要提取的是子列表元素，那么需要通过列表的切片操作来完成。进行列表切片操作时，需要传入所提取子序列起始元素的索引、终止元素的索引和提取的步长，此时得到的序列切片将包含从起始元素开始，以提取步长为间隔，到终止元素之前的所有元素。切片操作的格式如下。

```
序列对象[起始元素索引:终止元素索引:步长]
```

┃ 注意 ┃

❑ 切片操作在取到终止元素索引为止，并不包含终止元素。

❑ 当步长为正数时，表示切片是从左向右提取元素的，并且终止元素索引应大于起始元素索引。

❑ 当步长为负数时，表示切片是从右向左提取元素的，并且终止元素索引应小于起始元素索引。

❑ 如果省略步长，则取默认值 1，且格式中的第二个冒号可省略。

❑ 步长为 0 时会报错。

创建列表 student_list = ['王红','张艳','李明','杨丽']，通过列表切片操作提取不同学生的姓名，设置提取步长分别为 1 和 2，起始元素索引分别为 2 和 0，其示例代码 example3-16 如下。

```
student_list = ['王红','张艳','李明','杨丽']      #创建学生列表
print(student_list[2:5])                        #输出子列表
print(student_list[0:5:2])                      #输出子列表
```

代码运行结果如下。

```
['李明', '杨丽']
['王红', '李明']
```

4. 列表常用函数和方法

在 Python 中有许多函数支持对列表对象进行操作，以实现对列表对象进行更加复杂的处理。常用的处理包括对列表对象进行元素的添加、删除、修改和查询等。

【微课视频】

（1）列表元素的添加

使用 append()函数、extend()函数和 insert()函数可以向列表对象中添加元素，

但这 3 个函数有各自的特点。

①　append()函数

使用 append()函数向列表对象中添加元素的方法是向 append()函数传入需要添加到列表对象的一个元素，则该元素会被追加到列表的尾部。其示例代码 example3-17 如下。

```
student_list = ['王红','张艳','李明','杨丽']        #创建学生列表
#使用 append()函数向列表尾部添加'王小峰'元素
student_list.append('王小峰')
print(student_list)                              #输出列表
```

②　extend()函数

使用 extend()函数能够将一个列表添加到另一个列表的末尾，相当于将两个列表拼接。类似于字符串的拼接，两个列表对象可以通过加号（＋）进行拼接，而 extend()函数相当于实现自增量（＋=）的效果。其示例代码 example3-18 如下。

```
student_list = ['王红','张艳','李明','杨丽']        #创建列表 student_list
other_list = ['王小峰','宋江','李涛']              #创建列表 other_list

#使用 extend()函数将两个列表拼接
student_list.extend(other_list)
print(student_list)                              #输出列表
```

③　insert()函数

使用 insert()函数也可以向列表添加一个元素，但与 append()函数不同的是，insert()函数可以在指定位置添加元素。如果想在列表的某个位置上插入一个元素，只需要向 insert()函数传入插入的位置和插入的元素。

其示例代码 example3-19 如下。

```
student_list = ['王红','张艳','李明','杨丽']        #创建列表 student_list

#在'王红'后面添加'李涛'元素
student_list.insert(1,'李涛')
print(student_list)                              #输出列表
```

（2）列表元素的删除

在 Python 中，可使用 del 语句、pop()和 remove()方法删除列表中的元素，下面分别介绍这 3 种删除的方法。

①　使用 del 语句删除列表元素

使用 del 语句删除列表元素的格式如下。

```
del 列表[索引]
```

该语句的作用是对一个对象与它的变量名进行分离操作。例如，创建列表 other_list = ['王小峰','宋江','李涛']，现在要删除列表中的'宋江'元素，则使用 del other_list[1]即可。

②　使用 pop()方法删除列表元素

使用 pop()方法删除列表元素的方法是将元素的索引传入 pop()方法中，以获取该元素，并将其在列表中删除，相当于把列表中的元素抽离出来。若不指定元素位置，pop()方法将指向列表中的最后一个元素。使用 pop()方法删除列表元素的格式如下。

```
列表对象.pop(索引)
```

例如，创建列表 other_list = ['王小峰','宋江','李涛']，现在要删除列表中的'宋江'元素，使

用 other_list.pop(1)可获取删除的元素'宋江'，并将'宋江'从列表中删除，列表变为['王小峰',
'李涛']。

③ 使用 remove()方法删除列表元素

除了指定元素的位置来删除元素，还可以指定要删除的元素。将指定的元素放入 remove()方
法，则列表中第一次出现的元素会被删除。使用 remove()方法删除列表元素的格式如下。

```
列表对象.remove(元素值)
```

例如，创建列表 element = ['hello','world','hello','Python']，现在要删除列表中的'hello'元素，
使用 element.remove('hello')将删除列表中第一个'hello'元素，而第二个'hello'元素不会被删除，
element 的值变为['world','hello','Python']。

（3）列表元素的修改

由于列表是可变的，修改列表元素最简单的方法是提取该元素并进行赋值操作。

例如，创建列表 element = ['hello','world','hello', 'Python']，现在要将该列表索引为 1 的元素'world'
修改为'Java'，则使用 element[1]='Java'，就可将 element 的值变为['hello','Java','hello', 'Python']。

在对列表元素进行添加、删除和修改操作时，如果需要保留原来的列表不变，只有采用 copy()
方法创建列表的副本，然后在列表的副本上进行操作，这样对列表副本上的元素进行操作时才
不会改变原列表的元素。copy()方法的格式如下。

```
列表对象.copy()
```

> **注意**
>
> 如果将原列表赋值给一个新变量，因为该新变量指向原列表对象，所以当原列表对象变
> 化时，新变量也会随之变化。其示例代码 example3-20 如下。
>
> ```
> element = ['hello','world','hello', 'Python']      #创建列表对象
> new_element = element                  #变量名 new_element 指向列表对象
> element[1]='Java'                      #修改原列表元素
> print(new_element)                     #输出 new_element，观察到元素也发生变化
>
> element = ['hello','world','hello', 'Python']
> element_copy = element.copy()          #创建列表副本
> element_copy[1]='Java'                 #修改列表副本上的元素
> print(element)                         #输出 element，观察到原列表没有变化
> ```

（4）列表元素的查询

可以使用 index()方法来查询指定元素在列表中第一次出现的位置索引，若列表不包含指定的
元素，则会出现错误提示。判断列表中是否包含某个元素，还可以使用 in 运算符。其格式如下。

```
元素 in 列表对象
```

如果元素至少在列表中出现一次，则返回 True，否则返回 False。

例如，创建列表 element = ['hello','world','hello','Python']，查询列表中是否包含'hello'的方法
是使用 element.index('hello')，其作用是在列表中找到第一次出现'hello'元素的位置索引是 0，或
者使用'hello' in element，若查到要找的元素，则会输出 True。

5. 列表其他运算符和函数

除了前文所述的列表常用函数和方法，Python 中还有其他运算符和函数，具体如表 3-6
所示。

表 3-6　列表其他运算符和函数

运算符和函数	作用	示例→结果
+	将两个列表合并成一个列表	[1,2]+[3,4]→[1,2,3,4]
*	重复合并同一个列表多次	['ab']*2 →['ab', 'ab']
len()	获得列表的长度，即列表中元素的个数	len([1,2,3,4]) →4
max()	获得列表中的最大值	max([1,2,3]) →3
min()	获得列表中的最小值	min([1,2,3]) →1
list.count()	统计某个元素在列表中出现的次数	[1,2,1].count(1)→2
list.reverse()	反转列表中的元素	list=[1,2,3] list.reverse() print(list) →[3,2,1]
list.sort()	对原列表进行排序，如果指定参数 reverse=True，则为降序，反之则为升序	list=[2,1,9,3] list.sort() print(list) →[1,2,3,9] list.sort(reverse=True) print(list) →[9,3,2,1]
list.clear()	清空列表	list.clear() print(list)→[]

3.2.5　元组

元组与列表类似，都是有序元素的集合，并且可以包含任意类型的元素。但与列表不同的是，元组是不可变的，也就是说元组一旦创建后就不能修改，即不能对元组中的元素进行添加、修改和删除等操作。因此，元组常用于存储一些固定不变的有序数据集合，但是元组可以转化成列表。

1. 创建元组

在 Python 中创建元组有两种方法，一种是使用圆括号创建，另一种是使用 tuple() 函数创建。

【微课视频】

（1）使用圆括号创建元组

创建元组很简单，只需要使用圆括号将有序元素括起来，并用逗号隔开。在 Python 中定义元组的关键是逗号，而圆括号可以省略。当输出元组时，Python 会自动加上一对圆括号。与列表相似，如果不向圆括号中传入任何元素，则会创建一个空元组。

> **注意**
>
> 元组中的逗号是必不可少的，即使元组中只有一个元素，后面也需要有逗号。

创建元组的示例代码 example3-21 如下。

```
season = ('春','夏','秋','冬')                    #创建 season 元组
constant = (('r',10),3.1416)                     #创建 constant 元组
emptytuple = ()                                  #创建空元组
tup1 = 12,                                       #创建包含一个元素的元组
tup2 =(12)                                       #没有逗号，创建整数
print(season,constant,emptytuple,tup1,tup2)      #输出元组和整数
```

代码运行结果如下。

```
('春', '夏', '秋', '冬') (('r', 10), 3.1416) () (12,) 12
```

（2）使用 tuple() 函数创建元组

tuple() 函数能将其他数据结构对象转换成元组类型。其方法是先创建一个列表，然后将列

表传入 tuple()函数中，再转换成元组，这样就完成了元组的创建。使用 tuple()函数创建元组的示例代码 example3-22 如下。

```
constant = tuple((('r',10),3.1416))    #创建 constant 元组
tup1 = tuple((12,))                    #创建包含一个元素的元组
print(constant,tup1)                   #输出元组
```

代码运行结果如下。

```
(('r', 10), 3.1416) (12,)
```

2. 元组索引

与列表类似，元组索引也分为正索引（也称为索引）和负索引两种。元组的正索引是从 0 开始，自左向右，以 1 为步长逐渐递增的。而元组的负索引自右向左标记元素，最右边元素的负索引为−1，然后向左边依次为−2、−3 等。与列表一样，元组同样可以进行提取、切片、组合等操作。

3. 元组元素的提取和切片操作

（1）通过索引访问提取元素

与列表索引访问提取元素一样，只要传入元素索引，就可以获得对应的元素。提取元组中元素的方法是在元组对象后面紧接[*i*]，其中 *i* 是指定的索引。如果提取元素时传入的索引超出元组索引范围，会返回错误提示。其示例代码 example3-23 如下。

【微课视频】

```
season = ('春','夏','秋','冬')          #创建元组
tup1 = season[1]                       #提取第 2 个元素'夏'
print(tup1)                            #输出元素
```

（2）元组切片操作

元组切片操作与列表的类似，只需要传入所提取子序列起始元素的索引、终止元素的索引和提取的步长即可。切片操作的格式如下。

```
序列对象[起始元素索引:终止元素索引:步长]
```

> **注意**
>
> 此时得到的序列切片将包含从起始元素开始，以提取步长为间隔，到终止元素之前的所有元素。

切片操作的示例代码 example3-24 如下。

```
season = ('春','夏','秋','冬')          #创建元组
tup1 = season[1:3]                     #提取第 2 至第 3 个元素
tup2 = season[0:5:2]                   #从第 1 个元素开始，以步长 2 为间隔提取元素
print(tup1,tup2)                       #输出 tup1,tup2
```

代码运行结果如下。

```
('夏', '秋') ('春', '秋')
```

4. 元组解包

将元组中的各元素赋值给多个不同变量的操作通常称为元组解包，元组解包的格式如下。

```
var1,var2,...,varn=tuple
```

在 Python 中有多重赋值语句，由于创建元组时可以省略圆括号，因此，元组解包可以看成多重赋值语句，以实现将右边的元素平行赋值给左边的变量的目的。元组解包的示例代码 example3-25 如下。

```
season = ('春','夏','秋','冬')              #创建元组
a,b,c,d = season                          #元组解包
print('a=',a,'b=',b,'c=',c,'d=',d)        #输出 a、b、c、d
a,b,c,d = '春','夏','秋','冬'               #多重赋值语句，右边也可看成元组
print('a=',a,'b=',b,'c=',c,'d=',d)        #输出 a、b、c、d
constant = tuple((('r',10),3.1416))       #创建元组
x,y = constant                            #元组解包
print('x=',x,'y=',y)                      #输出 x、y
(x,y),z = constant                        #元组解包
print('x=',x,'y=',y,'z=',z)               #输出 x、y、z
```

代码运行结果如下。

```
a= 春 b= 夏 c= 秋 d= 冬
a= 春 b= 夏 c= 秋 d= 冬
x= ('r', 10) y= 3.1416
x= r y= 10 z= 3.1416
```

5. 元组常用函数和方法

元组中的元素虽然是不允许修改的，但是可以对元组中的元素进行统计、查找和排序，还可以对元组进行合并和删除整个元组。元组常用运算符和函数如表 3-7 所示。

表 3-7　元组常用运算符和函数

运算符和函数	作用	示例→结果
+	将两个元组合并成一个元组	(1,2)+(3,4)→(1,2,3,4)
*	重复合并同一个元组多次	('ab')*2→'abab'
in()	判断元素是否存在，存在则为 True，否则为 False	'a' in(2,'a','b')→True
len()	获得元组的长度，即元组中元素的个数	len((1,2,3,4))→4
max()	获得元组中的最大值	max((1,2,3))→3
min()	获得元组中的最小值	min((1,2,3))→1
tuple.count()	统计某个元素在元组中出现的次数	(1,2,1).count(1)→2
tuple.index()	获取元素在元组中第 1 次出现的位置索引	tup =(1,2,'a','ab',2) tup.index(2)→1
sorted()	创建对元组进行排序后的列表	tup=(2,1,9,3) sorted(tup)→[1,2,3,9]
del()	删除整个元组	tup=(2,1,9,3) del tup

下面通过例 3-4 说明 Python 中列表与元组的运用。

【例 3-4】设计一个联系人表，该表包括姓名、电话号码和 E-mail 等数据项，要求输出联系人表中的标题栏和一行数据项，并设置表格线为“--------”，表格栏目分隔符为“|”。

操作步骤如下。

（1）启动 PyCharm，选择 File→Open，选择 py_project 项目，单击 OK 按钮，打开项目。

（2）右击项目名，选择 New→Python File，在弹出的 New Python file 对话框中输入 Python 文件名为 test3-4，按【Enter】键，创建 test3-4.py 文件。

（3）在 PyCharm 的 test3-4.py 文件的代码编辑区输入程序代码，具体如下。

```
title = ('姓名','电话号码','E-mail')        #创建元组
cont = ['李芳',13862345616,'lifang@163.com']  #创建列表
str1,str2,str3 = title
con1,con2,con3 = cont
```

```
str4 = "--------"
str5 = str4*4
print('%s' % (str5))
print('|%s|   %s  |    %s  |' % (str1,str2,str3))
print('%s' % (str5))
print('|%s|%d|%s|' % (con1,con2,con3))
print('%s' % (str5))
cont[0] = '李志'
cont[1] = 18573323312
cont[2] = 'lizhi@sina.com'
con1,con2,con3 = cont
print('|%s|%d|%s|' % (con1,con2,con3))
```

（4）右击代码编辑区，在快捷菜单中选择 Run 'test3-4'，在控制台输出结果。

3.2.6　字典

字典是 Python 提供的一种常用的数据结构，它用于存放具有映射关系的数据。字典相当于保存了两组数据，其中一组数据是关键数据，被称为 key；另一组数据可通过 key 来访问，被称为 value。其结构如图 3-3 所示。简单来说，字典就好比是电话簿，它能将值（如电话号码）与键（如姓名）关联起来。所有的键会形成一个集合，在一个字典中，键必须是唯一的，并且所有的键都必须是不可变的，而与键相关联的值则没有此限制。

图3-3　字典结构

字典与列表、元组有所不同，列表与元组使用索引来对应元素，而字典主要通过键来对应元素。为了获取指定键所关联的值，将键放到方括号中，如"值=字典对象[键]"。由于字典是可变的，所以可以对字典对象进行元素的添加、删除、修改、查询等操作。

> **注意**
>
> 字典中的键必须使用不可变数据类型的对象，例如数字、字符串、元组等，并且键是不允许重复的；而值则可以是任意类型的，且在字典中可以重复。

1．创建字典

字典中关键的信息是含有对应映射关系的键值对，创建字典时需要将键和值按规定格式传入特定的符号或函数中。在 Python 中创建字典有两种方法，一种是使用花括号创建，另一种是使用 dict()函数创建。

【微课视频】

（1）使用花括号创建字典

字典是用花括号括起来的一系列键值对，其中，每个键值对的键与值之间用冒号分隔，各键值对之间用逗号隔开。字典的格式如下。

```
{key1:value1,key2:value2,...,keyn:valuen}
```

如果不向花括号中传入任何键值对，则创建一个空字典。如果在创建字典时重复传入相同的键，因为键在字典中是不允许重复，所以字典最终会采用最后一个重复键的键值对。

创建字典的示例代码 example3-26 如下。

```
contacts = {'张艳':13873321234,'杨丽':13623456712}    #创建 contacts 字典
student = {'Name':'张艳','Age':20,Tel:13873321234}    #创建 student 字典
```

```
emptydict = {}                                        #创建空字典
dict1 ={1:'空调',2:'1.5p',2:1989}                      #字典有重复键
print(contacts)                                        #输出字典
print(student)                                         #输出字典
print(emptydict,dict1)                                 #输出字典
```

代码运行结果如下。

```
{'张艳': 13873321234, '杨丽': 13623456712}
{'Name': '张艳', 'Age': 20, Tel: 13873321234}
{} {1: '空调', 2: 1989}
```

（2）使用dict()函数创建字典

dict()函数用于创建字典，它的作用是将传入 dict()函数中的包含两个元素的子序列的序列对象转换为字典类型，其中，子序列中第一个元素是键，第二个元素是值，一个子序列构成一个键值对。例如，包含两个元素的列表['Name','张艳']、元组('Age',20)传入 dict()函数中即可转换为字典类型。或者将仅包含两个字符的字符串（其中，字符串中的第一个字符是键，第二个字符是值）传入 dict()函数中也可转换为字典类型。如果不向 dict()函数传入任何内容，则可创建一个空字典。通过转换方式用 dict()函数创建字典的格式如下。

```
dict(([key1,value1],(key2,value2),'ab'…))
```

或

```
dict([[key1,value1],(key2,value2),'ab'…])
#key1、key2 只能是数字、字符和元组
#value1、value2 可以是数字、字符、列表、元组和字典
#a、b 代表任意两个字符
```

除了通过转换方式创建字典，还可以直接向 dict()函数传入键和值进行创建，其中需通过"="将键和值隔开，其格式如下。

```
dict(key1 = value1,key2 = value2,...,keyn = valuen)
```

注意

使用这种创建方法时不允许键重复，否则会出现错误。

使用dict()函数创建字典的示例代码 example3-27 如下。

```
student = dict((['Name','张艳'],('Age',20),'xy',('d',{1:2})))
contacts = dict([((('tel','E-mail'),[13873321234,'zhangyan@163.com'])])
dict1 = dict(Name='杨丽',Age=18,a=(1,2))
dict2 = dict()
print(student)
print(contacts)
print(dict1,dict2)
```

代码运行结果如下。

```
{'Name': '张艳', 'Age': 20, 'x': 'y', 'd': {1: 2}}
{('tel', 'E-mail'): [13873321234, 'zhangyan@163.com']}
{'Name': '杨丽', 'Age': 18, 'a': (1,2)} {}
```

通过创建字典的示例代码，可以观察到创建字典的几种方法和字典中可以包含的各种数据类型对象。字典中的值可以对应到有具体意义的键，由此可见，字典是一种非常灵活和重要的数据结构。

2. 获取字典元素

与列表和元组不同，字典作为映射类型的数据结构，它没有索引的概念，也没有切片操作的处理方法。字典中只有键和值对应起来的映射关系，因此获取字典元素主要是通过这种映射关系来实现的。

【微课视频】

（1）通过键获取字典元素

在字典中，获取字典元素的方法是通过字典中键与值之间的映射关系来访问对应的元素，为了获取指定键所关联的值，将键放到方括号中，格式为 dict[key]，即字典[键]。同时，应注意传入的键要存在于字典中，否则会返回错误提示。为了防止传入的键不存在而导致的错误，可先检查字典中是否包含这个键，若包含就进行获取字典元素的操作。判断字典中键是否存在可采用 in 运算符实现。相关示例代码 example3-28 如下。

```
student = dict((['Name','张艳'],('Age',20)))
if'Name' in student:                        #判断键'Name'是否在 student 中
    print(student['Name'])                  #输出键为'Name'的对应值
if 'Age' in student:                        #判断键'Age'是否在 student 中
    print(student['Age'])                   #输出键为'Age'的对应值
```

代码运行结果如下。

```
张艳
20
```

（2）使用 get()函数

使用 get()函数能够很方便地获取字典元素，该函数的作用是返回传入 get()函数中的键所关联的值。如果传入 get()函数中的键在字典中不存在，函数会返回 None，屏幕上没有显示。若同时传入了替代值，当键不存在时，则会返回该替代值。

使用 get()函数的示例代码 example3-29 如下。

```
dict1 = dict(Name='杨丽',Age=18,a=(1,2))
print(dict1.get('Name'))
print(dict1.get('age','字典中没有该键'))        #注意键的大小写
```

代码运行结果如下。

```
杨丽
字典中没有该键
```

3. 字典常用函数和方法

在 Python 的内置数据结构中，列表和字典都属于可变数据类型，与列表相似，字典同样有丰富且功能强大的函数与方法，因此，运用字典的函数和方法同样可以对字典元素进行添加、删除、修改和查询等操作。同时，字典中也有 copy()方法，其作用是复制字典内容并创建一个副本。如果要保持原字典不变，可利用 copy()方法创建一个副本，然后对副本进行操作。

（1）添加字典元素

通过向字典中传入一个新的键，并对这个新键进行赋值操作，可实现向字典中添加一个元素的功能，其格式如下。

```
dict_name[new_key]=new_value
```

但是，运用这种方法一次只能添加一个元素，如果需要向字典中添加多个元素或将两个字典合并，可以使用 update()方法。

字典中的 update()方法可实现对两个字典中的键值对进行合并，传入字典中的键值对会被添

加到调用函数的字典中。若两个字典中存在相同的键，传入字典中的键所对应的值会替换掉调用函数字典中的原有值，实现值更新的效果。添加字典元素的示例代码 example3-30 如下。

```
student = dict(([ 'Name','张艳'],('Age',20)))
stu_copy = student.copy()                    #创建一个字典
stu_copy['tel'] = 13873321234                #给字典副本添加键为'tel'的值
dict1 = dict(Name='杨丽',ClassName='软件一班')
stu_copy.update(dict1)                       #合并字典,相同键'Name'的值会被替换
print(stu_copy)
```

代码运行结果如下。

```
{'Name': '杨丽', 'Age': 20, 'tel': 13873321234, 'ClassName': '软件一班'}
```

（2）删除字典元素

使用 del 语句可以删除某个键值对。另外，字典也包含 pop()方法，只要传入键，pop()方法就能将对应的值从字典中抽离。若要清空字典内容，可以使用 clear()函数。

使用 del 语句删除元素的格式如下。

```
del dict_name[key]
```

使用 pop()方法删除字典元素时，向 pop()方法传入需要删除的键，则会返回对应的值，并在字典中移除相应的键值对。若将方法返回的结果赋值给变量，就相当于从字典中抽离出了值。

使用 clear()函数会删除字典中的所有元素，最终会返回一个空字典。

删除字典元素的示例代码 example3-31 如下。

```
student = dict(([ 'Name','张艳'],('Age',20),'xy',('d',{1:2})))
del student['x']                 #删除键为'x'的值
print(student)
student.pop('d')                 #删除键为'd'的值
print(student)
stu_copy = student.copy()
print(stu_copy.clear())          #清空字典
```

代码运行结果如下。

```
{'Name': '张艳', 'Age': 20, 'd': {1: 2}}
{'Name': '张艳', 'Age': 20}
None
```

（3）修改字典元素

修改字典中某个元素，可使用键访问赋值来实现，其格式如下。

```
dict_name[key]=new_value
```

例如，字典 student = dict((['Name','张艳'],('Age',20)))，现要修改键'Age'的值为18，则使 student['Age']=18 即可。

（4）查询和获取字典元素信息

在实际应用中，经常会遇到查询某个键或值是否存在于字典中的情况，除了可以使用提取字典元素的方法进行查询，还可以使用 in 运算符进行判断。在字典方法中，可以使用 keys()获取字典中的所有键，使用 values()获取字典中的所有值，使用 items()获取字典中的所有键值对。使用 keys()、values()、items()所返回的结果是字典中键、值、键值对的迭代形式，可以通过 list()函数将返回结果转换为列表类型，同时可以利用 in 运算符来判断值和键值对是否存在于字典中。查询和获取字典元素信息的示例代码 example3-32 如下。

```
student = dict((['Name','张艳'],('Age',20)))
all_keys = student.keys()                      #获取所有键
print(all_keys)
all_values = student.values()                  #获取所有值
print(all_values)
all_items = student.items()                    #获取所有键值对
print(all_items)
keys = list(student.keys())                    #获取所有键
print(keys)
values = list(student.values())                #获取所有值
print(values)
key_value= keys[values.index(20)]             #查找值为 20 所对应的键
print(key_value)
if 'Name' in student:
    print(student['Name'])                     #输出键'Name'所对应的值
```

代码运行结果如下。

```
dict_keys(['Name', 'Age'])
dict_values(['张艳', 20])
dict_items([('Name', '张艳'), ('Age', 20)])
['Name', 'Age']
['张艳', 20]
Age
张艳
```

下面通过例 3-5 说明 Python 中字典的运用。

【例 3-5】设计一个联系人表，该表包括姓名、电话号码和 E-mail 等数据项，要求输出联系人表中的标题栏和一行数据项，并设置表格线为"--------"，表格栏目分隔符为"|"。

操作步骤如下。

（1）启动 PyCharm，选择 File→Open，选择 py_project 项目，单击 OK 按钮，打开项目。

（2）右击项目名，选择 New→Python File，在弹出的 New Python file 对话框中输入 Python 文件名为 test3-5，按【Enter】键，创建 test3-5.py 文件。

（3）在 PyCharm 的 test3-5.py 文件的代码编辑区输入程序代码，具体如下。

```
con_dict = {'姓名':'李芳','电话':13862345616,
            'E-mail':'lifang@163.com'}         #创建字典
all_keys = con_dict.keys()                     #获取字典中所有键
str1,str2,str3 = all_keys                      #将键赋值给变量
str4 = "--------"
str5 = str4*4
print('%s' % (str5))
print('|%s|   %s   |   %s   |' % (str1,str2,str3))
print('%s' % (str5))
print('|%s|%s|%s|' % (con_dict['姓名'],
                     con_dict['电话'],con_dict['E-mail']))
print('%s' % (str5))
#修改字典中键所对应的值
con_dict['姓名'] = '李志'
con_dict['电话'] = 18573323312
con_dict['E-mail'] = 'lizhi@sina.com'
```

```
print('|%s|%s|%s|' % (con_dict['姓名'],
                con_dict['电话'],con_dict['E-mail']))
```

（4）右击代码编辑区，在快捷菜单中选择 Run 'test3-5'，在控制台输出结果。

3.2.7　集合

集合就是一个由唯一元素组成的、非排序的集合体。所谓"非排序"是指集合中的元素不以任何特定的形式存储，"唯一"是指集合中的任何元素最多只能出现一次，也就是说集合中没有重复值。在数学中集合是至关重要的，因此，在 Python 中内置了集合的数据结构，而且 Python 中的集合与数学集合论中所定义的集合的概念基本上是一致的。

1．创建集合

根据集合中的数据结构对象是否可变，可将集合分为可变集合和不可变集合。由于可变集合对象是可变的，所以，可对其元素进行添加和删除操作，并直接作用在对象上。

创建可变集合的方法是使用花括号或 set()函数，其格式如下。

```
{value0,value1,value2,…}        #花括号中的元素可以为数字、字符串、元组
set(value)                       #value 是列表或元组
```

在使用花括号创建可变集合时，传入的元素对象必须是不可变的，即不能传入列表、字典甚至可变集合等。另外，set()函数能够将数据结构对象转换为可变集合类型，即将集合元素存储为一个列表或元组，再使用 set()函数转换成可变集合。在创建时，无须担心传入的元素是否重复，因为结果中会将重复元素删除。若要创建空集合，只能使用 set()函数且不传入任何参数。

由于不可变集合对象属于不可变数据类型，因此，不能对其中的元素进行修改。创建不可变集合的方法是使用 frozenset()函数。此时，传入 frozenset()函数中的集合元素必须是不可变数据类型。若要创建一个空不可变集合，可使用 frozenset()函数且不传入任何参数。

创建集合的示例代码 example3-33 如下。

```
student = {'王明',20,('李志',18)}         #用花括号创建可变集合
student1 = set([1,2,5,1,(1,4),2])          #用 set()函数创建可变集合，重复值会被删除
str = set('asd')                           #用 set()函数创建可变集合
set()                                      #创建空集合
print(student)
print(student1,str)
student2 = frozenset(('王明',20,'张宁',19)) #创建不可变集合
print(student2)
```

代码运行结果如下。

```
{'王明', 20, ('李志', 18)}
{1, 2, 5, (1, 4)} {'d', 's', 'a'}
frozenset({'王明', 19, 20, '张宁'})
```

2．集合的运算

集合是由互不相同的元素对象构成的无序整体。集合包含多种运算，通过这些集合运算可以获得满足某些条件的元素集合。在数学中，集合的运算包括并集、交集、差集、异或差集等。当需要获取两个集合之间的并集、交集、差集的元素时，这些集合运算能够获取集合之间的某些特殊信息。

在 Python 中，集合对象支持 union（并集）、intersection（交集）、difference（差集）和

symmetric_difference（异或差集）等数学运算操作。对于这些操作，Python 都有相应的方法或相关的操作运算符，集合运算方法如表 3-8 所示，其中 s1 = set('hi')，s2 = set('Python')。利用集合运算方法，可实现从两个集合中创建出满足某些条件的新集合。

表 3-8　集合运算方法

方法	作用	示例→结果
difference()	根据一个集合中不存在于另一个集合中的元素，创建出一个新集合	s1.difference(s2)→{'i'}
intersection()	根据两个集合中共有的元素，创建出一个新集合	s1.intersection(s2) →{'h'}
issubset()	判断一个集合的所有元素是否都包含于另一个集合	s1.issubset(s2) →False
issuperset()	判断一个集合的所有元素是否包含另一个集合的所有元素	s1.issuperset(s2) →False
symmetric_difference()	根据两个集合中的所有不存在于对方的元素，创建出一个新集合	s1.symmetric_difference(s2)→{'o', 'p', 'i', 'y', 't', 'n'}
union()	根据两个集合中的所有元素，创建出一个新集合	s1.union(s2) →{'y', 'h', 'n', 't', 'i', 'o', 'p'}

集合运算方法也可以用运算符来实现，它们的对应关系如表 3-9 所示，其中 s1 = set('hi')，s2 = set('Python')。

表 3-9　集合运算符和集合运算方法的对应关系

运算符	方法	示例
−	difference()	s1−s2 相当于 s1.difference(s2)
&	intersection()	s1&s2 相当于 s1.intersection(s2)
|	union()	s1|s2 相当于 s1.union(s2)
<=	issubset()	s1<=s2 相当于 s1.issubset(s2)
>=	issuperset()	s1>=s2 相当于 s1.issuperset(s2)
^	symmetric_difference()	s1^s2 相当于 s1.symmetric_difference(s2)

3. 集合常用操作

除了对集合进行数学运算操作，还可以采用一些其他常用的操作，例如，消除重复元素、获取集合中的元素个数、使用 in 运算符查询元素是否存在于集合中和遍历集合中的元素等。同时，还可以对可变集合的元素进行添加和删除操作。集合常用函数和方法如表 3-10 所示，其中 s1 = set('hi')，s2 = set('py')。

表 3-10　集合常用函数和方法

函数和方法	作用	示例→结果
add()	向可变集合中添加一个元素	s1.add('!!')→{'!!', 'h', 'i'}
update()	向可变集合中添加其他集合中的元素，即合并两个集合	s1.update(s2)→{'y','i','p','h'}
pop()	删除可变集合中的一个元素，当集合是空集合时，返回错误提示	s1.pop()→{'h'}
remove()	删除可变集合中指定的一个元素	s1.remove('h') →{'i'}
clear	删除可变集合中的所有元素，返回集合	s1.clear→set()
in	查询元素是否存在于集合中	'h' in s1→True
len()	获取集合中的元素个数	len(s1) →2
copy()	复制可变集合内容并创建一个副本	s1.copy() →{'i','h'}

下面通过例 3-6 说明 Python 中集合的运用。

【例 3-6】创建 s1 和 s2 两个集合，对 s1 集合进行添加元素操作，再对 s1 和 s2 进行集合运算操作，请观察运行结果。

操作步骤如下。

（1）启动 PyCharm，选择 File→Open，选择 py_project 项目，单击 OK 按钮，打开项目。

（2）右击项目名，选择 New→Python File，在弹出的 New Python file 对话框中输入 Python 文件名为 test3-6，按【Enter】键，创建 test3-6.py 文件。

（3）在 PyCharm 的 test3-6.py 文件的代码编辑区输入程序代码，具体如下。

```python
s1 = set('hello')              #创建由字符串中字符组成的集合
s2 = set(('hello',))           #创建一个英文单词集合
print(s1,s2)
s1 = set(['hello','world'])
s2 = set(('hello','Python'))
print(s1,s2)
s1.add('!')                    #向 s1 集合添加字符
s1.update(s2)                  #向 s1 集合添加 s2 集合
print(s1,s2)
#s1、s2 集合运算
print(s1-s2)
print(s1&s2)
print(s1|s2)
print(s1>=s2)
print(s1<=s2)
print(s1^s2)
```

（4）右击代码编辑区，在快捷菜单中选择 Run 'test3-6'，在控制台输出结果。

3.3　Python 的流程控制语句

在程序的执行过程中，程序的执行顺序会直接影响程序的执行结果。而程序的执行顺序又是由程序中的流程控制结构决定的。程序中的流程控制结构包括顺序结构、选择结构和循环结构。其中，顺序结构的程序代码从上往下，依次执行；选择结构根据用户的输入或语句执行的中间结果来选择执行不同的程序代码；循环结构根据某项条件重复执行某些程序代码若干次。因此，流程控制语句用于控制程序的执行顺序，以实现对程序进行选择或循环的操作。流程控制语句是程序设计语言的基础，也是程序设计的重点。

Python 与其他程序设计语言相似，同样具有流程控制语句，下面介绍 Python 的条件语句和循环语句。

3.3.1　if 语句

在日常生活中，人们常常会根据不同的条件来决定执行不同的任务。例如，出行是选择乘坐地铁还是公交车，旅游是选择自由行还是随团旅行等。而在程序的执行过程中，常常也需要根据不同的选择条件来执行不同的程序。如根据学生成绩来输出学生成绩的等级。在 Python 中，如果想实现上述条件选择，只能使用 if 语句来实现。if 语句的基本格式如下。

```
if 条件表达式:
    语句块
```

if 语句在执行过程中，首先判断条件表达式（也就是布尔表达式）是否成立，即条件表达式是否为真（True），如果为真，则执行冒号后的语句块，否则不执行该语句块。if 语句的控制结构如图 3-4 所示。

每个条件表达式后面都要使用冒号来表示满足条件时要执行的语句块。使用缩进来划分语句块，相同缩进的语句组成一个语句块。

if 语句的基本格式也称为单路分支的 if 语句结构，其示例代码可参见 3.2 节中的示例代码 example3-28。

除了单路分支的 if 语句结构，在实际应用中，还经常遇到多路分支的 if 语句结构。多路分支的 if 语句结构的格式如下。

图3-4 if语句的控制结构

```
if 条件表达式1:
    分支1语句块
elif 条件表达式2:
    分支2语句块
else:
    分支3语句块
```

多路分支的 if 语句结构的执行过程：首先判断条件表达式 1 是否为真，如果为真，则执行分支 1 语句块；如果为假，则判断条件表达式 2 是否为真，如果为真，则执行分支 2 语句块；如果为假，则执行分支 3 语句块。如果只有两个分支，就不需要写 elif 语句，直接写 else 语句即可。如果有更多的分支，则需要添加更多的 elif 语句。

▌注意▐

Python 中没有 switch…case 语句。多路分支的 if 语句结构只能通过 if…elif…else 语句来实现，并且每个分支语句都要有严格的缩进。

多路分支的 if 语句结构的示例代码 example3-34 如下。

```
#input()从标准输入中得到的值是一个字符串
grade = input("\n 请输入学生成绩:")
if int(grade)>=85:                    #用 int(grade)强制转换为整型
    print("优秀学生! ")
elif int(grade)<60:
    print("不合格学生! ")
else:
    print("合格学生! ")
```

3.3.2 while 语句

在算术运算中，经常会遇到求数字 $1\sim n$ 的累加和，那么，怎样才能实现求累加和呢？第 1 种方法是将 $1\sim n$ 个数字相加后赋值给变量，这种方法不适合 n 较大的情况；第 2 种方法是将 $1+2+\cdots+n$ 拆分成 $s=s+i$，其中等号左边变量 s 是本次计算的和，而等号右边变量 s 是上次计算的和，i 则是计算的次数。那么，求数字 $1\sim n$ 的累加和可看成将 $s=s+i$ 反复执行 n 次。这种在某项条件满足之前，即计算次数小于 n 次时，将某项任务（即 $s=s+i$）反复执行的过程就是循环。在程序设计中，通过循环语句可以实现循环。Python 中的循环语句有 while 语句和 for 语句，其中，while 语句是常用的循环语句之一，它的格式如下。

```
while(条件表达式):
    语句块
```

while 语句的执行过程：首先判断条件表达式是否为真，如果为真，则执行条件表达式冒号后的语句块，执行完毕后再次判断条件表达式是否为真，如果仍然为真，则再次执行冒号后的语句块，如此反复，直到条件表达式为假才跳出循环。while 语句的控制结构如图 3-5 所示。

利用 while 语句实现求 1~n 的累加和的示例代码 example3-35 如下。

```
str = input("\n请输入数字n:")
s,i = 0,1
while (i<=int(str)):
    s = s + i
    i += 1
print('1至 %d 之和为: %d' % (int(str),s))
```

图 3-5　while 语句的控制结构

如果循环语句的条件表达式永远为真，则该循环语句会无限循环，如果要退出当前的无限循环，可以使用【Ctrl】+【C】组合键来中断执行。另外，也可以使用 continue 语句和 break 语句来跳出循环。利用无限循环和循环嵌套来实现求 1~n 的累加和，其示例代码 example3-36 如下。

```
var = 1
while (var==1):                              #设置无限循环
    str = input("\n请输入数字n:")            #输入数字 n
    s,i = 0,1
    while (i<=int(str)):                     #循环嵌套，求1至n的累加和
        s = s + i
        i += 1
    print('1至 %d 之和为: %d' % (int(str),s))
```

在 while 语句中可以使用 else 语句，其格式如下。

```
while (条件表达式):
    语句块 1
else:
    语句块 2
```

其中，else 语句用于指定在条件表达式为假或退出当前循环后所要执行的语句块 2；当条件表达式为真时，循环语句执行语句块 1。利用 while…else 语句实现求 1~100 的累加和的示例代码 example3-37 如下。

```
s,i = 0,1
while (i<=100):                              #求 1 至 100 的累加和
    s = s + i
    i += 1
else:
    print('1至 %d 之和为: %d' % (i-1,s))      #输出 1 至 100 的累加和
```

3.3.3　for 语句

在 Python 中，for 语句是一个通用的序列迭代器，可以遍历任何序列，如字符串、列表、元组等。

迭代器是一个可以记住遍历位置的对象。迭代器对象从集合的第一个元素开始访问，直到所有的元素被访问结束，迭代器只能往前不会后退。迭代器有创建迭代器对象的 iter()方法和访

问迭代器的下一个元素的 next() 方法。字符串、列表或元组都可用于创建迭代器。

Python 中的 for 语句接收可迭代对象，如序列和迭代器作为其参数，每次循环可以调取其中的一个元素。Python 中的 for 语句看上去像伪代码，非常简洁。for 语句的格式如下。

```
for  <变量> in <序列或迭代器对象>：
     语句块
```

for 语句的示例代码 example3-38 如下。

```
str = 'Python'
for i in str:
    print(i)

for i in ('C','Java','Python','PHP'):
    print("循环数据 " + i)
```

for 语句中也可以使用 else 语句，其格式如下。

```
for  <变量> in <序列或迭代器对象>：
     语句块 1
else:
     语句块 2
```

其中，else 语句用于指定当 for 循环的条件为假或退出当前循环后所要执行的语句块 2。for…else 的示例代码 example3-39 如下。

```
for i in ('C', 'Java', 'Python', 'PHP'):
    print("循环数据 " + i)
else:
    print('循环完成! ')
```

3.3.4 range() 函数的作用

range() 函数是 Python 的内置函数，它可以返回一系列连续添加的整数，生成一个列表对象。range() 函数常在 for 循环中作为索引使用。在 Python 3.10 中，range() 函数是一个迭代器。range() 函数的格式如下。

```
range(start,end[,step])
```

该函数中的参数说明如下。

❏   start：计数的开始位置，默认从 0 开始。例如，range(3) 等价于 range(0,3)。
❏   end：计数到 end 结束，但不包括 end。例如，range(0,3) 相当于 [0,1,2]，即不包括 3。
❏   step：步长，默认值为 1。例如，range(0,3) 等价于 range(0,3,1)。

在 Python 中，range() 函数有以下作用。

❏   使用 range() 函数生成数列，如 range(3) 生成数列 0、1、2。
❏   使用 range() 函数创建指定区间的值，如 range(-1,-8,-2) 生成的值为 -1、-3、-5、-7。
❏   range() 函数在 for 循环中可作为索引使用。
❏   使用 range() 函数和 len() 函数来遍历序列的索引。
❏   使用 range() 函数创建一个列表。

使用 range() 函数的示例代码 example3-40 如下。

```
for i in range(3):                    #生成数列
    print(i)
for i in range(-1,-8,-2):             #创建指定区间的值
    print(i)
```

```
for i in range(3):                          #作为索引
    print(i, 'Python')
str = ['C','Java','Python','PHP']
for i in range(len(str)):                   #遍历序列的索引
    print(i, str[i])
a = list(range(8))                          #创建列表
print(a)
```

3.3.5　break、continue、pass 语句

1. break 语句

在 while 和 for 循环中，break 语句的作用是终止执行循环语句，即循环条件没有 False 条件或者序列还没被完全递归完，就停止执行循环语句，跳出循环。在嵌套循环中，break 语句可以停止执行最深层的循环，并开始执行下一行语句。

在 Python 中，break 语句的格式为 break。

例如，求 1~100 的奇数的和，其示例代码 example3-41 如下。

```
s,i = 0,1
while (i) :
    s = s + i
    i += 2
    if (i> 100):
        break                    #当i大于100时，跳出循环
print(s)
```

2. continue 语句

在 while 和 for 循环中，continue 语句的作用是告诉 Python 跳过当前循环的剩余语句，然后继续进行下一轮循环。与 break 语句不同，continue 语句用于跳出本次循环，而 break 语句用于跳出整个循环。

continue 语句的格式为 continue。

现仍然以求 1~100 的奇数的和为例，观察用 continue 语句编程与用 break 语句编程的不同之处，其示例代码 example3-42 如下。

```
s = i = 0
while (i<100) :
    i += 1
    if (i%2==0):         #如果i是偶数，就执行continue语句
        continue         #遇到continue语句则直接继续下一轮循环，后续语句不会被执行
    s = s + i
    print(i,s)
print(s)
```

3. pass 语句

pass 语句是空语句，其作用是保持程序结构的完整性。pass 语句不做任何操作，一般用作占位语句。pass 语句的格式为 pass。其示例代码 example3-43 如下。

```
# 输出 Python 的每个字母
for letter in 'Python':
    if letter == 'h':
        pass
        print('这是 pass 块')
print('当前字母 :', letter)
```

3.4   Python 的函数

函数就是可重复使用并能完成特定功能的程序段，它是 Python 为了使代码效率提高并减少冗余而提供的基本的程序结构。函数的作用是将复杂的大问题分解成一系列的小问题，以降低编程难度和提高代码的重复利用率。Python 与其他程序设计语言一样，不仅提供了许多内置函数，而且提供了自定义函数的功能。

3.4.1   自定义函数

在 Python 中定义函数的方法是以 def 关键字开头，其后紧跟函数名和圆括号，圆括号内包含将要在函数体中使用的形式参数，各参数之间用逗号分隔，定义语句以冒号结束；函数体的编写要另起一行，函数体的缩进为 4 个空格或者一个制表符。函数定义的格式如下。

```
def 函数名(参数列表):
    函数体
```

定义一个求 1～n 的累加和的函数，其中，函数名为 sum_function，输入参数为 n，输出参数为 sum。函数定义的示例代码 example3-44 如下。

```
def sum_function(n):
    sum,i=0,1               #求1到n的累加和 sum
    while (i<=n) :
        sum = sum + i
        i += 1
    print('1至 %d 之和为: %d' % (n,sum))
    return sum
```

由于 Python 的参数不需要声明数据类型，因此，在函数的开头要说明函数的用途和输入与输出，目的是方便调用函数时输入数据类型正确的数据，防止程序报错。

3.4.2   设置函数参数

参数对于函数而言，只是作为函数的输入，目的是在调用函数时可以传递不同的值给函数，然后得到相应的结果。在定义函数时，函数名后面的圆括号中的变量称为形式参数（简称形参）；在调用函数时，函数名后面的圆括号中的变量称为实际参数（简称实参）。Python 中的函数参数主要有以下 4 种。

❑ 位置参数：调用函数时，根据函数定义的位置来传递参数。

❑ 关键字参数：通过"键-值"的形式来指定，可以让函数更加清晰，且容易使用。同时，不需要指定参数的顺序。

❑ 默认参数：定义函数时为参数提供的默认值，调用函数时，默认参数的值可传递，也可不传递。需要注意的是，定义或调用函数时，所有位置参数必须出现在默认参数前。

❑ 可变参数：定义函数时，有时不能确定调用时会传递多少个参数，此时，采用定义任意数量的位置可变参数或者关键字可变参数的方法来进行参数传递会显得非常方便。

1. 默认参数

在调用内置函数时，往往会发现很多函数提供了默认参数。默认参数为程序人员提供了极大的便利，特别是对于初次接触该函数的人来说更是意义重大。默认参数为设置函数的参数提供了参考。

> **注意**
>
> 默认参数一定要用不可变对象，如果是可变对象，运行时会出现逻辑错误。

例如，设计一个计算学生期评成绩的函数，该函数的输入参数为学生的平时成绩、期末成绩、平时成绩比例和期末成绩比例，并将平时成绩比例和期末成绩比例的默认值分别设置为 40% 和 60%，则该函数的示例代码 example3-45 如下。

```
#定义函数，默认参数为n_Perc、e_Perc
def score_fun(normal,exam,n_Perc=0.4,e_Perc=0.6):
    #求期评成绩
    score = normal*n_Perc+exam*e_Perc
    return score
```

调用具有默认参数的函数时，默认参数的值可不传递，如调用example3-45中的函数时，用score_fun(80,78)即可。

2. 任意数量的位置可变参数

定义函数时需要定义函数的参数个数，通常情况下，参数个数表示函数可调用的参数的上限。但是也有在定义函数时无法得知参数个数的情况，在 Python 中使用*args 和**kwargs 可以定义可变参数，在可变参数之前可以定义 0 到任意多个参数，可变参数永远放在参数的最后面。

在定义任意数量的位置可变参数时，需要用一个星号（*）前缀来表示。在传递参数时，可以在原有参数后面添加 0 个或多个参数，这些参数将会被放在元组内并传入函数中。任意数量的位置可变参数必须定义在位置参数之后。定义任意数量的位置可变参数的示例代码 example3-46 如下。

```
#定义函数
def example_fun(x,*args):
    print('x=',x)
    print('args=',args)
#调用函数
example_fun(67,78,'asd','xyz')
```

代码运行结果如下。

```
x= 67
args= (78, 'asd', 'xyz')
```

从运行结果中可知，*args 参数传入函数后存储在一个元组中。

3. 任意数量的关键字可变参数

在定义任意数量的关键字可变参数时，参数名前面需要有两个星号（**）作为前缀。在传递参数时，可以在原有参数后面添加任意数量的关键字可变参数，这些参数会被放到字典内并传入函数中。带两个星号前缀的参数必须在所有参数后面，顺序不可以调换。其示例代码 example3-47 如下。

```
#定义函数
def example_fun(x,*args,**kwargs):
    print('x=',x)
    print('args=',args)
    print('kwargs=',kwargs)
#调用函数
example_fun(67,78,'asd','xyz',a=1,b=2)
```

代码运行结果如下。

```
x= 67
args= (78, 'asd', 'xyz')
kwargs= {'a': 1, 'b': 2}
```

从运行结果中可知，**kwargs 参数传入函数后存储在一个字典中。

3.4.3 函数返回值

函数可以处理一些数据，并返回一个值或一组值。函数返回的值称为返回值。想要保存或者调用函数的返回值，需要用到 return 语句。例如，示例代码 example3-45 中返回的期评成绩 score。

Python 对函数返回值的数据类型没有限制，包括列表或字典等复杂的数据结构。当程序执行到函数中的 return 语句时，就会返回指定的值并结束函数，后面的语句不会被执行。

3.4.4 调用自定义函数

Python 中使用"函数名()"的格式对函数进行调用，根据参数传入方式的不同，总共有 3 种函数调用方式，分别为位置参数调用、关键字参数调用和可变参数调用。

1. 位置参数调用

位置参数调用是函数调用中常用的方式，函数的参数严格按照函数定义时的位置传入，顺序不可以调换，否则会影响输出结果或者直接报错。例如，range(1,2,4)与 range(1,4,2)的输出结果分别为 1 和 1、3。

2. 关键字参数调用

除了可以使用位置参数对函数进行调用，还可以使用关键字参数对函数进行调用。使用关键字参数时，可以不严格遵循位置参数调用的方式，因为解释器会自动按照关键字进行匹配。例如，示例代码 example3-45 中用关键字参数正确调用函数示例 score_fun(exam=78,normal=80) 或 score_fun(80,exam=78)。

关键字参数可以与位置参数混用，但是关键字参数必须跟在位置参数后面，否则系统会抛出异常。

3. 可变参数调用

使用*args 可变参数列表可以直接将元组或列表转换为参数，然后传入函数。例如，定义列表 args=[1,6,2]，使用 list(range(*args))将其转换成列表[1,3,5]。

使用**kwargs 关键字参数列表可以直接将字典转换为关键字参数，然后传入函数。其示例代码 example3-48 如下。

```
def contacts(name,**kwargs):
    print('name:',name,'tel:',kwargs)
#调用函数
contacts('李芳',tel='13834561234',E-mail='lifang@163.com')
```

代码运行结果如下。

```
name: 李芳 tel: {'tel': '13834561234', 'E-mail': 'lifang@163.com'}
```

3.4.5 局部变量和全局变量

Python 创建、修改或查找变量都是在命名空间中进行的，更准确地说是在特定的作用域下进行的，所以在使用某个变量时，应清楚地知道其作用域。由于 Python 不能声明变量，所以变

量第一次被赋值时即与一个特定作用域绑定了。定义在函数内部的变量拥有一个局部作用域，
定义在函数外部的变量拥有一个全局作用域。

1. 局部变量

在定义函数时，往往需要在函数内部对变量进行定义和赋值，在函数体内定义的变量为局
部变量，局部变量只能在其被赋值的函数内部访问。

例如，定义一个求两个数之和的函数，在函数体内定义的 sum 变量就是一个局部变量，其
示例代码 example3-49 如下。

```
def total(x, y):
    #求两个数之和
    sum = x + y   #sum 是局部变量
    print('函数内是局部变量：', sum)
    return sum
#调用 total()函数
total(10,20)
print(sum)
#输出<built-in function sum>，表示函数体外不能访问局部变量
```

2. 全局变量

定义在函数体外的变量称为全局变量。全局变量可以在函数体内被调用，其示例代码
example3-50 如下。

```
total = 10
def fun():
    sum = total + 100    #调用全局变量 total
    return sum
#调用 fun()函数
a = fun()            #a=110，在函数体内调用全局变量 total
print(a)
```

> **注意**
>
> 全局变量不能在函数体内直接被赋值。

如果将示例代码 example3-50 中的 sum = total + 100 修改为 total = total + 100，并将 return sum
修改为 return total，程序就会报错。

但是，若同时存在全局变量和局部变量，那么函数体会使用局部变量覆盖全局变量。对示
例代码 example3-50 进行修改，具体如下。

```
total = 10
def fun():
    total = 0            #定义 total 为局部变量
    total = total + 100  #全局变量 total 被局部变量覆盖
    return total
#调用 fun()函数
a = fun()                #a=100
print(a)
```

想要在函数体内对全局变量赋值，则需要使用关键字 global（嵌套函数中用 nonlocal，用法
与 global 的一样）。对示例代码 example3-50 进行修改，具体如下。

```
total = 10
def fun():
```

```
        global total              #定义 total 为全局变量
        total = total + 100       #全局变量 total
        return total
#调用 fun() 函数
a = fun()                         #a=110
print(a)
```

> **注意**
>
> global 关键字应尽量少用，因为它会使代码变得混乱，使程序可读性变差，相反，局部变量会使代码更加抽象，封装性更好。

3.4.6　函数嵌套

Python 允许在函数中定义另外一个函数，这就是函数的嵌套。定义在其他函数内部的函数称为内建函数，而包含内建函数的函数称为外部函数。其中，内建函数中的局部变量独立于外部函数，如果想使用外部函数的变量，则需要声明该变量为全局变量。

例如，定义一个求平均值的函数，首先定义求累加和的函数，并将该函数作为求平均值的函数的内建函数，即将该函数嵌套在求平均值的函数中，其示例代码 example3-51 如下。

```
#求平均值的函数
def mean(args):
    m=0
    def sum(x):                   #求累加和的函数
        total = 0
        for i in x:
            #print(i)
            total += i
        return total
    m = sum(args)/len(args)
    return m
#调用 mean() 函数
args=list(range(6))
a = mean(args)
print(a)
```

Python 也将函数视为对象，因此，允许外部函数在返回结果时直接调用内部函数的结果，所以可以对求平均值的函数做简化，令其直接返回求累加和的函数的结果。对示例代码 example3-51 进行修改，具体如下。

```
def mean(args):                   #求平均值的函数
    def sum(x):                   #求累加和的函数
        total = 0
        for i in x:
            #print(i)
            total += i
        return total
    return sum(args)/len(args)     #直接返回 sum() 函数的结果
#调用 mean() 函数
args=list(range(6))
a = mean(args)
print(a)
```

3.4.7　匿名函数

Python 使用 lambda 定义匿名函数。所谓匿名，就是不使用 def 语句定义一个函数。lambda 的主体是一个表达式，用于表示算术运算或逻辑运算关系。匿名函数拥有自己的命名空间，并且不能访问自己参数列表外或全局命名空间中的参数。

匿名函数只包含一个语句，其格式如下。

```
lambda [arg1[,arg2,…,argn]]:表达式
```

示例代码如下。

```
#定义函数
sum = lambda arg1,arg2:arg1+arg2
#调用 sum()函数
print("相加后的值为 : ", sum( 20, 30 ))
```

项目实践

1．项目描述

设计一个购物车处理程序，实现如下操作。

（1）创建商品价格表，包括商品名称、商品价格（单位为元），商品内容自拟。

（2）创建一个购物车，购物车用于保存所购商品的名称和价格。

（3）输入提示信息：购物金额上限、商品编号或选择相应运算字母（p 打印，m 移出，v 查看，q 退出）。

（4）当购物车内商品合计货款大于购物金额上限时，提示不能购买商品。

（5）当购物车内商品合计货款小于购物金额上限时，可返回重新选择购物操作。

（6）选择 p 打印购物清单，包括商品名称、商品价格、购物合计金额和余额。

（7）选择 m 移出购买商品，首先显示购物清单，然后输入购物车中的商品编号，接着删除购物车中的商品，最后重新显示修改后的购物清单。

（8）选择 v 查看购物清单。

（9）选择 q 退出购物操作程序。

2．项目设计思路

（1）利用列表存储商品价格信息和购物车中的购物信息。

（2）利用 enumerate()函数获得商品价格表和购物车中购买商品信息的索引序列。

（3）利用 input()函数输入提示信息，并利用 isdigit()方法检测字符串是否只由数字组成。

（4）定义显示商品价格表的函数，函数为 view_goods(sum,balance,*args)。

（5）定义显示购物车中购物信息，包括购买商品信息、购物合计金额和余额的函数，函数为 view_shop(sum,balance,*args)。

（6）利用 while True：语句设置无限循环，将购物操作程序放置在无限循环中，利用 exit()函数直接终止 Python 程序，退出无限循环。

3．程序代码设计

示例代码 test3-7.py 如下。

```
#创建商品价格表
goods_list = [('电视机',3500),('空调',2300),('洗衣机',760),
```

```
                        ('华为手机',2400),('运动鞋',550),('真丝连衣裙',890),]

#创建一个购物车
shop_list = []
def view_goods(sum,balance,*args):
    print("--------购物清单--------")
    for i in args:
        print(i)
    print("购物合计金额: ", sum, "余额: ", balance)
def view_shop(sum,balance,*args):
    print("--------购物清单--------")
    for s_index, goods in enumerate(*args):
        print(s_index, goods)
    print("购物合计金额: ", total, "余额: ", money)
money = input("请输入购物金额:")
total = 0
if money.isdigit():
    money = int(money)
    while True:
        for index, item in enumerate(goods_list):
            print(index, item)
        choice_goods = input("选择商品编号\
                    (p打印, m移出, v查看, q退出):")
        if choice_goods.isdigit():
            choice_goods = int(choice_goods)
            if choice_goods >= 0 and choice_goods < len(goods_list) :
                goods_item = goods_list[choice_goods]
                if goods_item[1] <= money:  # 判断能否买入
                    shop_list.append(goods_item)
                    money -= goods_item[1]
                    total += goods_item[1]
                    print("添加 %s 到购物车，您的购物款还有%s 元"
                            % (goods_item, money))
                else:
                    print("您的余额只剩[%s]，抱歉不能购买" % money)
            else:
                print("商品编号[%s]不存在! " % choice_goods)
        elif choice_goods == 'p':
            view_goods(total,money,shop_list)
            exit()
        elif choice_goods == 'm':
            view_shop(total, money, shop_list)
            move_goods = input("选择移出商品编号:")
            if move_goods.isdigit():
                move_goods = int(move_goods)
                if move_goods >= 0 and move_goods < len(shop_list):
                    move_item = shop_list[move_goods]
                    money += move_item[1]
                    total -= move_item[1]
                    del shop_list[move_goods]
            view_shop(total, money, shop_list)
```

```
            exit()
        elif choice_goods == 'v':
            view_goods(total, money, shop_list)
            exit()
        elif choice_goods == 'q':
            exit()
```

本章小结

本章介绍了 Python 的基础语法，Python 的数字、字符串、列表、元组、字典和集合等数据类型的特点和运用，Python 的 if 语句、while 语句和 for 语句的运用，函数的基本概念，以及自定义函数和调用函数的方法等；最后通过项目实践，介绍了运用 Python 的列表、流程控制语句和函数设计一个购物车处理程序的方法。

思考练习

1. 简答题

（1）如何进行 Python 编码设置？如何声明 Python 的安装路径？

（2）Python 有几种代码注释方法？

（3）Python 中用什么方式来标识代码块？

（4）Python 中用什么语句导入相应的模块？

（5）在 Python 中变量是否需要提前声明才能使用？变量的数据类型是如何确定的？

（6）Python 的的数据类型有哪些？如何查看数据类型？

（7）Python 中如何定义字符串？简述字符串提取、切片、拼接的方法。

（8）Python 中可变数据类型有哪些？不可变数据类型又有哪些？

（9）简述列表创建方法，以及列表元素提取、切片的方法。

（10）为列表添加元素的函数有哪几个？这些函数各有什么特点？

（11）删除列表中的元素有哪些语句？修改列表中的元素有哪些方法？

（12）简述元组创建方法，以及元组元素提取、切片、元组解包的方法。

（13）如何统计元组中元素出现的次数？如何获取元素在元组中第 1 次出现的位置？

（14）简述创建字典、获取字典元素、删除字典元素和修改字典元素的方法。

（15）简述列表、元组和字典的区别。

（16）Python 的流程控制语句中如何划分语句块？

（17）Python 中有 switch…case 语句吗？如何实现多路分支语句？

（18）简述 break、continue、pass 语句的作用。

（19）简述 Python 中定义函数的方法。

（20）在 Python 中如何定义可变参数？在函数中可变参数放置位置有什么要求？

（21）局部变量和全局变量有什么区别？

2. 编程题

（1）编写一个 Python 程序，实现如下操作。

① 定义一个列表，该列表由 2 个元组组成，其中，元组中的元素由姓名、平时成绩、期末成绩组成，如列表[('李芳',86,80),('张艳',74,75)]，现在要实现为列表添加一个元素('王志',87,95)的操作。

② 根据①中定义的列表创建一个新列表，新列表也是由元组组成的，其中，元组中的元素由姓名、期评成绩组成，期评成绩等于平时成绩乘以 0.4 加上期末成绩乘以 0.6，如新列表[('李芳',82.4),('张艳',74.6),('王志',91.8)]。

③ 删除①中定义的列表中姓名为'李芳'所对应的元组项。

（2）编写一个 Python 程序，实现如下操作。

① 定义一个表示商品信息的字典，字典元素由商品名称、商品价格（单位为元）组成，如{'电视机':3400,'空调':2300}，现在要实现为字典添加一个元素{'洗衣机':1200}的操作。

② 找出字典中商品价格最高的商品，并计算商品的平均价格。

③ 将空调的价格修改为 2800 元。

④ 删除电视机商品。

（3）编写一个 Python 的自定义函数，实现计算数字 1~n 的偶数和。

第 **4** 章

NumPy数组与矢量运算

学习目标

① 了解 NumPy 和 SciPy 的作用与安装方法。
② 掌握创建数组的方法。
③ 掌握数组的索引、切片和其他操作方法。
④ 掌握数组的运算和通用函数的使用方法。
⑤ 掌握 NumPy 矩阵的创建、计算和操作方法。
⑥ 掌握生成随机数的方法。

4.1 NumPy 概述

4.1.1 NumPy 简介

NumPy 是一个开源的 Python 科学计算库，它是一个由多维数组对象和用于处理数组的例程集合组成的库。

【微课视频】

1. NumPy 的基本功能

（1）提供了一个具有矢量算术运算和复杂广播功能的、快速且节省空间的多维数组对象 ndarray。

（2）提供了用于对数组执行元素级计算以及直接对数组执行数学运算的函数。

（3）提供了用于读写硬盘上基于数组的数据集的工具，以及用于操作内存映射文件的工具。

（4）提供了线性代数运算、随机数生成以及傅里叶变换功能。

（5）提供了用于集成由 C、C++、Fortran 等语言编写的代码的工具。

（6）在数据分析方面，NumPy 还可作为算法之间传递数据的容器。

2. 在 Python 中使用 NumPy 的优势

（1）在进行数值计算时，使用 NumPy 能够直接对数组和矩阵进行操作，因此可以省略许多处理数值计算的循环语句。同时，由于 NumPy 拥有众多的数学函数，因此会让编写代码的工作轻松许多。此外，NumPy 的底层算法在设计时就有着优异的性能，并且经受住了时间的考验。

（2）NumPy 中数组的存储效率和输入输出性能均远远优于 Python 中等价的基本数据结构（如嵌套的列表），其能够提升的性能与数组中元素的数目成比例。对于大型数组的运算，使用

NumPy 有很大的优势。对于 TB 级的大文件，NumPy 使用内存映射文件来处理，以达到最优的数据读写性能。不过，NumPy 数组的通用性不及 Python 提供的列表，因此在科学计算之外的领域，NumPy 的优势就不那么明显了。

（3）NumPy 的大部分代码都是用 C 语言编写的，这使得 NumPy 代码比纯 Python 代码高效得多。NumPy 同样支持 C 语言的 API，并且允许在 C 语言源代码上做更多的功能拓展。

（4）NumPy 通常与 SciPy 和 Matplotlib 一起使用，这种组合广泛用于替代 MATLAB。

（5）NumPy 是开源的库。

4.1.2　NumPy 的测试与安装

在安装 NumPy 之前，先要安装 Python。由于 NumPy 是 Python 环境中的一个独立模块，在 Python 的默认安装环境下是未安装 NumPy 的。

1. 测试 Python 环境中是否已安装 NumPy

当 Python 安装完成后，在 Windows 操作系统下，按【Windows】+【R】组合键，打开"运行"对话框，在"打开"文本框中输入 python，按【Enter】键，进入 Python 交互式终端。在 Python 命令提示符>>>后输入 from numpy import *，按【Enter】键，导入 NumPy 模块，如果在交互式终端窗口中出现 ModuleNotFoundError:No module named 'numpy'的错误提示，则需要安装 NumPy，否则表明已安装 NumPy。

2. 在 Windows 操作系统下安装 NumPy 的方法

第 1 种安装方法如下。

在计算机连接互联网的情况下，按【Windows】+【R】组合键，打开"运行"对话框，在"打开"文本框中输入 pip install numpy，按【Enter】键，进入 NumPy 库安装界面，如图 4-1 所示，安装成功就会提示安装软件的版本信息。

图 4-1　NumPy 库安装界面

第 2 种安装方法如下。

（1）首先访问 Python 的第三方库网站，然后根据计算机上所安装的 Python 版本和操作系统版本来选择下载相应的 NumPy 软件包。例如，在 Windows（64 位）操作系统下安装了 Python 3.10，则选择下载的 NumPy 软件包为 numpy-1.22.4+mkl-cp310-cp310-win_amd64.whl。

（2）将下载的 NumPy 软件包复制到 Python 安装目录的 Scripts 文件夹下。例如，Python 3.10 安装目录为 D:\python，则将下载的 NumPy 软件包复制到 D:\python\Scripts 下。

（3）按【Windows】+【R】组合键，打开"运行"对话框，在"打开"文本框中输入 pip install D:\python\Scripts\numpy-1.22.4+mkl-cp310-cp310-win_amd64.whl，按【Enter】键，进入 NumPy 模块安装界面。

（4）安装成功就会提示安装软件的版本信息。

需要说明的是，第 1 种安装方法是直接连接互联网安装，所以安装的版本是 NumPy 库网站上的最新版本。第 2 种安装方法需要读者自己从第三方库网站上，寻找与自己操作系统相匹配的软件包进行下载并安装。第 2 种安装方法安装的软件版本不一定是最新的版本，所以，两种方法安装的软件版本有可能不一致。

本书中有多处类似情况，不再赘述。

3. 在 PyCharm 中安装 NumPy 的方法

在 NumPy 软件包安装成功后，打开 PyCharm，选择 File→Settings→Project pythonProject →Python Interpreter，单击 Python Interpreter 下拉列表框右边的 ⚙ 按钮，将会弹出 上下文菜单，选择 Add，则弹出创建虚拟环境对话框。在该对话框中选择 Existing Environment，单击 Interpreter 下拉列表框右边的 ⸱ 按钮，选择 D:\python\python.exe（即 Python 安装路径），单击 OK 按钮，添加好已存在的虚拟环境，单击 OK 按钮，装载安装好的 NumPy 软件包，最后单击 Apply 按钮即可。

4.1.3　SciPy 简介及其测试与安装

在 NumPy 安装成功后，就可以安装 NumPy 的扩展库——SciPy。SciPy 是开源的 Python 科学计算库，它建立在 NumPy 的基础上，增加了众多的数学、科学以及工程计算中常用的库函数，包括插值、积分、最优化、统计、线性代数、傅里叶变换、图像处理和常微分方程求解器等库函数。

与 NumPy 一样，SciPy 也需要单独安装。

1. 测试 Python 环境中是否已安装 SciPy

当 Python 安装完成后，在 Windows 操作系统下，按【Windows】+【R】组合键，打开"运行"对话框，在"打开"文本框中输入 python，按【Enter】键，进入 Python 交互式终端。在 Python 命令提示符>>>后输入 from scipy import *，按【Enter】键，导入 SciPy 模块，如果在交互式终端窗口中出现 ModuleNotFoundError:No module named 'scipy'的错误提示，则需要安装 SciPy，否则表明已安装 SciPy。

2. 在 Windows 操作系统下安装 SciPy 的方法

第 1 种安装方法如下。

在计算机连接互联网的情况下，按【Windows】+【R】组合键，打开"运行"对话框，在"打开"文本框中输入 pip install scipy，按【Enter】键，进入 SciPy 库安装界面，如图 4-2 所示，安装成功就会提示安装软件的版本信息。

图4-2　SciPy库安装界面

第 2 种安装方法如下。

（1）首先访问 Python 的第三方库网站，然后根据计算机上所安装的 Python 版本和操作系统版本来选择下载相应的 SciPy 软件包。例如，在 Windows（64 位）操作系统下安装了 Python 3.10，则选择下载的 SciPy 软件包为 scipy-1.8.1-cp310-cp310-win_amd64.whl。

（2）将下载的 SciPy 软件包复制到 Python 安装目录的 Scripts 文件夹下。例如，Python 3.10 安装目录为 D:\python，则将下载的 SciPy 软件包复制到 D:\python\Scripts 下。

（3）按【Windows】+【R】组合键，打开"运行"对话框，在"打开"文本框中输入 pip install D:\python\Scripts\ scipy-1.8.1-cp310-cp310-win_amd64.whl，按【Enter】键，进入 SciPy 库安装界面。

（4）安装成功就会提示安装软件的版本信息。

3. 在 PyCharm 中安装 SciPy 的方法

在 SciPy 软件包安装成功后，打开 PyCharm，选择 File→Settings→Project pythonProject→Python Interpreter，单击 Python Interpreter 下拉列表框右边的 ⚙ 按钮，将会弹出 上下文菜单，选择 Add，则弹出创建虚拟环境对话框。在该对话框中选择 Existing Environment，单击 Interpreter 下拉列表框右边的 按钮，选择 D:\python\python.exe（即 Python 安装路径），单击 OK 按钮，添加好已存在的虚拟环境，单击 OK 按钮，装载安装好的 SciPy 软件包，最后单击 Apply 按钮即可。

4.1.4 NumPy 的简单应用：一维数组相加

在科学计算中，常常会遇到数组和矩阵的计算，如有两个一维数组 x 和 y，其中，x 的值为 $0\sim10$ 的整数，y 的值为 $0\sim10$ 的整数的平方，需要将 x 与 y 相加。而实现一维数组相加的方法有两种：第 1 种方法是利用 Python 的循环语句来实现两个一维数组相加；第 2 种方法是利用 NumPy 中的 arange()函数来创建包含 $0\sim n$ 的整数数组，然后用所创建的数组直接进行计算。

（1）利用 Python 的循环语句来实现两个一维数组相加的示例代码 example4-1 如下。

```
def python_sum(n):
    #用 range()函数产生包含 0 至 n 的整数元组，用 list()函数转换成列表
    x = list(range(n))
    y = list(range(n))
    z = []
    for i in range(len(x)):
        y[i] = i ** 2
        z.append(x[i] + y[i])
    return z
```

（2）利用 NumPy 实现两个一维数组相加的示例代码 example4-2 如下。

```
import numpy as np
def numpy_sum(n):
    x = np.arange(n)            #利用 arange()函数创建包含 0 至 n 的整数数组
    y = np.arange(n) ** 2
    z = x + y
    return z
```

> **注意**
>
> numpy_sum()函数中没有使用 for 循环，在代码中通过 import numpy as np 导入 NumPy 模块，并且为该模块设置别名为 np，在 arange()函数前面有一个前缀 np，表明该函数是从 NumPy 模块导入的。

观察这两个函数的代码，发现 numpy_sum()函数的代码要比 python_sum()函数的代码简洁，而且通过测试可证明，NumPy 在数组操作上的效率优于用 Python 基本数据结构和流程控制语句编写的代码的效率。

测试示例代码如下。

```
#测试 python_sum()函数的执行时间
from datetime import datetime
n=1000000
start_time = datetime.now()
python_sum(n)
```

```
time_interval = datetime.now() - start_time
print(time_interval)
#测试 numpy_sum()函数的执行时间
n=1000000
start_time = datetime.now()
b = numpy_sum(n)
time_interval = datetime.now() - start_time
print(time_interval)
```

将示例代码 example4-1、示例代码 example4-2 和测试示例代码这 3 段代码组合成一个程序
代码，运行后发现 numpy_sum()函数的执行速度比 python_sum()函数的执行速度快 10 倍，由此
可见，NumPy 在数组操作方面有很大优势。下面重点介绍 NumPy 在数组和矩阵方面的应用。

4.2　NumPy 数组

NumPy 提供了两种基本对象：ndarray 和 ufunc。其中，ndarray 是一个多维数组对象，该对
象由两个部分组成，即实际的数据和描述这些数据的元数据。大部分的数组操作仅仅修改元数据
部分，而不改变底层的实际数据。而 ufunc 则是能够对数组进行处理的通用函数对象。

NumPy 数组一般是同质的（但特殊的数组可以是异质的），即数组中所有元素的数据类
型必须一致，这样做的好处是更容易确定数组所需要的存储空间。NumPy 数组的索引是从 0
开始的。数组元素的数据类型用数据类型对象表示，数据类型对象是 dtype 类的实例。数据
类型对象可以给出单个数组元素在内存中占用的字节数，即 dtype 类的 itemsize 属性，如
arr.dtype.itemsize，其中 arr 表示数组。

4.2.1　创建数组

利用 NumPy 提供的 array()函数可以创建一维数组或多维数组，其基本格式
如下。

【微课视频】

```
numpy.array(object,dtype=None,copy=True,order=None,subok=False,
ndmin = 0)
```

该函数中的部分参数说明如下。

❏　object：array 类型，表示想要创建数组，无默认值。

❏　dtype：string 类型，表示数组所需要的数据类型，如果未给定，则选择保存对象所需
的最小的数据类型，默认值为 None。

❏　ndmin：int 类型，指定生成数组应该具有的最小维数，默认值为 None。

在创建数组时，object 是唯一必需的参数，其余参数均为默认的可选参数。创建数组的示
例代码 example4-3 如下。

```
import numpy as np
arr1 = np.array([1,2,3,4])                    #创建一维数组
print('一维数组:',arr1)
arr2 = np.array([[1,2,3],[4,5,6]])            #创建二维数组
print('二维数组:',arr2)
arr3 = np.array([1,2,3,4],ndmin = 3)          #设置最小维度为 3
print('三维数组:',arr3)
arr4 = np.array([1,2,3,4], dtype = complex)   #指定数据类型 dtype 为复数
print('复数数组:',arr4)
```

4.2.2 选取数组元素

创建数组后，选取数组中的某个特定元素的方法如下。

数组名[m,n]

其中，m 和 n 为数组元素索引。需注意的是，数组的索引是从 0 开始的。

例如，在示例代码 example4-3 中创建了一个二维数组 arr2，在创建 arr2 二维数组时，给 array() 函数传递的对象是一个嵌套的列表[[1,2,3],[4,5,6]]。那么，arr2 数组元素及与其对应的位置如表 4-1、表 4-2 所示。

表 4-1 arr2 数组元素

1	2	3
4	5	6

表 4-2 arr2 数组元素对应的位置

arr2[0,0]	arr2[0,1]	arr2[0,2]
arr2[1,0]	arr2[1,1]	arr2[1,2]

4.2.3 数组的属性

【微课视频】

在对数组的操作中，常常需要了解数组的特性，如数组的维度、数据类型和数组中元素的个数等。而要了解数组的特性，首先需要了解数组的属性。数组的属性及说明如表 4-3 所示。

表 4-3 数组的属性及说明

属性	说明
ndim	返回值 int，表示数组维度
shape	返回值 tuple，表示数组形状，对于 n 行 m 列的矩阵，形状为(n,m)
size	返回值 int，表示数组的元素总数，等于数组的行数和列数的乘积
dtype	返回值 data-type，描述数组元素的数据类型
itemsize	返回值 int，表示数组中每个元素的大小（以字节为单位）。例如，一个元素类型为 float64 的数组的 itemsize 属性值为 8（float64 占用 64 位，每个字节长度为 8，所以一共占用 8 个字节，（64/8））。又如，一个元素类型为 complex32 的数组的 itemsize 属性值为 4（32/8）

> ‖ 说明 ‖
>
> 数组的 shape 属性不仅能显示数组的行数或列数，而且可以调整数组的行和列的大小。

数组属性的应用示例代码 example4-4 如下。

```
import numpy as np
#创建二维数组
arr1 = np.array([[1,2,3],[4,5,6]])
print('数组维度:',arr1.ndim)
print('数组形状:',arr1.shape)
print('数组的元素总数:',arr1.size)
print('数组元素的数据类型:',arr1.dtype)
print('数组中每个元素的大小:',arr1.itemsize)
#利用 shape 属性，将 arr1 由原来的 2 行 3 列数组调整为 3 行 2 列数组
arr1.shape = (3,2)
print('数组',arr1)

#利用 dtype 属性指定数据类型
arr3 = np.array([1,2,3,4], dtype = np.float32)
print('数组元素的数据类型',arr3.dtype)
```

4.2.4　创建数组的其他方法

前面介绍的创建数组的方法是先创建一个 Python 序列，然后通过 array()函数将其转换为数组，这样做显然效率不高，因此 NumPy 提供了许多专门用来创建数组的函数。

1. 使用 arange()函数创建数组

arange()函数类似于 Python 自带的 range()函数，通过指定起始值、终止值和步长来创建一维数组，但是该函数所创建的数组中不包含终止值。

例如，numpy.arange(0,10,2)表示起始值为 0，终止值为 10，步长为 2，创建的一维数组为[0.2.4.6.8]；numpy.arange(3)表示起始值为 0，终止值为 3，步长为 1，创建的一维数组为[0.1.2]。

2. 使用 linspace()函数创建数组

linspace()函数通过指定起始值、终止值和元素个数来创建一个等差数列的一维数组，默认设置包含终止值。如果在该函数中设置参数 endpoint=0，则创建的一维数组不包含终止值。使用该函数创建的数组元素的数据类型是浮点数。

> **注意**
>
> linspace()函数指定了范围之间的均匀间隔数量，而不是步长。

例如 numpy.linspace(0,20,6)，创建的一维数组为[0.4.8.12.16.20]。

观察 numpy.linspace(0,20,6,endpoint=0)的输出结果。

3. 使用 logspace()函数创建数组

logspace()函数和 linspace()函数类似，但 logspace()函数的起始值和终止值代表的是 10 的幂（默认基数为 10），如果要修改基数，可设置参数 base。

例如，numpy.logspace(0,20,20)的第 1 个起始值 0 代表 10 的 0 次方，第 2 个终止值 20 代表 10 的 20 次方，第 3 个参数表示元素个数为 20。创建的等比数列的一维数组为[1.000000000e+ 00 1.12883789e+01 1.27427499e+02 1.43844989e+03 … 1.00000000e+ 20]，其中…表示中间省略一些数据。

4. 使用 zeros()、eye()、identity()、diag()和 ones()函数创建特殊数组

zeros()函数用来创建值全部为 0 的数组，即创建的数组值全部填充为 0。

例如 numpy.zeros((1,3))，创建的数组为[[0. 0. 0.]]，数组值全部为 0。

eye()函数和 identity()函数用来生成主对角线上的元素为 1、其他元素为 0 的数组，类似于单位矩阵。

例如 numpy.eye(3)，创建的数组如下。

```
[[1. 0. 0.]
 [0. 1. 0.]
 [0. 0. 1.]]
```

diag()函数用来创建类似对角的数组，即除对角线以外的其他元素都为 0，对角线上的元素可以是 0 或其他值。

例如 numpy.diag((1,2,3))，创建的数组如下。

```
[[1 0 0]
 [0 2 0]
 [0 0 3]]
```

ones()函数用来创建元素全部为 1 的数组，即创建的数组元素全部填充为 1。

例如 numpy.ones((3,3))，创建的数组如下。

```
[[1. 1. 1.]
 [1. 1. 1.]
 [1. 1. 1.]]
```

5. 使用 asarray()函数创建数组

asarray()函数类似于 array()函数，该函数用来将 Python 序列转换为 ndarray。例如 numpy.asarray([(1,2,3),(4,5,6)])，创建的数组如下。

```
[[1 2 3]
 [4 5 6]]
```

6. 使用 empty()函数创建数组

empty()函数用来创建指定形状和只分配内存空间的数组，而数组中的所有元素都未初始化。例如，numpy.empty((2, 3))表示创建 2 行 3 列的二维数组，但是数组中的所有元素都未初始化。

> **注意**
>
> zeros()、eye()、identity()、ones()、asarray()和 empty()函数中第一个参数 shape 表示数组的形状，第二个参数 dtype 指定数组元素的数据类型。

4.2.5　NumPy 的数据类型

Python 支持的数据类型有整数、浮点数和复数，但这些数据类型不足以满足科学计算的需求，因此 NumPy 添加了很多其他的数据类型。在实际应用中，为了提高计算结果的准确性，需要使用不同精度的数据类型，并且不同的数据类型所占用的内存空间也是不同的。在 NumPy 中，大部分数据类型名是以数字结尾的，这个数字表示其在内存中占用的位数。

1. NumPy 中支持的数据类型

NumPy 中支持的数据类型如表 4-4 所示。

表 4-4　NumPy 中支持的数据类型

数据类型	描述
bool	布尔类型（值为 True 或 False）
inti	由所在平台决定其精度的整数（一般为 int32 或 int64）
int8	整数，范围为-128~127
int16	整数，范围为-32768~32767
int32	整数，范围为-2^{31}~$2^{31}-1$
int64	整数，范围为-2^{63}~$2^{63}-1$
uint8	无符号整数，范围为 0~255
uint16	无符号整数，范围为 0~65535
uint32	无符号整数，范围为 0~$2^{32}-1$
uint64	无符号整数，范围为 0~$2^{64}-1$
float16	半精度浮点数（16 位），其中用 1 位表示正负号，5 位表示指数，10 位表示尾数
float32	单精度浮点数（32 位），其中用 1 位表示正负号，8 位表示指数，23 位表示尾数
float64 或 float	双精度浮点数（64 位），其中用 1 位表示正负号，11 位表示指数，52 位表示尾数
complex64	复数，分别用两个 32 位浮点数表示实数部分和虚数部分
complex128 或 complex	复数，分别用两个 64 位浮点数表示实数部分和虚数部分

2. 数组的数据类型转换

数组有一个 dtype 属性，通过该属性可以查看数组的数据类型，方法是数组名.dtype。而数组的数据类型在创建数组时就已经通过 dtype 参数确定了，如果想实现数组中数据类型的转换，可采用 astype()函数。astype()函数的格式如下。

```
数组名.astype(numpy.数据类型)
```

astype()函数应用示例代码如下。

```
import numpy as np
float_arr = np.array([1.2, 2.1, 4.5, 6.3])          #创建浮点数数组
print(float_arr.dtype)                              #查看当前数据类型
#将浮点数转换为整数时，小数部分被舍弃
int_arr = float_arr.astype(np.int32)
print(int_arr,int_arr.dtype)
#把字符串转换为数组，如果字符串不是数字字符串，则会抛出异常
str_arr = np.array(['2.35', '-7.6', '23'], dtype = np.string_)
float_arr = str_arr.astype(dtype = np.float)
print(float_arr,float_arr.dtype)
```

> **注意**
>
> 复数不能转换为整数，也不能转换为浮点数，但是可以转换为高精度的复数（complex64）。

3. 自定义数据类型

自定义数据类型是一种异构数据类型，可以将它看作电子表格的标题行。例如，创建一个存储产品信息的数据类型。其中，产品名称用字符串表示，长度为 50 个字符，产品价格用 32 位单精度浮点数表示。那么，使用自定义数据类型来创建数组的方法如下。

（1）使用 dtype()函数创建自定义数据类型的代码如下。

```
import numpy as np
pro_type = np.dtype([('pro_name',np.str,50),('pro_price',np.float32)])
print('数据类型：',pro_type)
```

（2）查看数据类型，可直接查看或使用 dtype()函数查看。

例如，直接查看的方法为 print('数据类型',pro_type['pro_name'])，使用 dtype()函数查看的方法为 print('数据类型',np.dtype(pro_type['pro_name']))。

（3）使用 array()函数创建数组时，使用 dtype 参数指定数组的数据类型为 pro_type（自定义数据类型），其代码如下。

```
import numpy as np
pro_arr = np.array([('电视机',3400),('空调',2600)],dtype = pro_type)
print('自定义数据类型的数组：',pro_arr)
```

总结：NumPy 数组一般是同质的，即数组中的所有元素都是相同的数据类型。如果想创建异构数据类型的数组，就需要先自定义数据类型，如 pro_type 数据类型，它包括一个用字符串表示的产品名称和一个用单精度浮点数表示的产品价格，然后在创建数组的函数中使用 dtype 参数来指定数据类型为 pro_type。

> **注意**
>
> 在使用 array()函数创建数组时，如果没有在参数中指定数据类型，将默认为浮点数类型。

4.3　NumPy 数组操作

在进行数据分析时，除了使用 NumPy 创建数组，还经常需要使用 NumPy 对数组进行各种

操作，目的是改变数组的结构和数组中的元素，以便于实现科学计算和特定的数据处理。下面介绍 NumPy 数组的基本操作。

4.3.1 数组的索引和切片

【微课视频】

在 4.2.2 节中介绍了选取数组中的某个特定元素的方法，即在数组名后面加方括号，方括号里面是数组的索引。与列表的索引类似，数组的索引也分为正索引（也称为索引）和负索引两种。数组的正索引从 0 开始，自左向右，以 1 为步长逐渐递增。而数组的负索引从右到左标记数组元素，最右边数组元素的负索引为-1，然后向左边依次为-2、-3 等。

类似于列表，数组通过索引访问数组中的元素，数组的切片也通过索引对数组中的元素进行提取，其中，索引访问仅返回数组的一个对应元素，而数组切片则会返回数组中一个区域内所对应的元素。

1. 一维数组的索引与切片

一维数组的操作类似于 Python 中列表的操作。首先定义 arr 为一维数组，数组有 n 个元素，则数组中的元素与索引的对应关系如下。

一维数组　　arr = [a0, a1, a2, a3, a4,…, an]

数组索引　　　　0　　1　　2　　3　　4　　…　　　n

（1）利用数组索引获取指定元素

获取数组中指定元素的方法如下。

```
数组名[索引]
```

例如，获取数组 arr 中第 4 个元素 a3，用 arr[3]即可。

（2）数组的切片

截取数组中某个范围之间的元素的方法如下。

```
数组名[start:end:step]
```

其中，start 表示截取数组中开始元素的索引，end 表示截取数组中结束元素的索引，但是不包括 end 索引所指定的元素，step 表示步长。

❑ 省略 start 索引，表示从 0 索引开始。

❑ 省略 end 索引，表示截取数据要包括数组最后一个元素。

❑ 索引可以使用负数，-1 表示从数组最后往前数的第一个元素。

❑ 数组切片还可以用来修改元素的值。如用 arr[:2]=10,11 可将 arr 数组修改为 arr = [10,11,a2,a3,a4,…,an]。

例如，截取 arr 数组中第 2 个元素至第 5 个元素，包括第 5 个元素，则使用 arr[1:5]。

> ┃ 注意 ┃
>
> 索引从 0 开始，第 2 个元素对应索引为 1，因为要包括第 5 个元素，end 值选择第 6 个元素的索引。

再如 arr[:8,2]表示截取数组元素[a0,a2,a4,a6]，arr[-1]表示截取数组元素[an]。

2. 二维数组的索引与切片

二维数组是由行和列组成的，二维数组中的每一行相当于一维数组。二维数组中元素的索引是由元素的行索引和列索引组成的。例如，arr 是二维数组，该二维数组元素用 arr[行索引,列索引]表示，该二维数组中元素与索引的对应关系如下。

列索引		0	1	…	m
行索引	0	arr[0,0]	arr[0,1]	…	arr[0,m]
	1	arr[1,0]	arr[1,1]	…	arr[1,m]
	…	…	…	…	…
	n	arr[n,0]	arr[n,1]	…	arr[n,m]

（1）利用二维数组的行索引和列索引获取指定元素

获取二维数组中指定元素的方法如下。

数组名[行索引,列索引]

例如，获取二维数组中第 2 行、第 2 列的元素，用 arr[1,1] 即可。

（2）二维数组的切片

截取二维数组中某个区域之间的元素的方法如下。

数组名[rows_start:rows_end:rows_step,cols_start:cols_end:cols_step]

其中，rows_start:rows_end 表示截取数组中元素的行索引范围，cols_start:cols_end 表示截取数组中元素的列索引范围，但不包括 rows_end 行索引和 cols_end 列索引所指定的元素；rows_step 表示行索引的步长，cols_step 表示列索引的步长。

❑　省略 rows_start、cols_start 索引，表示从 0 索引开始。

❑　省略 rows_end、cols_end 索引，表示截取数据要包括行或列最后一个元素。

❑　行索引或列索引可以使用负数，–1 表示从数组行或列的最后往前数的第一个元素。

❑　数组切片时，行索引或列索引范围可以使用省略号（…），表示行或列所选择元素的长度与数组的行或列的维度相同。

❑　数组切片还可以用来修改元素的值。

┃ 说明 ┃

高维数组的索引与切片可参考二维数组的索引与切片方法。

一维数组和二维数组的元素获取与切片操作示例代码 example4-5 如下。

```python
import numpy as np
#创建一维数组
arr = np.array([1,2,6,8,9,10,12])
a = arr[4]              #获取第 5 个元素
print(a)
#一维数组切片
b1 = arr[1:6:2]        #b1 数组为[2 8 10]
b2 = arr[:5]           #b2 数组为[1 2 6 8 9]
b3 = arr[2:]           #b3 数组为[6  8  9 10 12]
print(b1,b2,b3)
#修改数组中的元素
arr[1:3] = 20,30
print(arr)
#创建二维数组
arr=np.array([[0,1,2,3,4],[5,6,7,8,9]])
a = arr[1,3]
print(a)
#二维数组切片
b1 = arr[:2,1:3]
b2 = arr[1:,2:5]
```

```
b3 = arr[:2:2,:3:2]
b4 = arr[...,1:3]
print(b1,b2,b3,b4)
#修改数组中的元素
arr[:2:2,:3:2]=44,55
print(arr)
```

3. 整数索引

整数索引就是从两个序列的对应位置取出两个整数来组成行索引和列索引。

示例代码 example4-6 如下。

```
import numpy as np
a = np.array([[1,2,3], [4,5,6],[7,8,9]])
b = a[((0,1,2),(0,1,0))]        #获取a[0,0]、a[1,1]、a[2,0]元素组成数组b
print(b)
#获取a数组上、下、左、右4个角上的元素
b = a[((0,0,2,2),(0,2,0,2))]   #获取a[0,0]、a[0,2]、a[2,0]、a[2,2]元素组成数组b
print(b)
```

4. 布尔值索引

当结果对象是布尔运算（例如比较运算）的结果时，将使用布尔值索引。

示例代码 example4-7 如下。

```
import numpy as np
a = np.array([[0,1,2],[3,4,5],[6,7,8],[9,10,11]])
print ('a 数组是: ',a)
# 生成大于 6 的元素组成数组
b = a[a > 6]
print('大于 6 的元素是: ',b)
```

> **注意**
>
> ❑ 操作原数组的子序列，实际上就是操作原数组的数据。这就意味着数组中的数据没有被复制，任何在其子序列上的操作都会映射到原数组上。
>
> ❑ 整数索引和布尔值索引属于高级索引，高级索引始终返回数据的副本，原数组是不会变化的。

4.3.2 修改数组形状

数组的形状取决于其每个轴上的元素个数，也就是数组的维度。在数组的操作中，常常要修改数组的形状。在 NumPy 中，修改数组的形状时可直接用一个正整数元组来设置数组的维度，或者用 reshape()函数和 resize()函数来设置数组的维度。【微课视频】

1. 用正整数元组修改数组形状

用正整数元组修改数组形状的方法如下。

```
数组名.shape = (x0,x1,x2,...,xn)
```

参数 x0,x1,x2,...,xn 表示数组中每个维度上的大小。例如 arr.shape = (3,4)表示将 arr 数组修改成 3 行 4 列数组，利用该方法会改变原数组 arr 的形状。

2. 用 reshape()函数修改数组形状

用 reshape()函数是修改数组形状较常用的方法。reshape()函数的参数为一个正整数元组，分别指定数组在每个维度上的大小。用 reshape()函数修改数组形状的方法如下。

```
数组名.reshape(x0,x1,x2,...,xn)
```

参数 x0,x1,x2,...,xn 表示数组中每个维度上的大小。例如 arr.reshape(3,4)表示生成一个 3 行 4 列新数组，而原数组 arr 不会改变。如果指定的维度和数组的元素数目不吻合，则函数将抛出异常。

3. 用 resize()函数修改数组形状

resize()函数可返回指定大小的新数组。如果新数组的大小大于原数组的大小，则新数组包含原数组中的元素的重复值。resize()函数修改数组形状的方法如下。

```
数组名.resize(x0,x1,x2,...,xn)
```

或

```
numpy.resize[数组名,(x0,x1,x2,…,xn)]
```

参数 x0,x1,x2,...,xn 表示数组中每个维度上的大小。例如 arr.resize(3,4)表示将 arr 数组修改成 3 行 4 列数组，原数组 arr 的形状改变。这种方法与用 shape 属性修改数组形状相似。

4. 修改数组形状的示例代码

修改数组形状的示例代码 example4-8 如下。

```
import numpy as np
#创建 3 行 4 列数组
arr = np.array([[0,1,2,4],[5,6,7,8],[9,10,11,12]])
#显示数组形状
print(arr.shape)
#用 shape 属性修改数组形状为 4 行 3 列
arr.shape = (4,3)          #将数组 arr 的形状修改为 4 行 3 列
print(arr,arr.shape)
#用 reshape()函数生成形状为 2 行 6 列的数组 arr_b
arr_b = arr.reshape((2,6))  #生成形状为 2 行 6 列的数组 arr_b，数组 arr 没有变化
pint(arr,arr_b)

#用 resize()函数将数组 arr 的形状修改为 2 行 6 列
arr_c = arr.resize((2,6))   #将数组 arr 修改为 2 行 6 列数组，arr_c 为 None
#将数组 arr 的形状修改为 2 行 8 列
arr_d = np.resize(arr,(2,8))  #生成形状为 2 行 8 列的数组 arr_d，数组 arr 没有变化
print(arr,arr_c,arr_d)
```

4.3.3　数组的展平

在 NumPy 中，利用 ravel()和 flatten()函数可实现数组的展平。

【微课视频】

1. ravel()函数

在 NumPy 中，可以使用 ravel()函数将多维数组展平（即变成一维数组），展平数组元素的顺序通常是"C 语言风格"的，就是以行为基准，元素最右边的索引发生变化，如元素 a[0,0]之后是 a[0,1]。即使数组改变成其他形状，数组仍然是"C 语言风格"的。NumPy 通常创建一个以"C 语言风格"保存数据的数组，所以使用 ravel()函数时通常不需要创建调用数组的副本。

用 ravel()函数展平数组的方法如下。

```
数组名.ravel()
```

例如，arr.ravel()返回将 arr 数组展平成一维数组的视图，原数组 arr 不改变。

2. flatten()函数

flatten()函数也可用于将多维数组展平，其与 ravel()函数的功能相同，不过 flatten()函数会请求分配内存来保存结果，而 ravel()函数只返回数组的一个视图（view）。

用 flatten()函数展平数组的方法如下。

```
数组名.flatten()
```

例如，arr.flatten()表示将 arr 数组展平成一维数组，原数组 arr 不改变。

3. 数组的展平示例代码

示例代码 example4-9 如下。

```
import numpy as np
#创建 3 行 4 列数组
arr = np.array([[0,1,2,4],[5,6,7,8],[9,10,11,12]])
#用 ravel()函数将数组 arr 展平成一维数组 arr_b，但原数组 arr 不改变
arr_b = arr.ravel()
print(arr,arr_b)
#用 flatten()函数将数组 arr 展平成一维数组 arr_c，但原数组 arr 不改变
arr_c = arr.flatten()
print(arr,arr_c)
```

4.3.4　数组的转置和轴对换

在 NumPy 中，使用 transpose()、ndarray.T、rollaxis()和 swapaxes()等函数可实现转置数组。

1. transpose()函数

使用 transpose()函数可实现转置给定数组的维度，并且返回数组的视图。使用 transpose()函数的方法如下。

```
numpy.transpose(arr)
```

其中，参数 arr 表示要转置的数组。例如 arr 是一个 3 行 5 列数组，numpy.transpose(arr)函数就会返回 arr 数组转置为 5 行 3 列的数组视图，而原数组 arr 不改变。

2. ndarray.T 函数

ndarray.T 函数属于 ndarray 类，其作用类似于 transpose()函数。

3. rollaxis()函数

使用 rollaxis()函数可实现向后滚动特定的轴，直到一个特定位置。使用 rollaxis()函数的方法如下。

```
numpy.rollaxis(arr,axis,start)
```

其中，参数 arr 表示数组；axis 表示要向后滚动的轴，其他轴的相对位置不会改变；start 表示滚动到特定位置，默认为 0，表示完整的滚动。

4. swapaxes()函数

使用 swapaxes()函数可实现交换数组的两个轴。NumPy 1.10 之前的版本会返回交换后数组的视图。使用 swapaxes()函数的方法如下。

```
numpy.swapaxes(arr,axis1,axis2)
```

其中，参数 arr 表示数组，axis1 表示对应第 1 个轴的整数，axis2 表示对应第 2 个轴的整数。

5. 转置数组的示例代码

示例代码 example4-10 如下。

```
import numpy as np
#创建 2 行 5 列数组
arr = np.arange(10).reshape(2,5)
print('原数组：',arr)
#使用 transpose()函数
```

```
print('转置数组：')
print(np.transpose(arr))
#使用 ndarray.T 函数
print('转置数组：')
print(arr.T)
#使用 rollaxis()函数
arr = np.arange(8).reshape(2,2,2)
print('原数组：',arr)
# 将轴 2 滚动到轴 0（宽度到深度）
print('调用 rollaxis()函数：')
print(np.rollaxis(arr,2))
# 将轴 0 滚动到轴 1（宽度到高度）
print('调用 rollaxis()函数：')
print(np.rollaxis(arr,2,1))
#使用 swapaxes()函数
arr = np.arange(8).reshape(2, 2, 2)
print('原数组：',arr)
# 现在交换轴 0（深度方向）到轴 2（宽度方向）
print('调用 swapaxes()函数后的数组：')
print(np.swapaxes(arr, 2, 0))
```

4.3.5　数组的连接

在 NumPy 中，使用 concatenate()、stack()、hstack()和 vstack()等函数可实现数组的连接。

1. concatenate()函数

concatenate()函数用于沿指定轴连接相同形状的两个或多个数组。使用 concatenate()函数的方法如下。

```
numpy.concatenate((arr1,arr2,...arrn),axis)
```

其中，参数 arr1,arr2,…,arrn 表示相同维度的数组序列；axis 表示沿着它连接数组的轴，默认为 0。

2. stack()函数

stack()函数用于沿新轴连接数组序列。使用 stack()函数的方法如下。

```
numpy.stack(arrays,axis)
```

其中，参数 arrays 表示相同形状的数组序列；axis 表示返回数组中的轴，输入数组沿着它来堆叠。

3. hstack()函数

hstack()函数可通过堆叠生成水平的单个数组。使用 hstack()函数的方法如下。

```
numpy.hstack(arrays)
```

其中，参数 arrays 表示相同形状的数组序列。

4. vstack()函数

vstack()函数可通过堆叠生成竖直的单个数组。使用 vstack()函数的方法如下。

```
numpy.vstack(arrays)
```

其中，参数 arrays 表示相同形状的数组序列。

5. 数组的连接示例代码

数组的连接示例代码 example4-11 如下。

```python
import numpy as np
arr1 = np.array([[1,2,3], [4,5,6]])                 #创建数组 arr1
print('第 1 个数组 arr1: ',arr1)
arr2 = np.array([['a',8,9], ['b',11,12]])           #创建数组 arr2
print('第 2 个数组 arr2: ',arr2)                     #注意两个数组的维度相同
#使用 concatenate()函数
print('沿轴 0 连接两个数组: ')
print(np.concatenate((arr1, arr2)))
print('沿轴 1 连接两个数组: ')
print(np.concatenate((arr1, arr2),axis=1))
#使用 stack()函数
print('沿轴 0 堆叠两个数组: ')
print(np.stack((arr1, arr2),0))
print('沿轴 1 堆叠两个数组: ')
print(np.stack((arr1, arr2),1))
#使用 hstack()函数和 vstack()函数
print('水平堆叠: ')
print(np.hstack((arr1,arr2)))
print('竖直堆叠: ')
print(np.vstack((arr1,arr2)))
```

4.3.6 数组的分割

在 NumPy 中，使用 split()、hsplit()和 vsplit()等函数可实现数组的分割。

1. split()函数

split()函数用于沿特定的轴将数组分割为子数组。使用 split()函数的方法如下。

```
numpy.split(arr,indices_or_sections,axis)
```

其中，参数 arr 表示被分割的数组；indices_or_sections 表示将数组 arr 创建为大小相同的子数组的数量，可以为整数，如果该参数是一维数组，则该参数表示在数组 arr 中的分割点，函数将按照分割点来分割数组 arr；axis 表示返回数组中的轴，默认为 0，表示沿竖直方向分割，1 表示沿水平方向分割。

2. hsplit()函数

hsplit()函数是 split()函数的特例，它用于将数组沿水平方向分割，即将一个数组按列分割为多个子数组。使用 hsplit()函数的方法如下。

```
numpy.hsplit(arr,indices_or_sections)
```

其中，参数 arr 表示被分割的数组；indices_or_sections 表示将数组 arr 创建为大小相同的子数组的数量，如果该参数是一维数组，则该参数表示在数组 arr 中的分割点，函数将按照分割点来分割数组 arr。

3. vsplit()函数

vsplit()函数是 split()函数的特例，它是将数组沿竖直方向分割，即将一个数组按行分割为多个子数组。使用 vsplit()函数的方法如下。

```
numpy.vsplit(arr,indices_or_sections)
```

其中，参数 arr 表示被分割的数组；indices_or_sections 表示将数组 arr 创建为大小相同的子数组的数量，如果该参数是一维数组，则该参数表示在数组 arr 中的分割点，函数将按照分割点来分割数组 arr。

4. 数组的分割示例代码

数组的分割示例代码 example4-12 如下。

```
import numpy as np
arr1 = np.array([[1,2,3], [4,5,6]])          #创建数组 arr1
print('第1个数组arr1: ',arr1)
arr2 = np.arange(9)                          #创建数组 arr2
print('第2个数组arr2: ',arr2)
#使用 split()函数
print('将 arr1 数组竖直分割为2个大小相等的子数组: ')
print(np.split(arr1,2))
print('将 arr1 数组水平分割为3个大小相等的子数组: ')
print(np.split(arr1,3,1))
print('将 arr2 数组在一维数组中标明的分割点分割: ')
print(np.split(arr2, [2, 5]))
#使用 hsplit()函数和 vsplit()函数
print('arr1 数组水平分割: ')
print(np.hsplit(arr1,3))
print('arr1 数组竖直分割: ')
print(np.vsplit(arr1,2))
print('arr2 数组水平分割: ')
print(np.hsplit(arr2, [2, 5]))
```

4.3.7 数组转换

在 NumPy 中，将数组转换成列表可使用 tolist()函数。使用 tolist()函数的方法如下。

```
数组名.tolist()
```

示例代码如下。

```
import numpy as np
#创建3行3列的数组 arr
arr = np.arange(9).reshape(3,3)
print('原数组: ',arr)
print('将 arr 数组转换成列表')
arr_list = arr.tolist()    #转换成的列表为[[0, 1, 2], [3, 4, 5], [6, 7, 8]]
print(arr_list)
```

4.3.8 添加/删除数组元素

在 NumPy 中，经常需要对数组元素进行添加和删除操作，如使用 append()函数和 insert()函数为数组添加元素，或者使用 delete()函数返回删除了某个轴的子数组的新数组，以及使用 unique()函数寻找数组内的唯一元素。下面分别介绍这些函数。

1. append()函数

append()函数用于在数组的末尾添加元素。使用 append()函数的方法如下。

```
numpy.append(arr,values,axis)
```

其中，参数 arr 表示输入的数组；values 表示向 arr 数组添加的元素，当 axis=0 时，values 为数组，并且 values 数组列维度与 arr 数组列维度相同，当 axis=1 时，values 也为数组，并且 values 数组行维度与 arr 数组行维度相同；axis 表示沿水平或竖直方向完成添加操作的轴，axis 取 0 表示沿竖直方向操作，axis 取 1 表示沿水平方向操作。如果未提供 axis 值，在添加操作之前 arr 数组会被展开为一维数组，values 可以是单元素，也可以为数组，将 values 中元素添加到 arr 数组末尾，该函数会返回一个新数组，而原数组不变。

使用 append()函数的示例代码 example4-13 如下。

```
import numpy as np
#创建数组 arr
arr = np.array([[1,2,3,4],[5,6,7,8]])
print('第 1 个数组 arr: ',arr)

print('向 arr 数组添加元素: ')
print(np.append(arr,[[9,10],[11,12]]))
print('原数组: ',arr)

print('沿轴 0 添加元素: ')
print(np.append(arr,[[9,10,11,12],[11,11,11,11]], axis = 0))
print('沿轴 1 添加元素: ')
print(np.append(arr,[[9,10],[11,12]], axis = 1))
```

2. insert()函数

insert()函数用于在给定索引之前，沿给定轴在输入数组中插入元素。使用 insert()函数的方法如下。

```
numpy.insert(arr,obj,values,axis)
```

【微课视频】

其中，参数 arr 表示输入的数组；obj 表示插入值的索引位置；values 表示向 arr 数组插入的值。当 axis=0 时，values 为数组，即在 arr 数组行索引位于 obj 的位置处插入 values 值，并且 values 数组列维度与 arr 数组列维度相同；当 axis=1 时，values 也为数组，即在 arr 数组列索引位于 obj 的位置处插入 values 值，并且 values 数组行维度与 arr 数组行维度相同；axis 表示沿水平或竖直方向完成添加操作的轴，axis 取 0 表示沿竖直方向操作，axis 取 1 表示沿水平方向操作。如果未提供 axis 值，在插入之前 arr 数组会被展开为一维数组，values 可以是单元素，也可以是数组，在 arr 数组列索引位于 obj 的位置处插入 values 的元素，该函数会返回一个新数组，而原数组不变。

另外，insert()函数如果传递了 axis 参数，若 values 的值是单元素，则会以广播值数组作为输入元素，即 np.insert(arr,2,9,axis=0)，其中 values 为 9，arr 是 2 行 4 列数组，由于 axis=0，则插入元素的数组列维度与 arr 数组列维度相同，因此，插入元素数组为 1 行 4 列数组，也就是广播值数组[9,9,9,9]。

使用 insert()函数的示例代码 example4-14 如下。

```
import numpy as np
#创建数组 arr
arr = np.array([[1,2,3,4], [5,6,7,8]])
print('第 1 个数组 arr: ',arr)

print('未传递 axis 参数，在插入之前输入数组会被展开。')
print(np.insert(arr,4,[9, 10,11,12]))
print('传递了 axis 参数，会以广播值数组作为插入元素。')
print('沿轴 0 广播: ')
print(np.insert(arr, 2, 9, axis = 0))     #插入元素数组是[9,9,9,9]
print('沿轴 0 插入: ')
```

```
print(np.insert(arr, 2, [9,10,11,12], axis = 0))
print('沿轴 1 广播: ')
print(np.insert(arr, 2, 9, axis = 1))
print('沿轴 1 插入: ')
print(np.insert(arr, 2, [[9,10],[11,12]], axis = 1))
```

3. delete()函数

delete()函数返回从输入数组中删除指定子数组的新数组，原数组不变。与 insert()函数的情况一样，如果未提供轴参数，则输入数组会被展开。使用 delete()函数的方法如下。

```
numpy.delete(arr,obj,axis)
```

其中，参数 arr 表示输入的数组；obj 是用整数或者整数数组表示的从输入数组中删除的子数组，obj 可以用切片 numpy.s_[start:end:step]表示要删除的子数组范围；axis 表示沿着由 axis 指定的轴删除子数组，如果未提供 axis 值，则输入数组会被展开。

使用 delete()函数的示例代码 example4-15 如下。

```
import numpy as np
#创建数组 arr
arr = np.arange(16).reshape(4,4)
print('第 1 个数组 arr: ',arr)
print('未传递 axis 参数，在删除之前输入数组会被展开。')
print(np.delete(arr,[6,9,12]))    #删除 arr 数组中索引为 6、9、12 的元素
print(arr)
print('删除第 3 列: ')
print(np.delete(arr, 2, axis = 1))
print('删除第 2 行: ')
print(np.delete(arr, 1, axis = 0))
print('从数组中删除用切片表示的数组元素取值范围的值: ')
print(np.delete(arr, np.s_[::2]))
```

4.4　NumPy 数组的矢量运算

NumPy 的 ndarray 对象是一个快速而灵活的大数据集容器，它不仅具有矢量运算和复杂广播的能力，而且具有对数组元素进行快速运算的标准数学函数。在 NumPy 中，数组不需要循环就可对元素进行批量运算，这称为矢量化，而不同形状的数组之间的运算，称为广播。同时，在 NumPy 中还包含 ufunc 对象，该对象具有对数组元素进行快速运算的通用函数。

4.4.1　数组的运算

在 NumPy 中，数组可以直接进行加法、减法、乘法、除法、指数、求倒数、取相反数、位运算等运算，而不需要使用烦琐的 for 循环之类的算法，并且在进行除法运算时，遇到除数为 0 的情况时，会自动提示无效运算，但是仍会将计算结果显示出来，无效值处用 NaN 或 inf 表示。在数组运算中，相同形状的数组按元素级进行逐个元素运算，而不同形状的数组则按广播机制进行运算，并且在数组运算后，将返回包含运算结果的新数组。

【微课视频】

1. 相同形状数组的运算

首先创建两个相同形状的数组 arr_a 和 arr_b，现分别对它们进行加法、减法、乘法、除法、取相反数、平方和按位异或运算。观察其输出结果，发现两个数组的运算就是对这两个数组中

索引相同的元素进行运算。如果是一个数组的运算，则对数组中的所有元素都进行相同运算。例如计算数组平方，就是对数组中每个元素都进行平方运算。

其示例代码 example4-16 如下。

```
import numpy as np
#创建两个相同形状的数组 arr_a 和 arr_b
arr_a = np.arange(4)
arr_b = np.array([1,1,2,3])
print('两个相同形状数组 arr_a 和 arr_b 相加:')
arr_c = arr_a + arr_b
print(arr_c,'=',arr_a,'+',arr_b)
print('两个相同形状数组 arr_a 和 arr_b 相减:')
arr_c = arr_a - arr_b
print(arr_c,'=',arr_a,'-',arr_b)
print('两个相同形状数组 arr_a 和 arr_b 相乘:')
arr_c = arr_a * arr_b
print(arr_c,'=',arr_a,'*',arr_b)
print('两个相同形状数组 arr_a 和 arr_b 相除:')
arr_c = arr_a / arr_b
print(arr_c,'=',arr_a,'/',arr_b)
print('数组 arr_a 的相反数:')
print(-arr_a)
print('数组 arr_a 的平方:')
print(arr_a**2)
print('数组 arr_a 的按位异或:')
print(arr_a^2)
```

2. 不同形状数组的运算

当两个数组的形状不一致时，低维数组会自动将维度扩充到与高维数组的一致，然后按元素逐个运算，这就是数组的广播机制。为了更好地使用广播机制，需要遵循 4 个原则。

（1）让所有的输入数组向其中维数最多的数组看齐，shape 属性中不足的部分通过加 1 将维数补齐。

（2）输出数组 shape 属性是输入数组 shape 属性的各个轴上的最大值。

（3）如果输入数组的某个轴和输出数组的对应轴的长度相同或者其长度为 1，则这个数组能够用来运算，否则会报错。

（4）当输入数组的某个轴的长度为 1 时，沿此轴进行运算时使用此轴上的第一组值。

下面通过示例观察不同形状数组的运算。

例如，先创建 2 行 3 列数组 arr_a=np.arange(6).reshape(2,3)和 1 行 3 列数组 arr_b= np.arange(3)，现将这两个数组相加。由于这两个数组的维度不相同，当两个数组相加时，低维数组 arr_b 会自动向高维数组 arr_a 看齐。以复制的方式进行扩充，即复制 arr_b 第 1 行的元素到第 2 行，arr_b 扩充为 2 行 3 列数组，如下。

```
[[0,1,2]
 [0,1,2]]
```

示例代码如下。

```
import numpy as np
arr_a = np.arange(6).reshape(2,3)      #创建 2 行 3 列数组
arr_b = np.arange(3)                   #创建 1 行 3 列数组
```

```
arr_c = arr_a + arr_b                    #两个数组相加
print(arr_c,'=',arr_a,'+',arr_b)
```

然后，这两个数组按元素逐个运算，运行结果如下。

```
[[0 2 4]   [[0 1 2]   [[0 1 2]
 [3 5 7]] = [3 4 5]] + [0 1 2]]
```

3. 数组和标量之间的运算

在 NumPy 中，数组的运算称为矢量化运算。形状相同的数组之间的任何算术运算都将应用到元素级。标量是只有大小、没有方向的数据，数组和标量之间的算术运算就是将这个标量传播到数组的各个元素，即将数组中的每个元素都与标量进行运算。

例如，创建 2 行 3 列数组 arr= np.arange(6).reshape(2,3)，现在计算 arr-1，其中 1 就是标量，则 arr-1 相当于将 arr 数组中的每个元素都减去标量 1。

4.4.2　通用函数

NumPy 中的 ufunc 对象也称为通用函数。通用函数是针对 ndarray 对象执行元素级运算的函数，即通用函数会对数组中的每一个元素作用后产生新的元素，并返回新的元素组成的数组，因此，通用函数都是以 NumPy 数组作为输出的。

按照通用函数所接收的数组参数个数来划分，接收一个数组参数的称为一元通用函数，而接收两个数组参数的称为二元通用函数。

常用的通用函数运算有四则运算、比较运算和逻辑运算等。通用函数支持全部的四则运算，并且保留习惯的运算符，与数值运算使用方法相同，但要注意操作的对象是数组。

常用的一元通用函数如表 4-5 所示，常用的二元通用函数如表 4-6 所示。

表 4-5　常用的一元通用函数

函数	说明
ceil()	计算各元素的 ceiling 值，即大于等于该值的最小整数
floor()	计算各元素的 floor 值，即小于等于该值的最大整数
rint()	将各元素的值四舍五入到最接近的整数
modf()	将数组的小数和整数部分以两个独立数组的形式返回
isnan()	返回一个"哪些值是 NaN（Not a Number）"的布尔数组
isfinite()、isinf()	分别返回一个表示"哪些元素是有穷的（非 inf，非 NaN）"或"哪些元素是无穷的布尔数组"
abs()、fabs()	计算整数、浮点数或复数的绝对值
sqrt()	计算各元素的平方根，相当于 arr**0.5
square()	计算各元素的平方，相当于 arr**2
exp()	计算各元素的指数
log()、log10()、log2()、log1p()	分别为自然对数（底数为 e），底数为 10，底数为 2，底数为 e 的 log（1+x）
sing()	返回各元素的正负号，1 表示正数，-1 表示负数
arccos()、arccosh()、arcsin()、arcsinh()、arctan()、arctanh()	反三角函数
logical_not()	各元素取反，相当于-arr

表 4-6　常用的二元通用函数

函数	等价运算符	说明
add()	+	将数组中对应元素相加
subtract()	–	从第一数组中减去第二数组中的元素
multiply()	*	将数组中对应元素相乘（数量积）
dot()		数组中对应元素相乘值的累加和（矢量积）
divide()、floor_divide()	/、//	将数组中对应元素相除或向下整除
mod()、remainder()、fmod()	%	元素级的求模运算； mod()与remainder()的功能完全一致； fmod()处理负数的方式与remainder()、mod()和%的不同，所得余数的正负由被除数决定，与除数的正负无关
maximum()、fmax()		元素级的最大值运算，fmax()将忽略 NaN
minimum()、fmin()		元素级的最小值运算，fmin()将忽略 NaN
power()	**	对第一个数组中的元素 A，根据第二个数组中的相应元素 B，计算 A^B
copysign()		将第二个数组中每个元素的符号复制给第一个数组中对应的元素
equal()、not_equal()、greater()、greater_equal()、less()、less_equal()	==、!=、>、>=、<、<=	元素级的比较运算，最终产生布尔数组
logical_and()、logical_or()、logical_xor()	&、|、^	元素级的真值逻辑运算，返回布尔值

注意

在二元通用函数中，当第二个参数为标量时，将进行广播运算。

【例 4-1】定义 arr 为 0～9 的一维数组，运用通用函数完成下列运算。

（1）对 arr 数组求平方根。

（2）将 arr 数组与 2 相加。

（3）将 arr 数组的平方根乘 3 的 arr_f 数组的浮点数分解成整数和小数部分。

（4）求 arr_f 与 arr 的最大值。

（5）定义一个 0～6 的 2 行 3 列数组和 0～3 的一维数组，计算这两个数组的矢量积和数量积。

示例代码 test4-1 如下。

```
import numpy as np
arr = np.arange(10)
arr_a = np.sqrt(arr)
print('求平方根',arr_a)
print('数组与标量相加')
print(np.add(arr,2))

print('使用modf()函数把浮点数分解成整数和小数部分')
arr_f = arr_a * 3  # 统一乘3
print(np.modf(arr_f))

print('数组比较')
print(arr_f,arr)
print(np.maximum(arr_f,arr))

#计算数组的矢量积和数量积
```

```
arr_a = np.arange (6) .reshape(2,3)
arr_b = np.arange (3)
print('计算数组的矢量积',np.dot(arr_a,arr_b))
print('计算数组的数量积',arr_a*arr_b)
```

4.5 NumPy 矩阵的创建、运算及操作

NumPy 中包含两种基本的数据类型，即数组和矩阵。NumPy 中的矩阵对象为 matrix，它包含有矩阵的数据处理、计算和转置以及可逆性等。matrix 是多维数组（ndarray）的子类，矩阵是继承自 NumPy 数组的二维数组对象，因此，矩阵含有数组的所有属性和方法。

矩阵有几个特有的属性使计算更加容易，这些属性如下。

matrix.T：返回自身的转置。

matrix.H：返回自身的共轭转置。

matrix.I：返回自身的逆矩阵。

matrix.A：返回自身数据的二维数组的一个视图（没有进行任何的复制）。

矩阵对象也可以使用其他的矩阵对象、字符串或者其他的可以转换为一个多维数组的参数来构造。下面介绍矩阵的创建、运算及操作。

1. 矩阵的创建

在 NumPy 中，使用 mat()、matrix()以及 bmat()函数创建矩阵的方法如下。

【微课视频】

（1）用字符串创建矩阵

在 mat()函数中输入一个 MATLAB 风格的字符串，该字符串以空格分隔列、以分号分隔行，例如 numpy.mat('1 2 3;4 5 6;7 8 9')，可创建一个 3 行 3 列矩阵，矩阵中的元素为整数。

（2）用嵌套序列创建矩阵

在 mat()函数中输入嵌套序列，例如 numpy.mat([[2,4,6,8],[1.0,3,5,7.0]])，可创建一个 2 行 4 列的矩阵，矩阵中的元素为浮点数。

（3）用数组创建矩阵

在 mat()函数中输入数组，例如 numpy.mat(numpy.arange(9).reshape(3,3))，可创建一个 3 行 3 列的矩阵，矩阵中的元素为整数。

（4）用 matrix()函数创建矩阵

使用 matrix()函数可以将字符串、嵌套序列、数组和 matrix 转换成矩阵，其格式如下。

```
matrix(data,dtype=None,copy=True)
```

其中，data 是指输入的用于转换为矩阵的数据。如果 dtype 是 None，那么数据类型将由 data 的内容来决定。如果 copy 为 True，则会复制 data 中的数据，否则会使用原来的数据缓冲。如果没有找到数据的缓冲区，当然也会进行数据复制。这说明用 matrix()函数创建矩阵，如果修改矩阵的值，不会改变输入 matrix()函数的 data 的数据值。

> **注意**
>
> 用 mat()函数创建矩阵时，若输入 matrix 或 ndarray 对象，则不会为它们创建副本。也就是说，用 mat()函数创建矩阵时，如果修改矩阵的值，同时会改变输入 mat()函数的 matrix 或 ndarray 的值。

（5）用 bmat() 函数创建矩阵

如果想将小矩阵组合成大矩阵，在 NumPy 中，可以使用 bmat() 函数实现，其格式如下。

```
bmat(obj,ldict=None,gdict=None)
```

其中，obj 为 matrix；ldict 和 gdict 为 None。

示例代码 example4-17 如下。

```
import numpy as np
#使用字符串创建矩阵
str = '1 2 3;4 5 6;7 8 9'
a = np.mat(str)
a[1,1]=11                              #修改 a 矩阵 1 行 1 列的值，不会影响 str
print('用字符串创建矩阵:',a,str)         #观察 str 输出没有变化
#用嵌套序列创建矩阵
b = np.mat([[2,4,6,8],[1.0,3,5,7.0]])
print('用嵌套序列创建矩阵:',b)
#用数组创建矩阵
arr = np.arange(9).reshape(3,3)        #创建 3 行 3 列数组
c = np.mat(arr)
c[1,1] = 55                            #修改 c 矩阵 1 行 1 列的值，arr 值也跟着变化
print('用数组创建矩阵:',c,arr)
#用 matrix() 函数创建矩阵
c = np.matrix(arr,dtype = float)       #用 arr 数组创建矩阵
c[1,1] = 66                            #修改 c 矩阵 1 行 1 列的值，arr 值没有变化
d = np.matrix([[2,4,6,8],[1.0,3,5,7.0]],dtype = np.int64)  #用嵌套序列创建矩阵
e = np.matrix('1 2 3;4 5 6;7 8 9',dtype = np.str_)         #用字符串创建矩阵
f = np.matrix(a,dtype = np.str_)                           #用 matrix() 函数创建矩阵
print('用 matrix() 函数创建矩阵',c,arr, d, e,f)
#用 bmat() 函数创建矩阵
a=np.mat('3 3 3;4 4 4')
b=np.mat('1 1 1;2 2 2')
print('用 bmat() 函数创建矩阵:',np.bmat('a b; b a'))
```

2. 矩阵的运算及操作

在 NumPy 中，矩阵的运算是针对整个矩阵中的每个元素进行的，不需要使用 for 循环，运算效率更高。在进行矩阵的加、减、除法运算时，只有相同行数和列数的矩阵才能相互进行运算，否则会抛出程序异常。矩阵的乘法运算有计算矢量积和计算数量积两种方式，如果计算矢量积，则运算符采用星号（*），并且星号左边矩阵的列数要与星号右边矩阵的行数相等，运算结果是矩阵中对应元素相乘值的累加和。例如计算两个矩阵 ma*mb，则运算结果矩阵 mc 为：

```
mc[0,0]=ma[0,0]*mb[0,0]+ma[0,1]*mb[1,0]+ma[0,2]*mb[2,0]+…+ma[0,n]*mb[n,0]
mc[0,1]=ma[0,0]*mb[0,1]+ma[0,1]*mb[1,1]+ma[0,2]*mb[2,1]+…+ma[0,n]*mb[n,1]
…
mc[i,j]=ma[i,0]*mb[0,j]+ma[i,1]*mb[1,j]+ma[i,2]*mb[2,j]+…+ma[i,n]*mb[n,j]
```

如果计算数量积，则使用 multiply() 函数。该函数是 NumPy 的通用函数，执行方法是将矩阵的对应元素相乘，与矢量积运算方式不同，类似于 MATLAB 中的点乘。

矩阵常用的操作有矩阵转置、索引取值、求矩阵的行列数、排序和将列表转换成矩阵等。矩阵运算和操作示例代码 example4-18 如下。

```
import numpy as np
#矩阵运算
ma = np.mat( [[6,4,2,8],[2.0,1,5,7.0]])        #创建 2 行 4 列矩阵
mb = np.mat(np.arange(9).reshape(3,3))         #创建 3 行 3 列矩阵
mc = np.mat(np.arange(8).reshape(2,4))         #创建 2 行 4 列矩阵
#print('矩阵相加: ',ma + mb)                   #不同行列数的矩阵不能相加，会报错
print('矩阵相加: ',ma + mc)                    #相同行列数的矩阵能相加
print('矩阵相减: ',ma - mc)
print('矩阵相除: ',mc / ma)
#矩阵相乘，计算矩阵的矢量积
print('矩阵相乘: ',ma,mc.T,ma*mc.T)    #mc.T 为转置操作
#使用 multiply() 函数计算矩阵的数量积（点乘）
print('矩阵点乘:',np.multiply(ma,mc))
#矩阵操作
arr = np.array([[2,4,6,8],[1.0,3,5,7.0]])       #创建数组
print('取矩阵 ma 第 1 行值',ma[0])              #取矩阵第 1 行值
ma[1,1]                #取矩阵第 2 行的第 2 个元素
arr[1][1]              #数组取值，注意矩阵不能用 ma[1][1]取值，会报错
ma.shape               #获得 ma 矩阵的行列数
ma.shape[0]            #获得 ma 矩阵的行数
ma.shape[1]            #获得 ma 矩阵的列数
#索引取值
ma[0,:]                #取矩阵 ma 第 1 行值
print(ma[0,:])
ma[0,1:2]              #取第 1 行的第 2 个元素，注意左闭右开
print(ma[0,1:2])
ma.sort()              #对每一行进行排序
print(ma)
#将 Python 的列表转换成 NumPy 的矩阵
list=[1,2,3,5,6]
np.mat(list)
print(np.mat(list))
```

4.6　随机数的生成

随机数不仅有利于数据分析,而且在机器学习方面是机器学习算法配置和评估的重要部分。例如，神经网络中的权重的随机初始化和将数据分成随机的训练集和测试集等。因此，生成随机数是数据分析中一项很重要的技术。可以通过 Python 中的 random 模块生成随机数，但是其效率要远低于通过 NumPy 中的 random 模块生成随机数的效率。numpy.random 模块提供了非常多的自动产生数据的 API，通过该模块中的函数可以很方便地生成随机数。下面介绍使用numpy.random 模块中的函数生成随机数的常用方法。

1. rand()函数

rand()函数的格式如下。

```
numpy.random.rand(d0,d1, ...,dn)
```

该函数的作用是生成一个(d0,d1, ...,dn)维的数组，数组的元素取自[0, 1)内均匀分布的随机

数，但数组的元素不包括 1。若没有参数输入，则生成一个数。圆括号里面的参数用于指定产生数组的形状。

2. randn()函数

randn()函数的格式如下。

```
numpy.random.randn(d0,d1, ...,dn)
```

该函数的作用是生成一个(d0,d1, …,dn)维的数组，数组的元素是标准正态分布随机数。若没有参数输入，则生成一个数。圆括号里面的参数用于指定产生数组的形状。

3. randint()函数

randint()函数的格式如下。

```
numpy.random.randint(low, high, size, dtype)
```

该函数的作用是生成指定范围的随机数，随机数取值区间为[low, high)，若没有输入参数 high，则取值区间为[0, low)。size 参数是元组，用于确定数组的形状；dtype 用于指定数组中的数据类型。

4. random()函数

random()函数的格式如下。

```
numpy.random.random(size=None)
```

该函数的作用是产生[0.0, 1.0)的浮点数，但数组的元素不包括 1。size 表示生成元素的个数。若没有参数输入，则生成一个数。

生成随机数的示例代码 example4-19 如下。

```
import numpy as np
#用 rand()函数生成随机数
a = np.random.rand()            #生成一个数
b = np.random.rand(1)           #生成 1 行 1 列数组
c = np.random.rand(2,3)         #生成 2 行 3 列数组
print(a,b,c)

#用 randn()函数生成随机数
a = np.random.randn()           #生成一个数
b = np.random.randn(1)          #生成 1 行 1 列数组
c = np.random.randn(2,3)        #生成 2 行 3 列数组
print(a,b,c)

#用 randint()函数生成随机数
a = np.random.randint(6)
b = np.random.randint(6, size = 1)
c = np.random.randint(6, size = (2,4),dtype = 'int64')
print(a,b,c)

#用 random()函数生成随机数
a = np.random.random(6)
b = np.random.random()
print(a,b)
```

除了上述用于生成随机数的函数，random 模块还包括许多用于生成随机数的函数，如表 4-7 所示。

表 4-7　random 模块中其他用于生成随机数的函数

函数	说明
seed()	确定随机数生成器的种子
permutation()	返回一个序列的随机排列形式或返回一个随机排列的范围
shuffle()	对一个序列进行随机排列
binomial()	产生二项分布的随机数
normal()	产生正态（高斯）分布的随机数
beta()	产生贝塔（Beta）分布的随机数
chisquare()	产生卡方分布的随机数
gamma()	产生伽马（Gamma）分布的随机数
uniform()	产生在[0,1]中均匀分布的随机数

项目实践

1．项目描述

完成下列数组、矩阵和随机数的操作与运算。

（1）创建 2 行 4 列的数组 arr_a，数组中的元素为 0～7，要求用 arange()函数创建。

（2）利用生成随机数函数创建有 4 个元素的一维数组 arr_b。

（3）计算 arr_a 和 arr_b 的矢量积和数量积。

（4）将数组的数量积中小于 2 的元素组成新数组。

（5）将数组 arr_a 和 arr_b 转换成矩阵，计算矩阵的矢量积和数量积。

（6）向 arr_a 数组中添加元素[9,10]后，再赋值给 arr_a 数组。

（7）在 arr_a 数组的第 3 个元素之前插入[11,12]元素后，再赋值给 arr_a 数组。

（8）从 arr_a 数组中删除索引为奇数的元素。

（9）将 arr_a 数组转换成列表。

2．程序代码设计

示例代码 test4-2.py 如下。

```python
import numpy as np
#创建数组
arr_a = np.arange(8).reshape(2,4)
arr_b = np.random.random(4)
print(arr_a,arr_b)
#计算数组的矢量积和数量积
print('数组的矢量积',np.dot(arr_a, arr_b))
print('数组的数量积',np.multiply(arr_a, arr_b))
#将数组的数量积中小于 2 的元素组成新数组
arr_c =np.multiply(arr_a, arr_b)
arr_d = arr_c[arr_c < 2]
print('小于 2 的元素是: ', arr_d)
#将数组转换成矩阵
ma = np.mat(arr_a)
mb = np.mat(arr_b)
print('矩阵的矢量积', ma * mb.T)
print('矩阵的数量积', np.multiply(ma,mb))
#向 arr_a 数组中添加元素[9,10]
```

```
arr_a = np.append(arr_a,[9,10])
print(arr_a)
#在 arr_a 数组的第 3 个元素之前插入[11,12]元素
arr_a = np.insert(arr_a,2,[11,12])
print(arr_a)
print('从 arr_a 数组中删除索引为奇数的元素：')
arr_a = np.delete(arr_a, np.s_[1::2])
print(arr_a)
print(arr_a.shape)
#将数组转换成列表
arr_list = arr_a.tolist()
print(arr_list)
```

本章小结

本章首先介绍了 NumPy 和 SciPy 的作用，以及在 Windows 操作系统下安装 NumPy、SciPy 和在 PyCharm 中安装 NumPy、SciPy 的方法；然后介绍了数组的基本概念，包括创建数组、选取数组元素、数组的属性和 NumPy 的数据类型等；接着介绍了 NumPy 数组操作，包括数组的索引和切片、修改数组形状、数组的展平、数组的转置和轴对换、数组的连接、数组的分割、数组转换和添加/删除数组元素等；最后介绍了 NumPy 数组的矢量运算，以及 NumPy 矩阵的创建、计算、操作和随机数的生成等。

思考练习

1. 简答题

（1）NumPy 和 SciPy 有什么作用？在 Python 中使用 NumPy 的好处是什么？

（2）简述创建数组的基本方法。通过指定起始值、终止值和元素个数来创建一维数组的函数是什么？

（3）如何创建主对角线上的元素为 1 的数组？如何创建元素全部为 1 的数组？用 empty()函数创建数组有什么特点？

（4）如何获取 arr 数组的维度、形状、元素总数和元素的类型？

（5）利用什么函数可实现数组数据类型的转换？

（6）修改数组形状的方法有哪些？

（7）如何将数组连接和分割？

（8）不同形状的数组可以进行四则运算吗？为什么？

（9）说明数组与矩阵的联系和区别。

（10）说明 dot()函数、multiply()函数和星号（＊）乘法运算的区别。

2. 操作题

（1）在 Windows 操作系统下安装 NumPy 和 SciPy。

（2）在 PyCharm 中安装 NumPy 和 SciPy。

3. 编程题

（1）创建一个自定义数据类型，该数据类型由姓名和电话号码组成，其中姓名是长度为 10

个字符的字符串，电话号码是长度为 11 位的整数，然后创建该自定义数据类型的数组。

（2）现有序列 a 为[6,2,5,0,1,3,4,7,8,9]，要求将 a 序列转换成 2 行 5 列数组，然后分割成 2 个数组。

（3）现有序列 a 为[6,2,5,0,1,3,4,7,8,9]，序列 b 为['2','3','1',5,7]，要求将 a 序列转换成 2 行 5 列数组，b 序列转换成 1 行 5 列数组，并将这两个数组相加。

（4）现有序列 a 为[6,2,5,0,1,3,4,7,8,9,10,11]，要求将 a 序列转换成 3 行 4 列数组，并获取该数组中[[6,2],[1,3]]、[8,9,10,11]、[[4,7],[10,11]]这 3 组数据。

（5）现有序列 a 为[6,2,5,0,1,3,4,7,8,9,10,11]，要求将 a 序列转换成 4 行 3 列数组，并将该数组中的元素[[1,3],[7,8]]用整数索引表示出来。

第 **5** 章

用NumPy进行简单的统计分析

学习目标

① 掌握使用 NumPy 读写文件的方法。　③ 掌握运用 NumPy 函数进行统计分析的方法。

② 了解 NumPy 中常用的统计函数。　④ 掌握数据处理中简单的统计分析方法。

5.1　文件读写操作

通常情况下，数据是以文件形式存储的。常用的存储文件的格式有 TXT 格式、CSV 格式、二进制格式和多维数据格式等。其中 CSV（Comma-Separated Value，逗号分隔值）格式是一种常见的文件格式。通常，数据库的转存文件就是 CSV 格式的，文件中的各个字段对应数据库表中的列。电子表格软件（如 Microsoft Office Excel）可以处理 CSV 文件。

在数据分析中，经常需要从文件中读取数据或将数据写入文件，因此，学会读写文件操作是深入学习 NumPy 的基础。下面分别介绍如何使用 NumPy 读写文本文件、二进制文件和多维数据文件。

5.1.1　使用 NumPy 读写文本文件

在 NumPy 中，使用 loadtxt() 和 savetxt() 函数可以对扩展名为.txt 和.csv 的文件进行读写操作。

1. 将一维或二维数组写入 TXT 文件或 CSV 文件

在 NumPy 中，使用 savetxt() 函数可以将一维或二维数组写入扩展名为.txt 或.csv 的文件。该函数的格式如下。

【微课视频】

```
numpy.savetxt(fname,array,fmt='%.18e',delimiter=None,newline='\n', header='',
footer='', comments='#', encoding= latin1)
```

该函数中的参数说明如下。

❑ fname：文件名或文件句柄，可以是扩展名为.gz 或.bz2 的压缩文件。

❑ array：写入文件的数组（一维数组或者二维数组）。

❑ fmt：写入文件的格式，例如%d、%.2f、%.18e，默认值是%.18e。

❑ delimiter：分隔符，默认值为空格。

❑ newline：换行符。

- ❑ header：在文件开头写入的字符串。
- ❑ footer：在文件末尾写入的字符串。
- ❑ comments：为添加到文件开头和文件末尾的字符串标记注释符，默认值为 # 。
- ❑ encoding：设置输出文件的编码。如果编码不是 bytes 或 latin1，将无法在 NumPy 1.14 以下版本中加载该文件，默认值为 latin1。

其中，newline 参数是 NumPy 1.5.0 中的新参数，header、footer、comments 参数是 NumPy 1.7.0 中的新参数，encoding 参数是 NumPy 1.14.0 中的新参数。这 5 个参数都是可选参数。

【例 5-1】创建一个元素范围为 0~11 的 3 行 4 列的数组，然后设置不同的参数，将该数组写入 TXT 文件和 CSV 文件。示例代码 test5-1 如下。

```
import numpy as np
arr = np.arange(12).reshape(3,4)
#fmt 默认取%.18e（浮点数），分隔符默认是空格，写入文件保存在当前目录
np.savetxt('test5-1-1.txt',arr)
#写入文件的是十进制整数
np.savetxt('test5-1-2.txt',arr,fmt = '%d',delimiter = ',')
#在 test5-1-3.txt 文件开头和末尾都加#test5-1-3 注释，写入文件的是字符串
np.savetxt('test5-1-3.txt',arr,fmt = '%s',delimiter = ',',header = \
'test5-1-3',footer = 'test5-1-3')
#在 test5-1-4.txt 文件开头加##test5-1-4 注释
np.savetxt('test5-1-4.txt',arr,fmt = '%d',delimiter = ',',header = \
'test5-1-4',comments = '##')
#将 arr 数组保存为 CSV 文件
np.savetxt('test5-1.csv',arr,fmt = '%d',delimiter = ',',header = 'test5-1')
```

2. 读取 TXT 文件和 CSV 文件

在 NumPy 中，用于读取 TXT 文件和 CSV 文件的函数是 loadtxt()，该函数的格式如下。

```
numpy.loadtxt(fname,dtype=<class 'float'>,comments='#',delimiter=
None,converters
    =None,skiprows=0,usecols=None,unpack=False,ndmin=0,encoding='bytes')
```

【微课视频】

该函数中的参数说明如下。

- ❑ fname：文件名、列表或生成器，可以是扩展名为.gz 或.bz2 的压缩文件。
- ❑ dtype：数据类型。
- ❑ delimiter：分隔符，默认值为空格。
- ❑ usecols：选取数据的列。
- ❑ unpack：如果为 True，读入属性将分别写入不同变量。
- ❑ comments：注释符，默认值为 # 。
- ❑ converters：转换器，数据列和转换函数之间进行映射的字典。
- ❑ skiprows：跳过的行数，默认值为 0。
- ❑ ndmin：返回的数组至少具有 ndmin 维。值为 0（默认值）、1 或 2。
- ❑ encoding：用于解码输入文件的编码，默认值为 bytes。

其中，除了 fname 参数，其余参数为可选参数。

【例 5-2】利用 NumPy 函数实现读取 TXT 文件和 CSV 文件的操作。

① 将例 5-1 中所创建的 test5-1-1.txt、test5-1-2.txt、test5-1-3.txt、test5-1-4.txt 和 test5-1.csv

文件的数据读取并保存到数组中。

② 创建学生通讯录的 CSV 文件，该文件中包含学生姓名、电话号码和 E-mail，并将其保存为 phone.csv 文件，然后从该文件中读取数据并保存到数组中。其中，学生通讯录的 CSV 文件（列表形式，两值之间用逗号隔开）的数据如下。

```
id,name,tel,E-mail
1,李明,13873321234,liming@163.com
2,王红,13656722231,wanghong@163.com
3,张艳,18534512367,zhangyan@sina.com
```

示例代码 test5-2 如下。

```
import numpy as np
#从 test5-1-1.txt 文件中读取数据
arr1 = np.loadtxt('test5-1-1.txt')
print(arr1)
#从 test5-1-2.txt 文件中读取数据
arr2 = np.loadtxt('test5-1-2.txt',delimiter = ',')
#从 test5-1-3.txt 文件中读取数据
arr3 = np.loadtxt('test5-1-3.txt',dtype = np.int32,delimiter = ',')
#从 test5-1-4.txt 文件中读取数据
arr4 = np.loadtxt('test5-1-4.txt',delimiter = ',')
print(arr2,arr3,arr4)
#从 CSV 文件中读取数据
arr5 = np.loadtxt('test5-1.csv',delimiter = ',')
arr6 = np.loadtxt('phone.csv',dtype = str,delimiter = ',')
print(arr5,arr6)
```

5.1.2 使用 NumPy 读写二进制文件

在 NumPy 中，load()和 save()函数是专门用于读写二进制文件的，它们具有自动处理数组元素类型和形状的功能。savez()函数用于将多个数组存储至一个文件。save()函数保存之后扩展名为.npy，savez()函数保存之后扩展名为.npz。使用解压程序打开.npz 文件可以看到里面是若干个以数组名称命名的 NPY 格式的文件，数组名称默认为"arr_数字"的形式，在 savez()函数中可以通过指明函数的参数名称来命名数组。

1. 使用 save()或 savez()函数写二进制文件

save()或 savez()函数的格式如下。

```
numpy.save(file,array)
```

或

```
numpy.savez(file,array)
```

函数中的参数说明如下。

❑ file：文件名，以.npy 为扩展名，压缩扩展名为.npz。
❑ array：数组变量。

2. 使用 load()函数读取二进制文件

load()函数的格式如下。

```
numpy.load(file)
```

其中，file 为文件名，以.npy 为扩展名，压缩扩展名为.npz。

使用 load()、save()和 savez()函数的示例代码 example5-1 如下。

```
import numpy as np
#使用 load()和 save()函数的示例代码
arr1 = np.arange(30).reshape(3,5,2)
np.save('arr1.npy',arr1)
arr_a = np.load('arr1.npy')
print(arr_a)
#使用 load()和 savez()函数的示例代码
arr2 = np.arange(20).reshape(4,5)
np.savez('arr2.npz',arr1,arr2)
arr_b = np.load('arr2.npz')
print(arr_b)
```

5.1.3　使用 NumPy 读写多维数据文件

在 NumPy 中，tofile()和 fromfile()函数可用于读写多维数据文件。

1. 使用 tofile()函数写入多维数据文件

tofile()函数的格式如下。

```
数组名.tofile(fid, sep='', format='%s')
```

该函数中的参数说明如下。

- ❑　fid：文件名或文件对象。
- ❑　sep：数据分隔符。如果是空串，表明写入文件为二进制格式，默认为空串。
- ❑　format：写入数据的格式。

2. 使用 fromfile()函数读取多维数据文件

fromfile()函数的格式如下。

```
numpy.fromfile(file,dtype=float,count=-1,sep='')
```

该函数中的参数说明如下。

- ❑　file：文件名或文件对象。
- ❑　dtype：读取的数据类型。读取数据的时候都需要指定数据类型，默认值为浮点数。
- ❑　count：读入元素个数，-1 表示读入整个文件。
- ❑　sep：数据分隔符。如果是空串，表明读取的文件为二进制格式文件。

使用 tofile()和 fromfile()函数的示例代码 example5-2 如下。

```
import numpy as np
#使用 tofile()和 fromfile()函数的示例代码
arr1 = np.arange(30).reshape(3,5,2)
arr1.tofile('arr.dat',sep = ',',format = '%d')
arr = np.fromfile('arr.dat',dtype = np.int32,sep = ',').reshape((5,3,2))
print(arr)
```

5.2　NumPy 常用的统计函数

NumPy 的统计函数可以实现对整个数组或者是沿数组轴方向的统计计算，常用的统计函数可用于求最大值和最小值，求百分位数和中位数，计算和与加权平均值，计算算术平均数，计算标准差和方差等。

1. 求最大值和最小值

在 NumPy 中，求数组最大值的函数是 amax()和 nanmax()，求数组最小值的

【微课视频】

函数是 amin()和 nanmin()，其中，amax()和 amin()函数用于返回一个数组的最大值和最小值或者是沿轴方向返回数组的最大值和最小值；nanmax()和 nanmin()函数用于返回忽略任何 NaN 的数组的最大值和最小值或者是沿轴方向返回忽略任何 NaN 的数组的最大值和最小值。如果数组是全 NaN 切片，将会出现运行警告，并为该切片返回 NaN。amax()函数的格式如下。

```
numpy.amax(a,[axis=None[,out=None[,keepdims=False]]])
```

该函数中的参数说明如下。

❑ a：输入数据。

❑ axis：指定沿某个轴方向来计算最大值，axis=0 表示按列，axis=1 表示按行，默认值 None 表示对整个数组的元素进行计算。

❑ out：替代输出数组，用于放置结果，默认值为 None。

❑ keepdims：默认值为 False，输出行维度为 1，如果设置为 True，则输出列维度为 1。

amax()函数除了 a 参数，其余参数为可选参数。而 amin()函数、nanmax()函数、nanmin()函数与 amax()函数的格式和参数相同。另外，也可以使用 max()函数和 min()函数求序列或数组的最大值和最小值。但是对大型数组而言，使用 amax()函数和 amin()函数性能会更好。

求最大值和最小值的示例代码 example5-3 如下。

```python
import numpy as np
arr = np.array([[0,3,1,5],[2,4,6,1],[2,8,9,2]])
#求 arr 数组的最大值
max1 = np.amax(arr)
#求 arr 数组竖直方向的最大值
max2 = np.amax(arr,axis = 0)
#求 arr 数组水平方向的最大值
max3 = np.amax(arr,axis = 1)
max4 = np.max(arr,axis = 1)
print(max1,max2,max3,max4)


#amin()函数与 nanmin()函数的区别
arr = np.arange(5, dtype = float)
print(arr)                      # [0.0 1.0 2.0 3.0 4.0]
arr[3] = np.nan
a = np.amin(arr)
print(a)                        # 用 amin()函数输出 NaN
b = np.nanmin(arr)
print(b)                        # 用 nanmin()函数输出 0.0
```

2. 求沿轴方向的取值范围

在 NumPy 中，使用 ptp()函数能返回沿某个轴方向的最大值与最小值的差值，即 maximum-minimum 的值形成的数组。ptp()函数的格式如下。

```
numpy.ptp(a,[axis=None[,out=None]])
```

该函数中的参数说明如下。

❑ a：输入数据。

❑ axis：指定沿某个轴方向来计算差值，axis=0 表示按列，axis=1 表示按行，默认值 None 表示对整个数组的元素进行计算。

❑ out：替代输出数组，用于放置结果，默认值为 None。

该函数除了 a 参数，其余参数为可选参数。

使用 ptp()函数的示例代码 example5-4 如下。

```
import numpy as np
arr = np.arange(12).reshape((3,4))
a = np.ptp(arr, axis = 0)
print(a)                          #[8 8 8 8]差值形成的数组
b = np.ptp(arr, axis = 1)
print(b)                          #[3 3 3]差值形成的数组
```

3. 求百分位数

所谓第 q 百分位数就是位于 q%位置处的值。在 NumPy 中，使用 percentile()和 nanpercentile() 函数可以沿某个轴方向求数组中第 q 百分位数。percentile()函数的格式如下。

```
numpy.percentile(a,q[, axis, out, ...])
```

该函数中的主要参数说明如下。

❑　a：数组或可以转化成数组的对象。

❑　q：[0,100]范围内的浮点数。

❑　axis：指定沿某个轴方向来计算百分位数，axis=0 表示按列，axis=1 表示按行，默认值 None 表示对整个数组的元素进行计算。

percentile()函数除了 a、q 参数，其余参数为可选参数。percentile()函数还可以用于求多维数组的任意百分位数。但要注意，数组要递增排序后再计算。

nanpercentile()函数的格式与 percentile()函数的格式相同，只是在求百分位数时会忽略数组中的 NaN。

4. 求中位数

在 NumPy 中，使用 median()和 nanmedian()函数可以沿某个轴方向求数组中的中位数。median()函数的格式如下。

```
numpy.median(a[, axis, out, overwrite_input, keepdims])
```

该函数中的主要参数说明如下。

❑　a：数组或可以转化成数组的对象。

❑　axis：指定沿某个轴方向来计算中位数，axis=0 表示按列，axis=1 表示按行，默认值 None 表示对整个数组的元素进行计算。

median()函数除了 a 参数，其余参数为可选参数。median()相当于 percentile()函数在参数 q=50 时的值。

nanmedian()函数用于求数组 a 在沿某个轴方向上忽略 NaN 的中位数。

求百分位数和中位数的示例代码 example5-5 如下。

```
import numpy as np
arr = np.arange(12).reshape((3,4))
#使用percentile()函数求百分位数
a = np.percentile(arr,50)            #相当于求中位数
B = np.percentile(arr,50, axis = 0)  #输出[4.0 5.0 6.0 7.0]
c = np.percentile(arr,60, axis = 0)  #输出[4.8 5.8 6.8 7.8]
print(a,b,c)
#使用median()函数求中位数
d = np.median(arr)                   # 输出 5.5
e = np.median(arr,axis = 0)          # 输出[4.0 5.0 6.0 7.0]
```

```
f = np.median(arr,axis = 1)                    # 输出[1.5 5.5 9.5]
print(d,e,f)
```

5. 计算和与加权平均值

在 NumPy 中，sum()函数用于沿某个轴方向计算数组中相关元素之和。sum()函数的格式如下。

```
numpy.sum(a[, axis=None])
```

average()函数用于沿某个轴方向计算数组中相关元素的加权平均值。加权平均值的数学概念是有 n 个数 $x_1, x_2, \cdots, x_n$ 的权分别是 $w_1, w_2, \cdots, w_n$，那么这 n 个数的加权平均值为

$$(x_1w_1+x_2w_2+\cdots+x_nw_n)/(w_1+w_2+\cdots+w_n)$$

当每个数对应的权重为 1 时，就是计算平均数。average()函数的格式如下。

```
numpy.average(a[, axis=None, weights=None])
```

该函数中的主要参数说明如下。

❑ a：输入数组。

❑ axis：指定沿某个轴方向来计算加权平均值，axis=0 表示按列，axis=1 表示按行，默认值 None 表示对整个数组的元素进行计算。

❑ weights：权重。当权重为一维数组时，数组的长度必须与沿指定轴方向的长度一致。另外，权重数组的形状也可以与 a 数组的形状相同。

sum()和 average()函数除了 a 参数，其余参数为可选参数。

计算和与加权平均值的示例代码 example5-6 如下。

```
import numpy as np
arr = np.arange(12).reshape((3,4))
#计算和
a = np.sum(arr)
b = np.sum(arr,axis = 0)
c = np.sum(arr,axis = 1)
print(a,b,c)

#计算权重为 1 时的加权平均值
a = np.average(arr)
b = np.average(arr,axis = 0)
c = np.average(arr,axis = 1)
print(a,b,c)

#计算权重不为 1 时的加权平均值
a_weight = [4,3,2,1]
a = np.average(arr,weights = a_weight,axis = 1)
print(arr,a)
```

6. 计算算术平均数

算术平均数是所有元素的总和除以元素的数量的结果。在 NumPy 中，使用 mean()和 nanmean()函数可以计算数组或者沿轴方向的算术平均数。mean()函数的格式如下。

```
numpy.mean(a[, axis=None])
```

该函数中的主要参数说明如下。

❑ a：输入数组。

❑ axis：指定沿某个轴方向来计算算术平均数，axis=0 表示按列，axis=1 表示按行，默认

值 None 表示对整个数组的元素进行计算。

mean()函数除了 a 参数，其余参数为可选参数。使用 nanmean()函数计算算术平均数时，如果遇到 NaN 会忽略。

7．计算标准差

标准差也称为标准偏差，其定义是总体中各单位标准值与其平均数离差平方和的算术平均数的平方根，它反映了组内个体间的离散程度。在 NumPy 中，用于计算标准差的函数有 std()函数和 nanstd()函数。std()函数的格式如下。

```
numpy.std(a[, axis=None])
```

该函数中的主要参数说明如下。

❑　a：输入数组。

❑　axis：指定沿某个轴方向来计算标准差，axis=0 表示按列，axis=1 表示按行，默认值 None 表示对整个数组的元素进行计算。

std()函数除了 a 参数，其余参数为可选参数。使用 nanstd()函数计算标准差时，如果遇到 NaN 会忽略。

8．计算方差

方差是各个元素与其算术平均数的离差平方和的平均数。在 NumPy 中，用于计算方差的函数有 var()函数和 nanvar()函数。var()函数的格式如下。

```
numpy.var(a[, axis=None,dtype=None])
```

该函数中的主要参数说明如下。

❑　a：输入数组。

❑　axis：指定沿某个轴方向来计算方差，axis=0 表示按列，axis=1 表示按行，默认值 None 表示对整个数组的元素进行计算。

❑　dtype：数据类型。

var()函数除了 a 参数，其余参数为可选参数。使用 nanvar()函数计算方差时，如果遇到 NaN 会忽略。

计算算术平均数、标准差与方差的示例代码 example5-7 如下。

```
import numpy as np
arr = np.arange(12).reshape((3,4))
#计算算术平均数
a = np.mean(arr)
b = np.mean(arr,axis = 0)
c = np.mean(arr,axis = 1)
print(a,b,c)

#计算标准差
a = np.std(arr)
b = np.std(arr,axis = 0)
c = np.std(arr,axis = 1)
print(a,b,c)

#计算方差
a = np.var(arr)
b = np.var(arr,axis = 0)
c = np.var(arr,axis = 1)
print(a,b,c)
```

5.3　使用 NumPy 函数进行统计分析

在数组的统计分析中，经常需要对数组进行排序、去重与重复、搜索和计数等操作。这些操作可以通过执行 NumPy 中的相关函数来实现。下面介绍这些函数的应用。

5.3.1　NumPy 的排序函数

NumPy 的排序方式主要分为直接排序和间接排序两种。直接排序是指对数值直接进行排序；间接排序是指根据一个或多个键对数组进行排序。在 NumPy 中，直接排序常用 sort()函数，而间接排序常用 argsort()函数和 lexsort()函数。

1. sort()函数

sort()函数用于返回输入数组的排序副本，其格式如下。

```
numpy.sort(arr[,axis,kind,order])
```

该函数中的主要参数说明如下。

【微课视频】

❑　arr：输入数组。

❑　axis：指定沿某个轴方向排序数组，axis=0 表示按列排序，axis=1 表示按行排序。若没有设置 axis，则按行排序。

❑　kind：指定排序算法是快速排序（Quicksort）、归并排序（Mergesort）还是堆排序（Heapsort），默认值为 Quicksort。

❑　order：如果数组包含字段，则其用于指明排序的字段。

sort()函数除了 arr 参数，其余参数为可选参数。

sort()函数的示例代码 example5-8 如下。

```
import numpy as np
arr = np.array([[4,5,3],[8,1,7]])
print('原数组',arr)
a = np.sort(arr)              #调用 sort() 函数
print('sort()函数排序',a)
b = np.sort(arr,axis = 0) #沿轴 0 排序
print('沿轴 0 排序',b)
c = np.sort(arr,axis = 1) #沿轴 1 排序
print('沿轴 1 排序',c)
# 使用sort() 函数设置排序字段
dt = np.dtype([('name',np.str,10),('age',int)])
arr = np.array([("李明",19),("王力",21),("张艳",18)],dtype = dt)
print('自定义的数组是: ',arr)
print('按 name 排序: ')
print(np.sort(arr, order = 'name'))
```

2. argsort()函数

argsort()函数用于使输入数组沿给定轴方向执行间接排序，并根据指定排序类型返回数据的索引数组。使用该索引数组可以获得排序数据。

argsort()函数的格式和参数与 sort()函数的相同。其示例代码 example5-9 如下。

```
import numpy as np
arr = np.array([4,5,3,8,1,7])
print('原数组',arr)
```

```
a = np.argsort(arr)                          #数组排序后的索引数组
print('调用 argsort()函数: ',a)

#根据索引数组重构排序数组
print('用循环输出排序数组')
for i in a:
    print(arr[a])
```

3. lexsort()函数

lexsort()函数使用键序列执行间接排序,键可以看作电子表格中的列,最后一个键是排序的主键。该函数返回一个索引数组。使用该索引数组可以获得排序数据。lexsort()函数格式如下。

```
numpy.lexsort(keys[,axis])
```

该函数中的主要参数说明如下。

❑　keys:键序列。

❑　axis:指定沿某个轴方向的排序数组,为可选参数。

其示例代码 example5-10 如下。

```
import numpy as np
k = ('name','age','tel')
v = ('李明', '21', '13871234456')
ind = np.lexsort((k,v))
print ('调用 lexsort()函数: ',ind)

print ('使用这个索引数组来获取排序后的数据: ')
print ([k[i] + ", " + v[i] for i in ind])
```

5.3.2　NumPy 的去重函数与重复函数

在数据处理过程中,不可避免地会出现"脏"数据的情况,而重复数据就是"脏"数据的情况之一。在 NumPy 中,可以通过 unique()函数找出数组中去重后的元素并返回已排序的数组,从而实现去除数组中重复数据的目的。另外,在统计分析中,经常还会遇到需要将一个数据重复若干次的情况。在 NumPy 中,为了实现数据重复,可使用 tile()函数和 repeat()函数。下面介绍 NumPy 的去重与重复函数。

1. unique()函数

unique()函数可以返回输入数组中所有不同的值(即去重后的值),并且按照从小到大的顺序排列。即 unique()函数可以返回由输入数组中的去重后的值组成的去重数组、去重数组的索引数组、去重数组的索引和去重值的重复数量等结果。unique()函数的格式如下。

【微课视频】

```
numpy.unique(arr,return_index,return_inverse,return_counts)
```

其中,参数 arr 表示输入数组,如果不是一维数组则会被展开;return_index 如果为 True,则返回输入数组中去重数组的索引数组;return_inverse 如果为 True,则返回去重数组的索引,它可以用于重构输入数组;return_counts 如果为 True,则返回去重数组中的元素在原数组中的出现次数。

使用 unique()函数的示例代码 example5-11 如下。

```
import numpy as np
#创建数组 arr
arr = np.array([3,7,5,6,8,9,7,2,6,2,5,9,10])
print('第 1 个数组: ', arr)
```

```
print('第 1 个数组的去重数组：')
arr_u = np.unique(arr)
print(arr_u)
print('去重数组的索引数组：')
u_index = np.unique(arr, return_index = True)
print(u_index)

print('查看原数组中的元素相对于去重数组中的元素的索引值')
print('原数组',arr)
print('使用去重数组索引标记原数组中的元素：')
arr_u,u_inverse = np.unique(arr, return_inverse = True)
print(u_inverse)
print('使用去重数组索引重构原数组：')
print(arr_u[u_inverse])

print('返回去重后的值的重复数量：')
arr_u,u_inverse = np.unique(arr, return_counts = True)
print(u_inverse)
```

2. tile()函数

tile()函数是 numpy.lib.shape_base 模块中的函数。该函数的作用是将一个已有的数组重复一定的次数。该函数的格式如下。

```
numpy.tile(a,reps)
```

tile()函数有 2 个参数，其中，参数 a 指定重复的数组；参数 reps 指定重复的次数。

使用 tile()函数的示例代码 example5-12 如下。

```
import numpy as np
arr = np.array([10,20])

#输出 [10 20 10 20]
a = np.tile(arr,2)

#输出[[10 20 10 20],[10 20 10 20],[10 20 10 20]]
b = np.tile(arr,(3,2))

#输出[[42. 42.],[42. 42.],[42. 42.]]
c = np.tile(42.0,(3,2))
print(a,'\n',b,'\n',c)
```

3. repeat()函数

repeat()函数的格式如下。

```
numpy.repeat(a,repeats,axis=None)
```

repeat()函数有 3 个参数，其中，参数 a 指定需要重复的数组元素；参数 repeats 指定重复的次数；参数 axis 指定沿哪个轴方向进行重复。

使用 repeat()函数的示例代码 example5-13 如下。

```
import numpy as np
a = np.repeat(7.,4)                #输出[7. 7. 7. 7.]
arr = np.array([10,20])            #定义数组
b = np.repeat(arr,[3,2])           #输出[10 10 10 20 20]

arr = np.array([[10,20],[30,40]])       #定义数组
```

```
#沿轴 0 重复数据, 输出[[10 20],[10 20],[10 20],[30 40],[30 40]]
c = np.repeat(arr,[3,2],axis = 0)

#沿轴 1 重复数据, 输出[[10 10 10 20 20],[30 30 30 40 40]]
d = arr.repeat([3,2],axis = 1)
print('数据重复4次', a,'\n 元素重复', b,'\n 沿轴 0 重复数据',
      c, "\n 沿轴 1 重复数据", d)
```

tile()函数和 repeat()函数的主要区别在于, tile()函数用于对数组进行重复操作, 而 repeat() 函数用于对数组中的每个元素进行重复操作。

5.3.3　NumPy 的搜索函数和计数函数

在 NumPy 中有一些用于在数组内搜索的函数, 通过这些搜索函数可以很方便地在数组中查找满足某些条件的元素, 然后根据数据分析的需要进行相关的操作。常用的搜索函数有 argmin()、nanargmin()、argmax()、nanargmax()、nonzero()、where()和 extract()等, 此外, 本节以 count_nonzero()函数为例讲解计数函数。

1. argmin()、nanargmin()、argmax()、nanargmax()函数

argmin()和 argmax()函数用于沿指定轴方向返回最小值和最大值的索引。nanargmin()和 nanargmax()函数用于沿指定轴方向返回忽略了 NaN 的最小值和最大值的索引。其中, argmin() 函数的格式如下。

```
numpy.argmin(a[,axis=None])
```

argmin()函数有 2 个参数, 其中, 参数 a 为输入数组; 参数 axis 指定沿哪个轴方向进行查找操作, 参数 axis 为可选参数。

nanargmin()、argmax()和 nanargmax()函数的格式与 argmin()函数的格式相同。

使用 argmin()、nanargmin()、argmax()函数的示例代码 example5-14 如下。

```
import numpy as np
arr = np.array([[3,15,2],[30,7,10]])
print('原数组是: ',arr)
#调用 argmax()函数
maxindex = np.argmax(arr)
print('最大值索引',maxindex)
maxindex0 = np.argmax(arr, axis = 0)
print('沿轴 0 的最大值索引: ',maxindex0)
maxindex1 = np.argmax(arr, axis = 1)
print('沿轴 1 的最大值索引: ',maxindex1)
#调用 argmin()函数
minindex = np.argmin(arr)
print('最小值索引',minindex)
print('展开数组中的最小值',arr.flatten()[minindex])
minindex0 = np.argmin(arr, axis = 0)
print('沿轴 0 的最小值索引: ',minindex0)
minindex1 = np.argmin(arr, axis = 1)
print('沿轴 1 的最小值索引: ',minindex1)

#调用 nanargmin()函数
arr = np.array([[3,15,2],[30,7,10]], dtype = float)
arr[0,1] = np.nan                    #设置数组有 NaN
print(arr)
```

```
minindex = np.nanargmin(arr)
print('最小值索引',minindex)
print('展开数组中的最小值',arr.flatten()[minindex])   #输出 2.0
```

2. nonzero()函数

nonzero()函数用于返回输入数组中非零元素的索引。该函数的格式如下。

```
numpy.nonzero(a)
```

其中，a 为输入数组。nonzero()函数的示例代码如下。

```
import numpy as np
#调用 nonzero()函数
arr = np.array([[3,0,2],[0,7,1]])
#输出(array([0, 0, 1, 1], dtype = int64), array([0, 2, 1, 2], dtype = int64))
print(np.nonzero(arr))
```

3. where()函数

where()函数用于返回输入数组中满足给定条件 x 的元素的索引，或者是当给定的条件 x 为 True 时，返回 y 数据，否则返回 z 数据。该函数的格式如下。

【微课视频】

```
numpy.where(x[,y,z])
```

其中，x 为条件表达式；y 为 x 为 True 时的取值；z 为 x 为 False 时的取值。where()函数的示例代码如下。

```
import numpy as np
arr = np.arange(8).reshape(2,4)
x = np.where(arr > 4)
print('大于 4 的元素的索引：',x)
print('用索引来获取满足条件的元素',arr[x])
```

4. extract()函数

extract()函数用于返回满足任何条件的元素。该函数的格式如下。

```
numpy.extract(x,a)
```

其中，x 为条件表达式；a 为输入数组。extract()函数的示例代码如下。

【微课视频】

```
import numpy as np
arr = np.arange(8).reshape(2,4)
# 定义条件
condition = np.mod(arr,2)== 0
print('定义条件：',condition)
print('使用条件提取元素：')
print(np.extract(condition,arr))
```

5. count_nonzero()函数

count_nonzero()函数用于统计数组中非 0 元素的个数。该函数的格式如下。

```
numpy.count_nonzero (a)
```

其中，a 为输入数组。其示例代码如下。

```
import numpy as np
arr= np.arange(8).reshape(2,4)
a = np.count_nonzero(arr)
print(a)
```

5.4   简单的统计分析

利用 NumPy 可以对数据进行简单的统计分析，不仅包括数据文件的读取、数据列的提取、

数据类型的转换和各种统计计算，还包括数据的排序、搜索和计数等。现以中国历史地震数据
分析为例来介绍简单的统计分析思路。

【例 5-3】将中国历史地震数据文件命名为 earthquakes.csv，该文件中包含 1969 年 12 月 22
日以前中国历史上所发生的地震数据，其中部分数据列显示如下。

```
日期,时间(北京时间),纬度(度-分),经度(度-分),深度(km),震级,烈度,精确度
408/00/00,::.,"39°00""","100°30""",,4.75,Ⅵ,9,
416/00/00,::.,"34°18""","105°30""",,5,Ⅵ,9,
421/00/00,::.,"41°36""","120°24""",,5,Ⅵ,9,
462/08/16,::.,"35°00""","116°48""",,6,Ⅷ,9,
495/03/31,::.,"37°30""","121°30""",,5.5,Ⅶ,9,
⋯⋯⋯⋯⋯⋯⋯⋯⋯⋯⋯⋯⋯⋯⋯⋯⋯⋯⋯⋯⋯⋯
1969/12/7,52:39.0,"23°42""","121°54""",3.3,5.1,,9
1969/12/17,00:04.0,"18°30""","110°36""",,5.1,,3
1969/12/19,51:05.0,"31°12""","88°12""",,4,,2
1969/12/20,09:15.0,"18°12""","110°18""",2.4,5.2,,2
1969/12/21,38:57.0,"39°54""","76°54""",3.3,4,,9
```

请完成下列数据分析任务。

（1）计算中国历史地震数据中震级和烈度的最大值、最小值、算术平均数和中位数。

（2）统计不同震级发生的次数。

（3）统计 6 级以上地震发生的次数。

（4）列出 7.5 级以上地震的发生日期、时间、经度、纬度和震级信息。

中国历史地震数据统计分析思路如下。

1. 文件数据列的读取

利用 NumPy 中的 loadtxt()函数，将 earthquakes.csv 文件中的震级和烈度这两列数据分别读
取并存储到 magnitude 数组和 lido 数组中。

在读取文件时，loadtxt()函数需要使用 delimiter、usecols、dtype 和 skiprows 参数，其中，delimiter
表示文件数据列的分隔符为逗号，usecols 表示确定读取文件中的列数位置，dtype 表示确定数
组的数据类型，skiprows 表示跳过的行数。

地震的烈度分为 12 级，分别用罗马数字Ⅰ,Ⅱ,……,Ⅻ来表示。但是，在统计计算时需要将
罗马数字转换成对应的数字 1～12。因此，在读取烈度列时，loadtxt()函数还需要使用 converters
参数创建烈度列与转换函数之间进行映射的字典，同时，创建将烈度列中的罗马数字转换成对
应的数字 1～12 的自定义函数 lido_conv(x)。

2. 自定义函数 lido_conv(x)

在自定义函数 lido_conv(x)中，先创建数组 keys 用于存储空格和 1～12 的罗马数字，并将
数组 keys 转换成列表 keys_list，而列表中每个元素的索引正是该元素的罗马数字对应的阿拉伯
数字。由于从 CSV 文件中读取的数据是二进制字符串，因此需要将其转换成字符串。然后，使
用 NumPy 的 where()函数，将罗马数字转换成对应的阿拉伯数字。

3. 计算震级和烈度的最大值、最小值、算术平均数和中位数

计算最大值、最小值、算术平均数和中位数的统计函数分别为 max()、min()、mean()和 median()
等。由于烈度列数据中有许多空格，在计算烈度的算术平均数时要将烈度为 0 的项排除，因此，
计算烈度的算术平均数不能使用 mean()函数，而要使用 sum()函数求出烈度数据总和，再使用
count_nonzero()函数求出烈度数据不为 0 的总个数，然后用总和除以总个数。

4．统计不同震级发生的次数

利用 NumPy 中的 unique()函数来实现。

5．统计 6 级以上地震发生的次数

利用 NumPy 中的 where()和 count_nonzero()函数来实现。

6．列出 7.5 级以上地震的发生日期、时间、经度、纬度和震级信息

利用 NumPy 中的 where()函数来实现。

中国历史地震数据统计分析的示例代码 test5-3 如下。

```python
import numpy as np
def lido_conv(x):
    keys = np.array(['','I','II','III','IIII','V','VI','VII','VIII',
                     'IX','X','XI','XII'])
    keys_list = keys.tolist()              #将数组转换成列表

    a = str(x, encoding = "utf-8")         #将二进制字符串转换成字符串
    # 使用 NumPy 中的 where()函数，将罗马数字转换成对应的阿拉伯数字
    result = np.where(a in keys,keys_list.index(a),0)
    return result


#读取震级存入 magnitude 数组，读取烈度存入 lido 数组
magnitude= np.loadtxt('d:/data/earthquakes.csv',delimiter = ",",
                      usecols = (5,),dtype = float,skiprows = 1)
lido = np.loadtxt('d:/data/earthquakes.csv',delimiter = ",",
                  usecols = (6,),dtype = np.int,skiprows = 1,
                  converters = {6:lido_conv})
print(magnitude,lido)
#计算震级和烈度的最大值、最小值、算术平均数和中位数
print("最大震级 = ", np.max(magnitude))
print("最大震级 = ", np.amax(magnitude))
print("最大烈度 = ", np.max(lido))
print("最小震级 = ", np.min(magnitude))
print("最小震级 = ", np.amin(magnitude))
print("最小烈度 = ", np.min(lido))
print("震级算术平均数 = ", np.mean(magnitude))
print("烈度算术平均数 = ", np.mean(lido))
print("震级中位数 = ", np.median(magnitude))
print("烈度平均值 = ", np.sum(lido) / np.count_nonzero(lido))

#统计不同震级发生的次数
print('不同震级数组：',np.unique(magnitude))
print('不同震级发生次数：')
arr_u,u_inverse = np.unique(magnitude, return_counts = True)
print(u_inverse)

#统计 6 级以上地震发生的次数
m_index = np.where(magnitude > 6)          #震级大于 6 的元素的索引
m_sum = np.count_nonzero(m_index)
print("6 级以上地震发生的次数",m_sum)

#列出 7.5 级以上地震的发生日期、时间、经度、纬度和震级信息
```

```
arr = np.loadtxt('d:/data/earthquakes.csv',delimiter = ',',
                 dtype = str,usecols = (0,1,2,3),skiprows = 1)
print('读取的地震数据: ',arr)
cond = np.where(magnitude > 7.5)
print('7.5 级以上地震的元素索引值: ',cond)
print('使用元素索引值提取元素: ')
print('7.5 级以上地震数据:',arr[cond].astype(str))
```

项目实践

1. 项目描述

现有一个手机评论数据文件 Mobile.csv，该文件的数据列包括手机品牌、价格和评分，其中部分数据列显示如下。

```
Samsung,199.99,5
Samsung,199.99,4
Samsung,199.99,4
Samsung,199.99,1
Samsung,199.99,2
........................................
BLU,249.99,3
BLU,249.99,5
BLU,249.99,1
BLU,249.99,5
```

请完成下列数据分析任务。

（1）按手机价格统计评分最大值、最小值、算术平均数和中位数。

（2）按手机品牌统计评分最大值、最小值、算术平均数和中位数。

2. 项目设计思路

（1）从 Mobile.csv 文件中读取价格和评分两列数据，并分别存储到 price 和 rating 数组中。

（2）利用 unique() 函数从 price 数组中获得手机价格表。

（3）计算手机价格表中有多少个元素，就相当于有多少种手机价格。

（4）创建用于存储手机价格和评分统计的数组 price_rating。该数组由 n 行 5 列组成，每一行存储一种手机价格和该手机价格对应的评分统计，其中，n 是价格种类的数量，5 列分别对应存储价格、最大值、最小值、算术平均数和中位数。

（5）利用 where() 函数筛选出满足某一手机价格条件的元素索引值，根据该索引值获取该手机价格的评分数组。

（6）利用统计函数计算评分数组中的最大值、最小值、算术平均数和中位数，并存储到 price_rating 数组中。

（7）利用 for 语句反复执行第（5）项和第（6）项，直至计算完所有手机价格的统计数据。

（8）将 price_rating 数组输出。

3. 程序代码设计

示例代码 test5-4.py 如下。

```
import numpy as np
price,rating = np.loadtxt('d:/data/Mobile.csv',delimiter = ",",usecols = (1,2),
                         dtype = float,unpack = True)
```

```
print(price,rating)
u_price = np.unique(price)        #获取手机价格表
print(u_price)
p_size = u_price.size             #计算手机价格分类的数量
print(p_size)
price_rating = np.zeros((p_size,5))
j = 0
for i in u_price:
    price_rating[j,0] = i
    price_cond = np.where(price == i)
    print('满足某一价格条件的元素索引值: ', price_cond)
    print('使用元素索引值提取评分元素: ')
    m_rating = rating[price_cond].astype(np.int)
    print('评分数组',m_rating)

    price_rating[j, 1] = np.max(m_rating)
    price_rating[j, 2] = np.min(m_rating)
    price_rating[j, 3] = np.mean(m_rating)
    price_rating[j, 4] = np.median(m_rating)
    print("评分最大值 = ", np.max(m_rating))
    print("评分最小值 = ", np.min(m_rating))
    print("评分算术平均数 = ", np.mean(m_rating))
    print("评分中位数 = ", np.median(m_rating))
    j += 1

print('输出按价格分类统计分析的结果:',price_rating)
```
该项目实践中数据分析的第（2）项任务，读者可参照上述设计思路自行完成。

本章小结

　　本章首先介绍了使用 NumPy 来实现读写文件的操作，包括读写文本文件、二进制文件、多维数据文件的操作；然后介绍了 NumPy 中常用的统计函数，如用于计算最大值、最小值、算术平均数、中位数、标准差和方差等的函数；接着介绍了运用 NumPy 中的排序、去重、重复、搜索和计数函数进行统计分析；最后通过简单的统计分析案例和项目实践使读者学会综合运用。

思考练习

1. 简答题
（1）在读取文本文件数据时，如何实现指定读取文本文件中的列？
（2）在读取文本文件数据时，如何实现将文本文件中不同列数据读入后分别写入不同变量?
（3）在读取文本文件数据时，如何实现将文本文件中数据列和转换函数联系在一起?
（4）在保存文件操作中，如何实现将多个数组存储至一个文件？
（5）在读取文件操作中，如何实现读取 NPZ 压缩文件？

（6）说明 amin() 函数和 nanmax() 函数的作用与区别。

（7）说明 sort()、argsort() 和 lexsort() 函数的作用与区别。

（8）说明 tile() 函数和 repeat() 函数的作用与区别。

（9）如何对数组中的元素进行去重操作？

2. 编程题

（1）现有序列 a 为[6,2,5,0,1,3,4,7,8,9]，序列 b 为['2','a','3','1',5,7,5.9]，请编写程序求出 a 和 b 序列中去重元素的数组和去重元素的重复数量。

（2）现有一个 data_date.csv 文件，该文件的数据列是日期，日期格式为"d-m-y"。请编写程序，实现读取 data_date.csv 文件中的日期列，并根据日期求出是星期几，然后将星期几转换成对应数字，如星期一至星期日对应转换成数字 1～7，最后将星期几转换成数字存储到数组中。

（3）现有序列 a 为[1.1,3.3,5.5,7.7,9.9]，序列 b 为[0.0,2.2,4.4,6.6,8.8]，请编写程序实现输出序列 c 为[1.1,2.2,4.4,7.7,9.9]。

（4）完成本章项目实践中按手机品牌统计评分的最大值、最小值、算术平均数和中位数。

第 **6** 章

数据可视化工具——Matplotlib

① 了解 Matplotlib 的作用。

② 掌握 Matplotlib 安装和导入的方法。

③ 掌握运用 pyplot 创建图形的方法。

④ 掌握 Matplotlib 参数配置。

⑤ 掌握绘制分析变量间关系图的方法。

⑥ 掌握绘制分析变量数据分布和分散状况图的方法。

6.1 Matplotlib 概述

在数据分析中，数据可视化是很重要的部分。数据可视化不仅可以展示数据分析的结果，而且可以用于进行数据分析，例如，发现数据样本中的异常值，观察数据的分布，寻找数据之间的相关性等。

在 Python 中数据可视化工具分为免费和收费两种，其中，免费的、应用性较好的数据可视化工具有 Matplotlib 和 Seaborn。其中，Matplotlib 是用于创建图表的绘图工具库，Seaborn 在 Matplotlib 基础上进行了更高级的 API 封装，从而使绘图更加容易。在大多数情况下，使用 Seaborn 能绘制很具有吸引力的图，而使用 Matplotlib 能绘制具有更多特色的图。Seaborn 可视为 Matplotlib 的补充。

本章将介绍 Matplotlib 的基础知识及创建常用图形的方法。有关 Seaborn 的应用将在第 9 章中介绍。

6.1.1 Matplotlib 简介

Matplotlib 是专门用于开发 2D 图表的，是 Python 2D 绘图领域使用非常广泛的套件。它能让使用者很轻松地将数据图形化，并且提供多样化的输出格式。

使用 Matplotlib 实现数据图形化的优势如下。

❑ 使用起来极其简单。

❑ 以渐进、交互式方式实现数据可视化。

【微课视频】

❑ 表达式和文本使用 LaTeX 排版。

❑ 对图像元素控制力更强。

❑ 可输出 PNG、PDF、SVG 和 EPS 等多种格式。

Matplotlib 最初模仿了 MATLAB 图形命令，但是其与 MATLAB 是相互独立的。在使用方面，Matplotlib 不仅具有简洁性和推断性，而且继承了 MATLAB 的交互性。也就是说，数据分析人员可逐条输入命令，为数据生成渐趋完整的图形表示。这种模式很适合用 Jupyter Notebook 等互动性更强的 Python 工具进行开发，这些工具所提供的数据分析环境可与 Mathematica、IDL 和 MATLAB 相媲美。

Matplotlib 还整合了 LaTeX 用于表示科学表达式和符号的文本格式模型。此外，不容忽视的是，Matplotlib 不是一个单独的应用，而是 Python 的一个图形库，它可以通过编程来管理、组织图表的图形元素，用编程的方法生成图形。Matplotlib 是 Python 的一个图形库，因此在程序开发中，它也可以使用 Python 的其他库，Matplotlib 通常与 NumPy 和 pandas 等库配合使用。

另外，通过访问 Matplotlib 的官方网站，可查看网页中的上百幅缩略图，打开缩略图后都可查看其源代码。如果需要绘制某种类型的图，只需要浏览该页面，找到相应类型的图，复制对应的源代码即可。

6.1.2　Matplotlib 的测试、安装与导入

Matplotlib 与 NumPy 的安装方法相同。在安装 Matplotlib 之前，先要安装 Python。由于 Matplotlib 是 Python 环境中的一个独立模块，在 Python 的默认安装环境下是未安装 Matplotlib 的。

1. 测试 Python 环境中是否已安装 Matplotlib

当 Python 安装完成后，在 Windows 操作系统下，按【Windows】+【R】组合键，打开"运行"对话框，在"打开"文本框中输入 python，按【Enter】键，进入 Python 交互式终端。在 Python 命令提示符>>>后输入 import matplotlib，按【Enter】键，导入 Matplotlib 模块，如果在交互式终端窗口中出现 ModuleNotFound Error:No module named 'matplotlib'的错误提示，则需要安装 Matplotlib，否则表明已安装 Matplotlib。

2. 在 Windows 操作系统下安装 Matplotlib 的方法

第 1 种安装方法如下。

在计算机连接互联网的情况下，按【Windows】+【R】组合键，打开"运行"对话框，在"打开"文本框中输入 pip install matplotlib，按【Enter】键，进入 Matplotlib 模块安装界面，如图 6-1 所示，安装成功就会提示安装软件的版本信息。

图6-1　Matplotlib模块安装界面

第 2 种安装方法如下。

（1）首先访问 Python 的第三方库网站，然后根据计算机上所安装的 Python 版本和操作系统版本来选择下载相应的 Matplotlib 软件包。例如，在 Windows（64 位）操作系统下安装了 Python 3.10，则选择下载的 Matplotlib 软件包为 matplotlib-3.5.2-cp310-cp310-win_amd64.whl。

（2）将下载的 Matplotlib 软件包复制到 Python 安装目录的 Scripts 文件夹下。例如，Python 3.10 安装目录为 D:\python，则将下载的 Matplotlib 软件包复制到 D:\python\Scripts 下。

（3）按【Windows】+【R】组合键，打开"运行"对话框，在"打开"文本框中输入 pip install D:\python\Scripts\matplotlib-3.5.2-cp310-cp310-win_amd64.whl，按【Enter】键，进入 Matplotlib 模块安装界面。

（4）安装成功就会提示安装软件的版本信息。

3. 在 PyCharm 中安装 Matplotlib 的方法

在 Matplotlib 软件包安装成功后，打开 PyCharm，选择 File→Settings→Project pythonProject→Python Interpreter，单击 Python Interpreter 下拉列表框右边的 ❖ 按钮，将会弹出 上下文菜单，选择 Add，则弹出创建虚拟环境对话框。在该对话框中选择 Existing Environment，单击 Interpreter 下拉列表框右边的 ⎯ 按钮，选择 D:\python\python.exe（即 Python 安装路径），单击 OK 按钮，添加好已存在的虚拟环境，单击 OK 按钮，装载安装好的 Matplotlib 软件包，最后单击 Apply 按钮即可。

4. Matplotlib 的导入方法

Matplotlib 安装成功后，在编写代码时，首先需要导入 Matplotlib。导入方法是使用 Python 中的导入模块语句，具体如下。

```
import matplotlib as mp
```

或者

```
from matplotlib import *
```

6.2 使用 pyplot 创建图表

pyplot 是 Matplotlib 的子库，该子库提供了与 MATLAB 类似的绘图 API，使用 pyplot 可快速地绘制 2D 图表。下面介绍使用 pyplot 绘制图表的方法。

6.2.1 创建简单的图表

1. 导入快速绘图的库——pyplot

其代码如下。

```
import matplotlib.pyplot as plt
```

2. 创建绘图对象——figure 对象

由于 Matplotlib 的图像均位于绘图对象（即 figure 对象）中，因此，在绘图前，先要创建 figure 对象。如果不创建就直接调用 plot() 函数，Matplotlib 则会自动创建一个 figure 对象。

创建 figure 对象的函数的格式如下。

```
plt.figure(num=None,figsize=None,dpi=None,facecolor=None,edgecolor=None,frameon=
True,FigureClass=<class 'matplotlib.figure.Figure'>,clear=False,**kwargs)
```

该函数中的参数说明如下。

【微课视频】

❑　num：int 类型或 string 类型，可选参数，默认值为 None。如果未提供该参数，将创建新图形，并且图形编号将递增，图形对象将此数字保存在数字属性中。如果提供了 num，并且已存在具有此 num 的数字，请将其设置为活动状态，并返回对它的引用；如果 num 图形编号不存在，则创建新图形，并返回新图形。如果 num 是一个字符串，则窗口标题将设置为 num。

❑　figsize：tuple 类型，可选参数，默认值为 None。该参数指定 figure 对象的宽度和高度，单位为英寸。如果没有提供该参数，默认值为 rcfigure.figsize。

❑　dpi：int 类型，可选参数，默认值为 None。该参数指定 figure 对象的分辨率，即每英寸多少个像素。如果没有提供该参数，默认值为 80 或 rcfigure.dpi。

❑　facecolor：可选参数，默认值为 None。该参数指定背景颜色。如果未提供该参数，默认值为 rcfigure.facecolor。

❑　edgecolor：可选参数，默认值为 None。该参数指定边框颜色。如果未提供该参数，默认值为 rcfigure.edgecolor。

❑　frameon：bool 类型，可选参数，默认值为 True。如果为 False，则禁止绘制图框。

❑　FigureClass：从 matplotlib.figure.Figure 派生的类，可选参数，使用自定义图形实例。

❑　clear：bool 类型，可选参数，默认值为 False。如果为 True，并且该图已经存在，那么它将被清除。

3. 绘制图表

通过调用 plot()函数可实现在当前绘图对象中绘制图表。plot()函数的格式如下。

```
plt.plot(x,y,label,color,linewidth,linestyle)
```

或

```
plt.plot(x,y,fmt,label)
```

该函数中的参数说明如下。

❑　x、y：所绘制的图形中各点在 x 轴和 y 轴上的数据，用数组表示。

❑　label：给所绘制的曲线设置一个名字，此名字在图例中显示。只要在字符串前后添加"$"符号，Matplotlib 就会使用其内嵌的 LaTeX 引擎来绘制数学公式。

❑　color：指定曲线的颜色。

❑　linewidth：指定曲线的宽度。

❑　linestyle：指定曲线的样式。

❑　fmt：指定曲线的颜色、marker 样式和线型，如"bo-"，其中，b 表示蓝色，o 表示 marker 样式为实心圆圈，"-"表示线型为实线，该参数也称为格式化字符串参数。

格式化字符串参数中指定的颜色、marker 样式和线型分别如表 6-1、表 6-2、表 6-3 所示。

表 6-1　格式化字符串参数中指定的颜色

颜色字符	说明	颜色字符	说明
b	蓝色	y	黄色
r	红色	w	白色
m	洋红色	k	黑色
g	绿色	#008000	RGB 某颜色
c	青绿色	0.8	灰度值字符串

> **注意**
> 多条曲线不指定颜色时，会自动选择不同颜色。

表 6-2　格式化字符串参数中指定的 marker 样式

marker 字符	说明	marker 字符	说明
.	点	v	倒三角形
,	像素（极小点）	<	左三角形
o	实心圆圈	>	右三角形
s	实心方形	^	上三角形
*	星号	1	下花三角形
D	菱形	2	上花三角形
d	小菱形	3	左花三角形
p	实心五角形	4	右花三角形
h	竖六边形	|	竖线
H	横六边形	x	x
+	十字形	None	无

表 6-3　格式化字符串参数中指定的线型

线型字符	说明	线型字符	说明
-	实线	-.	点划线
--	破折线	:	虚线

> **注意**
> 调用 plot() 函数前，先定义所绘制图形的坐标，即图形在 x 轴和 y 轴上的数据。

4. 添加各类标签和图例

在调用 plot() 函数完成绘图后，还需要为图表添加各类标签和图例。pyplot 中用于添加各类标签和图例的函数如表 6-4 所示，图例位置代码如表 6-5 所示。

表 6-4　pyplot 中用于添加各类标签和图例的函数

函数	说明
plt.xlabel()	在当前图形中指定 x 轴的名称，可以指定位置、颜色、字号等参数
plt.ylabel()	在当前图形中指定 y 轴的名称，可以指定位置、颜色、字号等参数
plt.title()	在当前图形中指定坐标的标题，可以设置标题名称、位置、颜色、字号等参数
plt.suptitle()	在当前图形中指定图形的标题，可以设置标题名称、位置、颜色、字号等参数
plt.xlim()	指定当前图形 x 轴的范围，只能输入一个数值区间，不能使用字符串
plt.ylim()	指定当前图形 y 轴的范围，只能输入一个数值区间，不能使用字符串
plt.xticks()	指定 x 轴刻度的数目与取值
plt.yticks()	指定 y 轴刻度的数目与取值
plt.legend()	指定当前图形的图例，可以指定图例的大小、位置和标签

表 6-5　图例位置代码

位置	位置代码	位置	位置代码
自动放置在最佳位置	best 或 0	左中	center left 或 6
右上	upper right 或 1	右中	center right 或 7
左上	upper left 或 2	下中	lower center 或 8
左下	lower left 或 3	上中	upper center 或 9
右下	lower right 或 4	正中	center 或 10
正右	right 或 5		

┃注意┃

图例位置参数是可选参数，图例位置代码的默认值为 best 或 0。

5. 保存和显示图表

在完成图表绘制、添加各类标签和图例后，下一步所要完成的任务是将图表保存为图片，并在本机上显示图表。用于保存和显示图表的函数如表 6-6 所示。

表 6-6　用于保存和显示图表的函数

函数	说明
plt.savefig()	保存绘制的图表为图片，可以指定图表的分辨率、边缘和颜色等参数
plt.show()	在本机显示图表

┃注意┃

要先将绘制的图表保存为图片，再显示图表。

6. 示例代码

【例 6-1】用 Matplotlib 绘制一个正弦函数曲线，要求为所绘制的正弦函数曲线设置名字为 sin(x)，曲线的颜色为红色（实线），曲线的宽度为 3。另外，再绘制一个余弦函数曲线，要求为所绘制的余弦函数曲线设置名字为 cos(x)，曲线的颜色为蓝色，线型为破折线。

【微课视频】

其示例代码 test6-1.py 如下。

```
import numpy as np
import matplotlib.pyplot as plt
x = np.linspace(0,10,1000)#在[0,10]等距取 1000 个数作为 x 的取值
y = np.sin(x)    #定义 y 轴坐标
z = np.cos(x)    #定义 z 轴坐标
plt.figure(figsize = (10,6))    #创建绘图对象
plt.plot(x,y,label = "sin(x)",color = "red",linewidth = 3)
plt.plot(x,z,"b--",label = "cos(x)")
#设置各类标签和图例
plt.xlabel("Time(s)")
plt.ylabel("Volt")
plt.title("PyPlot First Example")
plt.ylim(-1.2,1.2)
plt.legend()
plt.show()
```

运行程序后，显示的函数曲线如图 6-2 所示。

图6-2　函数曲线

6.2.2　创建子图

【扫码看图】

【微课视频】

在 Matplotlib 中，可以将一个绘图对象分为几个绘图区域，在每个绘图区域中可以绘制不同的图形，这种绘图方式称为创建子图。创建子图可以使用 subplot() 函数，该函数的格式如下。

```
subplot(numRows,numCols,plotNum)
```

该函数中的参数说明如下。

❑　numRows：将整个绘图区域等分为 numRows 行。

❑　numCols：将整个绘图区域等分为 numCols 列。

❑　plotNum：选中当前要操作的区域。

subplot()函数的作用是将整个绘图区域等分为 numRows（行）× numCols（列）个子区域，然后按照从左到右、从上到下的顺序对每个子区域进行编号，左上的子区域的编号为 1。如果 numRows、numCols 和 plotNum 这 3 个数都小于 10，可以把它们缩写为一个整数，例如 subplot(222) 和 subplot(2,2,2)是相同的。subplot()函数将在 plotNum 指定的区域中创建图形。如果新创建的图形和先前创建的图形重叠，则先前创建的图形将被删除。

【例 6-2】创建 3 个子图，分别绘制正弦函数曲线、余弦函数曲线和线性函数。

其示例代码 test6-2.py 如下。

```
import numpy as np
import matplotlib.pyplot as plt
x = np.linspace(0, 10, 1000)
y = np.sin(x)
z = np.cos(x)
k = x

# 第一行的左图
plt.subplot(221)
plt.plot(x,y,label = "$sin(x)$",color = "red",linewidth = 2)

# 第一行的右图
plt.subplot(222)
plt.plot(x,z,"b--",label = "$cos(x)$")
```

```
# 第二行
plt.subplot(212)
plt.plot(x,k,"g--",label = "$x$")
#显示图例
plt.legend()
#保存图表
#dpi 是指保存图像的分辨率，默认值为 80
plt.savefig('image.png',dpi = 100)
#显示图表
plt.show()
```

运行程序后，显示的图形如图 6-3 所示。

【扫码看图】

图6-3　显示的图形

6.3　Matplotlib 参数配置

在绘制图形时，有许多需要配置的参数，如颜色、字体、线型等。但是，在许多情况下，这些参数直接采用了 Matplotlib 的默认配置。Matplotlib 将默认配置保存在 matplotlibrc 配置文件中，通过修改配置文件，可修改图表的默认样式，这称为 rc 配置或者 rc 参数。

6.3.1　matplotlibrc 配置文件

在 Matplotlib 中可以使用多个 matplotlibrc 配置文件，它们的搜索顺序如下，顺序靠前的配置文件将会被优先采用。

（1）当前路径：程序的当前路径。

（2）用户配置路径：在用户文件夹的.matplotlib 目录下，可通过环境变量 MATPLOT LIBRC 修改它的位置。

（3）系统配置路径：保存在 Matplotlib 的安装目录下的 mpl-data 中。

通过下面的代码可以获取用户配置路径和系统配置路径。

```
import matplotlib
print(matplotlib.get_configdir()) #获取用户配置路径
print(matplotlib.matplotlib_fname()) #获取系统配置路径
```

matplotlibrc 配置文件实际上是一个字典。在该字典中，为了对众多的配置进行区分，关键字可以用点分开。

如果需要读取配置文件中的所有参数及其参数值，可在载入 Matplotlib 时调用 rc_params() 函数，并把得到的配置字典保存到 rcParams 变量中，其代码如下。

```
import matplotlib
#读取配置文件中的所有参数及其参数值
print(matplotlib.rc_params())
```

输出结果:

```
agg.path.chunksize: 0
animation.avconv_args: []
```

6.3.2 设置动态 rc 参数

1. 直接修改 rcParams 变量

当配置字典保存到 rcParams 变量后，Matplotlib 将使用 rcParams 变量中的配置进行绘图。用户可以直接修改该字典中的配置，所做的改变会反映到此后所绘制的图形中。

【例 6-3】绘制一条斜线，并设置所绘制的斜线标记符（lines.marker）为“v”（倒三角形）。其示例代码 test6-3.py 如下。

```
import matplotlib.pyplot as plt
import matplotlib
#读取配置文件中的所有参数及其参数值
matplotlib.rc_params()
#设置标记符 lines.marker 为“v”（倒三角形）
plt.rcParams["lines.marker"] = "v"
plt.plot([1,2,3])
plt.show()
```

2. 使用 rc()函数修改参数配置

使用 rc()函数可以修改 matplotlibrc 配置文件中的参数。rc()函数的格式如下。

```
matplotlib.rc(group,**kwargs)
```

该函数中的参数说明如下。

❑ group：rc 参数的分组。线条常用的 rc 参数名称、说明与取值如表 6-7 所示。

❑ kwargs：字典属性名称/值对。

表 6-7 线条常用的 rc 参数名称、说明与取值

rc 参数名称	说明	取值
lines.linewidth	线条宽度	取 0~10 的数值，默认为 1.5
lines.linestyle	线条样式	见表 6-3，默认实线 “-”
lines.marker	线型上点的形状	见表 6-2，默认为 None
lines.markersize	点的大小	取 0~10 的数值，默认为 1

【例 6-4】绘制一条斜线，设置所绘制的斜线标记符为“o”（实心圆圈），线宽为 3，线型为破折线，并设置字符的字体、样式和大小。

其示例代码 test6-4.py 如下。

```
import matplotlib.pyplot as plt
import matplotlib
matplotlib.rc("lines", marker = "o", linewidth = 3,linestyle = '--')
```

```
font = {'family' : 'monospace',
        'style' : 'italic',
        'size' : '16'}
matplotlib.rc("font", **font)
plt.title("rc() Example")
plt.plot([1,2,3])
plt.show()
```

修改了配置文件中的参数后，如果想恢复到默认的配置（Matplotlib 载入时从配置文件读入的配置），可以调用 rcdefaults()函数，其格式如下。

```
matplotlib.rcdefaults()
```

如果通过文本编辑器修改了配置文件，希望重新载入最新的配置文件，则调用 update()函数，其格式如下。

```
matplotlib.rcParams.update(matplotlib.rc_params())
```

6.4　分析变量间关系

6.4.1　绘制散点图

散点图（scatter diagram）又称为散点分布图，是一种以一个变量为横坐标，以另一个变量为纵坐标，利用坐标点（散点）的分布形态反映变量间的统计关系的图形。散点图将序列显示为一组点，值由点在图表中的位置表示，类别由图表中的不同标记表示。散点图通常用于显示和比较数值。在二维散点图中，可以通过观察两个变量，发现两者的关系与相关性。散点图可以提供如下关键信息。

（1）变量之间是否存在关联趋势。

（2）如果变量之间存在关联趋势，那么是线性还是非线性的。

（3）观察是否存在离群值，从而分析这些离群值对建模分析的影响。

通过观察散点图上数据点的分布情况，可以推断出变量间的相关性。如果变量之间不存在相关性，那么在散点图上就会表现为随机分布的离散的点；如果存在某种相关性，那么大部分的数据点就会相对密集并以某种趋势呈现。数据的相关关系主要分为正相关（两个变量值同时增长）、负相关（一个变量值增加，另一个变量值减少）、不相关、线性相关、指数相关等，那些离点集群较远的点称为离群点或者异常点。

pyplot 中用于绘制散点图的函数为 scatter()，其格式如下。

```
matplotlib.pyplot.scatter(x,y,s=None,c=None,marker=None,cmap=None,norm=None,
vmin=None,vmax=None,alpha=None,linewidths=None,verts=None,edgecolors=None,
hold=None,data=None,**kwargs)
```

该函数中的主要参数说明如下。

❑　x、y：x 轴和 y 轴对应的数据，无默认值。

❑　s：数值或一维数组，指定点的大小，若传入一维数组，则表示每个点的大小，默认值为 None。

❑　c：颜色或一维数组，指定点的颜色，若传入一维数组，则表示每个点的颜色，默认值为 None。

❑　marker：特定 string 类型，表示所绘制点的类型，取值参见表 6-2，默认值为 None。

❑　alpha：0～1 的小数，表示点的透明度，默认值为 None。

【例 6-5】现有 Ad_sales.csv 数据集，该数据集中有电视（TV）、广播（radio）、报纸（newspaper）3 种媒体的广告投入与销售额的数据，要求通过绘制散点图来分析电视、广播和报纸 3 种媒体的广告投入与销售额之间的关系。

【微课视频】

绘制散点图的要求如下。

（1）设置"TV"散点图点的颜色为红色，点的类型用"o"表示；设置"radio"散点图点的颜色为绿色，点的类型用"x"表示；设置"newspaper"散点图点的颜色为蓝色，点的类型用"v"表示。

（2）设置 x 轴标签为"销售额"，y 轴标签为"广告投入"。

（3）设置 x 轴取值范围为 0 至 30 万元，y 轴取值范围为 0 至 300 万元。

（4）设置图表主标题为"广告投入与销售额之间的关系"，副标题为"单位：万元"。

（5）设置图例标签为"TV""radio""newspaper"，位置自动设置。

编程思路如下。

首先导入数据，对数据进行转置处理，以便于获取不同媒体的广告投入与销售额的数据；然后分别绘制不同媒体的广告投入与销售额的散点图，并设置散点图中点的颜色和点的类型、x 轴和 y 轴的标签及取值范围、图表标题和图例等。

其示例代码 test6-5.py 如下。

```
import numpy as np
import matplotlib.pyplot as plt
#导入数据
data = np.loadtxt('d:/data/Ad_sales.csv',skiprows = 1,
                 usecols = [1,2,3,4],delimiter = ',')
print(data)
#对数据进行转置处理
data_T = data.T
print(data_T)

# 设置 Matplotlib 正常显示中文和负号
plt.rcParams['font.sans-serif'] = ['SimHei']      # 用黑体显示中文
plt.rcParams['axes.unicode_minus'] = False        # 正常显示负号
#创建一个绘图对象，并设置对象的宽度和高度
plt.figure(figsize = (8, 4))
#绘制 TV 的广告投入与销售额的散点图
plt.scatter(data_T[3],data_T[0],c = 'r',marker = 'o')
#绘制 radio 的广告投入与销售额的散点图
plt.scatter(data_T[3],data_T[1],c = 'g',marker = 'x')
#绘制 newspaper 的广告投入与销售额的散点图
plt.scatter(data_T[3],data_T[2],c = 'b',marker = 'v')

plt.xlabel('销售额')                    #显示 x 轴标签
plt.ylabel('广告投入')                  #显示 y 轴标签
plt.ylim(0,300)                         #y 轴取值范围
plt.xlim(0,30)                          #x 轴取值范围
#添加标题
plt.suptitle("广告投入与销售额之间的关系")
plt.title("单位：万元",fontsize = 10,loc = 'right')
```

```
#添加图例
plt.legend(['TV','radio','newspaper'])
plt.savefig('d:/data/test6-5.png')
plt.show()
```

运行程序后，保存并显示散点图，结果如图6-4所示。

【扫码看图】

图6-4　广告投入与销售额之间的关系

通过观察散点图上数据点的分布，发现电视的广告投入与销售额之间是正相关关系，而广播和报纸的广告投入与销售额之间的相关性不强。

6.4.2　绘制折线图

折线图（line chart）用于在连续间隔或时间跨度上显示定量数值。它的主要功能是查看因变量 y 随着自变量 x 改变的趋势，适用于显示随时间（根据常用比例设置）变化的连续数据，可以体现数量的差异、增长趋势的变化。要绘制折线图，先在笛卡儿坐标系上定出数据点，然后用直线把这些点连接起来。

在折线图中，x 轴为类别型变量或者序列型变量，分别对应文本坐标轴或序列坐标轴（如日期坐标轴），y 轴为数值型变量。折线图主要应用于时间序列数据的可视化。在折线图系列中，标准的折线图和带数据标记的折线图可以很好地可视化数据。

pyplot 中用于绘制折线图的函数为 plot()，其格式如下。

```
matplotlib.pyplot.plot(*args,**kwargs)
```

plot()函数在官方文档的语法中只要求输入不定长参数，实际可以输入的参数说明如下。

- ❑ x、y：array 类型，表示 x 轴和 y 轴对应的数据，无默认值。
- ❑ color：特定 string 类型，指定线型的颜色，常用的 8 种颜色字符见表 6-1，默认值为 None。
- ❑ linestyle：特定 string 类型，指定线条的类型，默认值为"-"。
- ❑ marker：特定 string 类型，表示绘制的点的类型，默认值为 None。
- ❑ alpha：0～1 的小数，表示点的透明度，默认值为 None。

【例 6-6】使用不同颜色、不同线条样式，绘制 2010—2019 年全国居民、城镇居民和农村居民的人均旅游花费情况折线图。其中，全国居民人均旅游花费用红色的实线"-"表示，城镇居民人均旅游花费用绿色的破折线"--"表示，农村居民人均旅游花费用蓝色的点划线"-."表示。要求设置 x 轴的标签和取值范围、y 轴的标签和取值范围、图表标题和图例如下。

【微课视频】

（1）设置 x 轴标签为"年份"，y 轴标签为"人均旅游花费"。

（2）设置 x 轴取值范围是 2010 年至 2019 年，y 轴取值范围是 100 元至 1200 元。

（3）设置图表主标题为"2010—2019 年全国居民、城镇居民和农村居民人均旅游花费情况"，副标题为"单位：元"。

（4）设置图例标签为"全国居民""城镇居民""农村居民"，位置自动设置。

编程思路如下。

首先导入数据，分别获取年份、全国居民人均旅游花费、城镇居民人均旅游花费和农村居民人均旅游花费 4 列数据；然后分别绘制全国居民、城镇居民和农村居民的人均旅游花费折线图，并设置 x 轴的标签和取值范围、y 轴的标签和取值范围、图表标题和图例等。

其示例代码 test6-6.py 如下。

```python
import numpy as np
import matplotlib.pyplot as plt
#导入数据，获取数据表中的 0、7、8、9 列数据
#这些数据分别对应年份、全国居民人均旅游花费、城镇居民人均旅游花费、农村居民人均旅游花费
df = np.loadtxt('d:/data/十年期间国内旅游情况.csv', skiprows = 1,
                usecols = (0,7,8,9),delimiter = ',')


data1 = df.T[0]        #将 df 转置，获取年份的数据
data2 = df.T[1]        #将 df 转置，获取全国居民人均旅游花费的数据
data3 = df.T[2]        #将 df 转置，获取城镇居民人均旅游花费的数据
data4 = df.T[3]        #将 df 转置，获取农村居民人均旅游花费的数据


# 设置 Matplotlib 正常显示中文和负号
plt.rcParams['font.sans-serif'] = ['SimHei']     # 用黑体显示中文
plt.rcParams['axes.unicode_minus'] = False       # 正常显示负号


# 创建一个绘图对象
fig = plt.figure(figsize = (8, 6))
#绘制全国居民人均旅游花费折线图
plt.plot(data1, data2, "r-")
# 绘制城镇居民人均旅游花费折线图
Plt.plot(data1, data3, "g--")
# 绘制农村居民人均旅游花费折线图
Plt.plot(data1, data4, "b-.")
plt.xlabel('年份')              # 显示 x 轴标签
plt.ylabel('人均旅游花费')       # 显示 y 轴标签
plt.ylim(100, 1200)            # y 轴取值范围

# x 轴取值范围
new_tick = np.array([i for i in range(2010, 2020)])
plt.xticks(new_tick)
# 添加标题
plt.suptitle("2010—2019 年全国居民、城镇居民和农村居民人均旅游花费情况")
plt.title("单位：元", fontsize = 10, loc = 'right')
plt.legend({'全国居民': 'r', '城镇居民': 'g', '农村居民': 'b'})
plt.savefig('d:/data/test6-6.png')
plt.show()
```

运行程序后，保存并显示折线图，结果如图 6-5 所示。

图6-5　2010—2019年全国居民、城镇居民和农村居民人均旅游花费情况折线图

6.5　分析变量数据分布和分散状况

6.5.1　绘制直方图

直方图（histogram）也称为频数分布直方图，它的形状类似柱形图，却有着与柱形图完全不同的含义。直方图涉及统计学的概念，首先要从数据中找出最大值和最小值，然后确定一个区间，使其包含全部测量数据，将区间分成若干个小区间，统计测量结果出现在各个小区间的频数，以测量数据为横坐标、频数为纵坐标，划分出各个小区间及其对应的频数。在平面直角坐标系中的 x 轴上标出每个组的端点，y 轴表示频数，每个矩形的高度代表对应的频数。

直方图的主要作用，一是能够显示各组频数或数量分布的情况；二是易于显示各组之间频数或数量的差别。通过直方图还可以观察和估计哪些数据比较集中，发现异常或孤立的数据分布在何处。

pyplot 中用于绘制直方图的函数为 hist()，其格式如下。

```
matplotlib.pyplot.hist(x,bins=None,range=None,density=None,weights=None,
cumulative=False,bottom=None,histtype='bar',align='mid',orientation=
'vertical',rwidth=None,log=False,color=None,label=None,stacked=False,
hold=None,data=None,edgecolor=None,alpha=None,**kwargs)
```

该函数中的主要参数说明如下。

❑　x：array 类型，表示 x 轴的数据，无默认值。

❑　bins：int 类型或序列，可选参数，默认值为 10。表示划分测量数据间隔，如果取值为整数，则表示划分测量数据间隔的数量，如果为序列，则支持不等间隔 bins。

❑　range：tuple 类型，可选参数，默认值为 None，表示测量数据的范围，忽略较低和较高的异常值。如果未提供该参数，则范围为(x.min(),x.max())。如果 bins 参数取值为序列，则 range 无效。

❑　density：bool 类型，可选参数，默认值为 False，如果为 True，则直方图的高度表示概率密度，即每个柱子的面积之和为 1。

❑　histtype：取值为 bar、barstacked、step、stepfilled，可选参数，默认值为 bar，表示要绘制的直方图的类型。其中，bar 表示传统的条形直方图，如果给出多个数据，则条形将并排排列；barstacked 表示条形直方图，其中多个数据相互叠加；step 生成未填充的线条图；stepfilled 生成填充的线条图。当 histtype 取值为 step 或 stepfilled 时，rwidth 设置失效，即条形之间无间

隔，默认连接在一起。

❑　align：取值为 left、mid、right，可选参数，默认值为 mid，表示直方图的绘制方式。其中，left 表示条形的中心位于 bins 的左边缘，mid 表示条形的中心位于 bins 左右边缘之间，right 表示条形的中心位于 bins 的右边缘。

❑　rwidth：标量或 None，可选参数，默认值为 None，表示条形的相对宽度占箱宽的百分比，如果为 None，则自动计算宽度。

❑　color：特定 string 类型或者包含颜色字符串的数组，表示直方图颜色，默认值为 None。

❑　edgecolor：特定 string 类型或者包含颜色字符串的数组，表示长条形边框的颜色，默认值为 None。

❑　stacked：bool 类型，可选参数，默认值为 False，如果为 True，则多个数据堆叠在一起；如果为 False，则当 histtype 为 bar 时，表示多个数据并排排列；当 histtype 为 step 时，表示多个数据堆叠在一起。

❑　alpha：0～1 的小数，表示长条形的透明度，默认值为 None。

【例 6-7】绘制一个正态分布直方图。

其示例代码 test6-7.py 如下。

```python
import matplotlib.pyplot as plt
import numpy as np
# 设置 Matplotlib 正常显示中文和负号
matplotlib.rcParams['font.sans-serif'] = ['SimHei']        # 用黑体显示中文
matplotlib.rcParams['axes.unicode_minus'] = False          # 正常显示负号
# 随机生成 10000 个满足正态分布的数据
data = np.random.randn(10000)
plt.hist(data, bins = 40,density = True,color = "red",edgecolor = "black",
         rwidth = 0.7,alpha = 0.7)
# 显示 x 轴标签
plt.xlabel("区间")
# 显示 y 轴标签
plt.ylabel("密度")
# 添加标题
plt.title("正态分布直方图")
plt.show()
```

运行程序后，显示的正态分布直方图如图 6-6 所示。

图6-6　正态分布直方图

6.5.2　绘制柱形图

柱形图（bar chart）用于显示一段时间内的数据变化或各项之间的比较情况。在柱形图中，类别型或序列型变量映射到 x 轴的位置，数值型变量映射到矩形的高度（y 轴的位置）。控制柱形图的两个重要参数是"分类间距"和"系列重叠"。"分类间距"用于控制同一数据系列的柱形宽度，数值范围为[0.0,1.0]；"系列重叠"用于控制不同数据系列之间的距离，数值范围为[-1.0,1.0]。

通过 pyplot 中的 bar()函数可直接绘制柱形图系列，包括单数据系列柱形图、多数据系列柱形图、堆积柱形图和百分比堆积柱形图共 4 种常见类型。

bar()函数的格式如下。

```
matplotlib.pyplot.bar(x,height,*,align='center',color,edgecolor,**kwargs)
```

或

```
matplotlib.pyplot.bar(x,height,width,*,align='center',color,edgecolor,**kwargs)
```

或

```
matplotlib.pyplot.bar(x,height,width,bottom,*,align='center',color,edgecolor,**kwargs)
```

该函数中的主要参数说明如下。

❑　x：array 类型，表示 x 轴的数据，无默认值。

❑　height：array 类型，表示柱形图的高度，即纵坐标值，无默认值。

❑　width：0～1 的浮点数，表示柱形图的宽度，默认值为 0.8。

❑　bottom：array 类型，可选参数，表示柱形图的起始位置，即 y 轴的起始坐标，默认值为 0。

❑　align：柱形图的对齐方式，取值为 center 或 edge，可选参数，默认值为 center（以 x 轴上所取数值为中心），edge 表示将条形的左边缘与 x 轴上所取数值对齐。

❑　color：特定 string 类型或者包含颜色字符串的数组，表示柱形图颜色，默认值为 None。

❑　edgecolor：特定 string 类型或者包含颜色字符串的数组，表示柱形图边框颜色，默认值为 None。

【例 6-8】绘制 2007—2016 年的全国就业人员、城镇就业人员和乡村就业人员的多数据系列柱形图，其中，全国就业人员（万人）用红色的柱形表示，城镇就业人员（万人）用绿色柱形表示，乡村就业人员（万人）用蓝色柱形表示。设置柱形图的文本显示格式、x 轴的标签和取值范围、y 轴的标签和取值范围、图表标题和图例如下。

【微课视频】

（1）设置文本显示格式为整数，水平居中。

（2）设置 x 轴标签为"年份"，y 轴标签为"人员"。

（3）设置 x 轴取值范围为 2007 年至 2016 年，y 轴取值范围为 30000 万人至 80000 万人。

（4）设置图表主标题为"2007—2016 年全国就业人员、城镇就业人员和乡村就业人员情况"，副标题为"单位：万人"。

（5）设置图例标签为"全国就业人员""城镇就业人员""乡村就业人员"，位置为正中。

编程思路如下。

首先导入数据，获取年份、全国就业人员（万人）、城镇就业人员（万人）和乡村就业人员（万人）等的列表数据；然后分别绘制全国就业人员、城镇就业人员和乡村就业人员数据的柱形图，并分别设置 3 个柱形图的颜色、文本显示格式、x 轴的标签和取值范围、y 轴的标签和取值范围、图表标题和图例等。

其示例代码 test6-8.py 如下。

```python
import numpy as np
import matplotlib.pyplot as plt
#导入数据
Emp_data= np.loadtxt('d:/data/Employedpopulation.csv',delimiter = ",",
                     usecols = (1,2,3,4,5,6,7,8,9,10),dtype = int)


# 设置 Matplotlib 正常显示中文和负号
plt.rcParams['font.sans-serif'] = ['SimHei']     # 用黑体显示中文
plt.rcParams['axes.unicode_minus'] = False       # 正常显示负号

#创建一个绘图对象，并设置对象的宽度和高度
fig = plt.figure(figsize = (10, 4))

#绘制全国就业人员柱形图
plt.bar(Emp_data[0],Emp_data[1], width = 0.35,color = 'red',
        edgecolor = 'white')
#绘制城镇就业人员柱形图
plt.bar(Emp_data[0]+0.35,Emp_data[2],width = 0.35,color = 'green',
        edgecolor = 'white')
#绘制乡村就业人员柱形图
plt.bar(Emp_data[0]+0.7,Emp_data[3], width = 0.35,color = 'blue',
        edgecolor = 'white')

# 对柱形图进行文本设置
X = Emp_data[0]
Y1 = Emp_data[1]
for x, y in zip(X, Y1):
    #文本位置 x+0.2，y+0.1，%i 表示显示格式为整数，ha 表示水平居中
    plt.text(x + 0.2, y + 0.1, '%i' % y, ha = 'center')

Y2 = Emp_data[2]
for x, y in zip(X, Y2):
    plt.text(x + 0.4, y + 0.3, '%i' % y, ha = 'center')

Y3 = Emp_data[3]
for x, y in zip(X, Y3):
    plt.text(x + 0.9, y + 0.05, '%i' % y, ha = 'center')

plt.xlabel('年份')          # 显示 x 轴标签
plt.ylabel('人员')          # 显示 y 轴标签
plt.ylim(30000, 80000)      # y 轴取值范围
# x 轴取值范围
new_tick = np.array([i for i in range(2007, 2017)])
plt.xticks(new_tick)
# 设置标题
plt.suptitle("2007—2016 年全国就业人员、城镇就业人员和乡村就业人员情况")
plt.title("单位：万人", fontsize = 10, loc = 'right')

# 设置图例
plt.legend(['全国就业人员', '城镇就业人员', '乡村就业人员'], loc = 'center')
```

```
# 保存、显示图表
plt.savefig('d:/data/test6-8.png')
plt.show()
```

运行程序后，显示的柱形图如图 6-7 所示。

图6-7　2007—2016年全国就业人员、城镇就业人员和乡村就业人员情况柱形图

6.5.3　绘制饼图

饼图（pie graph）用于将一个圆饼形区域按照分类的占比划分成多个区块（圆弧），整个圆饼形代表数据的总量，每个区块表示该分类占总体的比例大小，饼图中的数据点显示为整个饼图的百分比，所有区块的数值和等于 100%。饼图可以比较清楚地反映出部分与部分、部分与整体之间的比例关系，易于显示每组数据相对于总数的大小，而且显示方式直观。但是饼图不适用于多分类的数据，原则上一个饼图不可多于 9 个分类，因为随着分类的增多，每个切片会变得很小，从而使数据的对比意义减弱。另外，饼图也不适用于数据量大的场景和多变量的连续数据占比的可视化。

pyplot 中用于绘制饼图的函数为 pie()，其格式如下。

```
matplotlib.pyplot.pie(x,explode=None,labels=None,colors=None,autopct=None,
pctdistance=0.6,shadow=False,labeldistance=1.1,startangle=None,radius=None,
counterclock=True,wedgeprops=None,textprops=None,center=(0,0),frame=False,
rotatelabels=False,hold=None,data=None)
```

该函数中的主要参数说明如下。

- ❑　x：array 类型，表示用于绘制饼图的数据，无默认值。
- ❑　explode：array 类型，指定饼图各项距离饼图圆心的半径，默认值为 None。
- ❑　labels：array 类型，指定饼图各项的名称，即饼图的标签，默认值为 None。
- ❑　colors：特定 string 类型或者包含颜色字符串的数组，表示饼图颜色，默认值为 None。
- ❑　autopct：特定 string 类型，指定数值的显示方式，默认值为 None。
- ❑　pctdistance：float 类型，指定饼图各项所占比例的标签距离圆心的半径，默认值为 0.6。
- ❑　labeldistance：float 类型，指定饼图各项的名称距离圆心的半径，默认值为 1.1。
- ❑　startangle：float 类型，表示饼图起点从 x 轴逆时针旋转的角度，默认值为 0°。
- ❑　radius：float 类型，表示饼图的半径，默认值为 1。

【例 6-9】绘制 2016 年我国城镇就业人员和乡村就业人员的饼图。要求设置饼图的参数、图表标题如下。

（1）设置饼图的标签为"城镇就业人员"和"乡村就业人员"，数值显示为

【扫码看图】

【微课视频】

2 位小数的浮点数（%），各项距离圆心的半径都为 0.01，饼图起点从 *x* 轴顺时针旋转 90°。

（2）设置图表标题为 "2016 年我国城镇和乡村就业人员情况"。

编程思路如下。

首先导入数据，获取 2016 年我国城镇就业人员（万人）和乡村就业人员（万人）的数据；然后绘制饼图，并设置饼图的参数、图表标题等。

其示例代码 test6-9.py 如下。

```python
import numpy as np
import matplotlib.pyplot as plt
#导入数据
Emp_data= np.loadtxt('d:/data/Employedpopulation.csv',delimiter = ",",
                    usecols = (1),dtype = int)

# 设置Matplotlib正常显示中文和负号
plt.rcParams['font.sans-serif'] = ['SimHei']      # 用黑体显示中文
plt.rcParams['axes.unicode_minus'] = False        # 正常显示负号

#将数据赋值给X
X = [Emp_data[2],Emp_data[3]]
#创建一个绘图对象
plt.figure()
label = ['城镇就业人员','乡村就业人员']      #定义饼图的标签，标签是列表
explode = [0.01,0.01]                      #设定各项距离圆心的半径

#绘制饼图
plt.pie(X,explode = explode, labels = label,autopct = '%.2f%%',
        startangle = -90)

#添加标题
plt.title("2016年我国城镇和乡村就业人员情况")
plt.savefig('d:/data/test6-9.png')
plt.show()
```

运行程序后，显示的饼图如图 6-8 所示。

图6-8   2016年我国城镇和乡村就业人员情况饼图

6.5.4　绘制箱线图

箱线图（box plot）也称为箱须图、盒式图，能显示出一组数据的最大值、最小值、中位数、上四分位数和下四分位数等，可以用来反映一组或多组连续型定量数据分布的中心位置和散布范围，因形状如箱子而得名。图 6-9 所示为箱线图中每条线表示的含义。

【微课视频】

图6-9　箱线图中每条线表示的含义

箱线图利用数据中的 5 个统计量（最小值、下四分位数、中位数、上四分位数、最大值）来描述数据。它可以粗略地看出数据的对称性、分布的分散程度信息等，也可以用于对几个样本进行比较。

pyplot 中用于绘制箱线图的函数为 boxplot()，其格式如下。

```
matplotlib.pyplot.boxplot(x,notch=None,sym=None,
vert=None,whis=None,positions=None,widths=None,
patch_artist=None,bootstrap=None,usermedians=None,
conf_intervals=None,meanline=None,showmeans=None,showcaps=None,
showbox=None,showfliers=None,boxprops=None,labels=None,flierprops=None,
medianprops=None,meanprops=None,capprops=None,whiskerprops=None,
manage_xticks=True,autorange=False,zorder=None,hold=None,data=None)
```

该函数中的主要参数说明如下。

- ❑　x：array 类型，表示用于绘制箱线图的数据，无默认值。
- ❑　notch：bool 类型，表示中间箱体是否有缺口，默认值为 None。
- ❑　sym：特定 string 类型，指定异常点形状，默认值为 None。
- ❑　vert：bool 类型，表示图形是纵向还是横向，默认值为 None。
- ❑　positions：array 类型，表示图形位置，默认值为 None。
- ❑　widths：float 类型，表示每个箱体的宽度，默认值为 None。
- ❑　labels：array 类型，指定每一个箱线图的标签，默认值为 None。
- ❑　meanline：bool 类型，表示是否显示均线值，默认值为 False。

【例 6-10】对学生平时成绩、期末考试成绩和期末综合成绩的分布情况进行分析。要求采用箱线图进行数据可视化展示，并设置箱线图的标签、中间箱体是否有缺口和是否显示均线值、图表标题如下。

（1）设置箱线图的标签为"平时成绩""期末考试成绩""期末综合成绩"，中间箱体有缺口和显示均线值。

（2）设置图表标题为"学生成绩分布情况"。

编程思路如下。

首先从 score.csv 文件中获取学生平时成绩、期末考试成绩和期末综合成绩的数据；然后通过绘制箱线图展示学生成绩的分布情况，并设置箱线图的标签、中间箱体是否有缺口和是否显示均线值和图表标题等。

其示例代码 test6-10.py 如下。

```
import matplotlib.pyplot as plt
import numpy as np
#导入并获取数据
```

```
df = np.loadtxt('d:/data/score.csv',skiprows = 1,
                usecols = (1,2,3),delimiter = ",")

print(df)
plt.rcParams['font.sans-serif'] = ['SimHei']    # 用黑体显示中文
plt.rcParams['axes.unicode_minus'] = False      # 正常显示负号

#创建一个绘图对象
plt.figure()
#定义箱线图的标签，标签是列表
label = ['平时成绩','期末考试成绩','期末综合成绩']

#绘制箱线图
plt.boxplot(df,notch = True, labels = label,meanline = True)
#添加标题
plt.suptitle("学生成绩分布情况")
#保存图表、显示图表
plt.savefig('d:/data/test6-10.png')
plt.show()
```

运行程序后，显示的箱线图如图 6-10 所示。

图6-10　学生成绩分布情况箱线图

项目实践

1. 项目描述

根据国家统计局发布的 2010—2019 年国内旅游情况统计表，选取 2015—2019 年城镇居民游客人次和农村居民游客人次的数据，绘制 2015—2019 年城镇居民游客人次和农村居民游客人次的柱形图和折线图。在柱形图中，城镇居民游客人次用蓝色表示，农村居民游客人次用红色表示；在折线图中，城镇居民游客人次用蓝色的虚线 "：" 表示，农村居民游客人次用红色的实线 "-" 表示。要求设置 x 轴的标签和取值范围、y 轴的标签和取值范围、图表标题、脚注和图例如下。

（1）设置 x 轴标签为 "年份"，y 轴标签为 "国内游客人次"。

（2）设置 x 轴取值范围为 2014 年至 2020 年，y 轴取值范围为 1000 百万人次至 5000 百万人次。

（3）设置图表主标题为"2015—2019 年我国国内游客人次情况"，副标题为"单位：百万人次"。

（4）设置脚注为"数据来源：国家统计局"。

（5）设置图例标签为"城镇居民游客人次""农村居民游客人次"，设置位置为左上。

2. 项目设计思路

（1）从"十年期间国内旅游情况.csv"文件中选择 2015—2019 年城镇居民游客人次和农村居民游客人次的数据。

（2）设置 Matplotlib 正常显示中文和负号。

（3）创建绘图对象，分别绘制城镇居民游客人次和农村居民游客人次的柱形图，并在柱形图上设置文本数据显示。

（4）分别绘制城镇居民游客人次和农村居民游客人次的折线图。

（5）设置 x 轴的标签和取值范围、y 轴的标签和取值范围、图表标题、脚注和图例等。

3. 程序代码设计

示例代码 test6-11.py 如下。

```python
import numpy as np
import matplotlib.pyplot as plt

#导入数据，获取原始数据表中的 0、2、3 列数据
#这些数据分别对应年份、城镇居民游客人次、农村居民游客人次
df = np.loadtxt('d:/data/十年期间国内旅游情况.csv', skiprows = 1,
                usecols = (0,2,3),delimiter = ',')
print(df)
#获取 2015—2019 年的数据并转置
x = df[5:].T[0]
#获取 2015—2019 年镇居民游客人次数据并转置
y1 = df[5:].T[1]
#获取 2015—2019 年农村居民游客人次数据并转置
y2 = df[5:].T[2]

plt.rcParams['font.sans-serif'] = ['SimHei']   # 用黑体显示中文
plt.rcParams['axes.unicode_minus'] = False     # 正常显示负号

# 创建一个绘图对象
fig = plt.figure(figsize = (8, 6))
#绘制城镇居民游客人次的柱形图
plt.bar(x, y1, width = 0.35,color = 'blue', edgecolor = 'white')
#绘制农村居民游客人次的柱形图
plt.bar(x + 0.35, y2, width = 0.35,color = 'red', edgecolor = 'white')

#在柱形图上设置文本数据
for x_text,y_text in zip(x,y1):
    plt.text(x_text, y_text + 60,'%i' % y_text, ha = 'center')

for x_text,y_text in zip(x,y2):
```

```
    plt.text(x_text + 0.35, y_text + 60, '%i' % y_text, ha = 'center')
# 绘制城镇居民游客人次的折线图
plt.plot(x, y1, "b:")
# 绘制农村居民游客人次的折线图
plt.plot(x, y2, "r-")

plt.xlabel('年份')                  # 显示 x 轴标签
plt.ylabel('国内游客人次')          # 显示 y 轴标签
plt.ylim(1000, 5000)                # y 轴取值范围
plt.xlim(2014, 2020)                # x 轴取值范围
# 添加标题
plt.suptitle("2015—2019 年我国国内游客人次情况")
plt.title("单位：百万人次", fontsize = 10, loc = 'right')
# 添加脚注
fig.text(0.1, 0.02, s="数据来源：国家统计局")
#添加图例，设置图例位置（参数 loc）为左上
plt.legend(['城镇居民游客人次','农村居民游客人次'],loc = 'upper left')
plt.savefig('d:/data/test6-11.png')
plt.show()
```

运行程序后，显示的图表如图 6-11 所示。

图6-11　2015—2019年我国国内游客人次情况图表

【扫码看图】

本章小结

本章首先介绍了 Python 中免费的数据可视化工具 Matplotlib 的作用、安装与导入，然后介绍了如何运用 pyplot 创建图表、子图和动态配置 rc 参数，最后介绍了如何分析变量间关系（如绘制散点图和折线图），以及如何分析变量数据分布和分散状况（如绘制直方图、柱形图、饼图和箱线图）。

思考练习

简答题

（1）在 Python 中免费的、应用性较好的数据可视化工具有哪些？它们各有什么特点？

（2）Matplotlib 的作用是什么？它有什么优势？

（3）简述 Matplotlib 是如何实现绘图功能的。

（4）说明利用 pyplot 绘制图表的步骤。

（5）利用 Matplotlib 绘图前是否一定要先创建绘图对象？

（6）如何创建子图？

（7）如何动态配置 rc 参数？

（8）保存图表应在显示图表之前还是之后？

第 **7** 章

pandas数据分析基础

学习目标

① 了解 pandas 的作用。
② 掌握 pandas 的安装与导入方法。
③ 熟悉 pandas 数据结构。
④ 掌握 pandas 常用操作。
⑤ 掌握 pandas 索引机制。

⑥ 掌握 pandas 数据结构之间的相互运算。
⑦ 掌握 pandas 的函数运用。
⑧ 掌握数据读取与写入的方法。
⑨ 掌握数据分析的方法。

7.1 pandas 概述

pandas 是一个专门用于数据分析的开源 Python 库。pandas 是目前所有使用 Python 研究和分析数据集的专业人士在做相关统计分析和决策时都需要使用的、不可或缺的工具。

7.1.1 pandas 简介

pandas 最初是由韦斯·麦金尼（Wes McKinney）于 2008 年开发，并于 2009 年实现开源。目前，pandas 由专注于 Python 数据包开发的 PyData 团队进行日常的开发和维护工作。

【微课视频】

pandas 是以 NumPy 为基础进行设计的，因此 pandas 不仅能与其他大多数库兼容，还能借力 NumPy 强大的计算能力。因此，在数据分析中 pandas 和 NumPy 这两个库经常一起使用。另外，为了数据分析的需要，pandas 既不使用 Python 已有的内置数据结构，也不使用其他库的数据结构，而是专门设计了两种新型的数据结构，即 Series 和 DataFrame。使用这两种数据结构管理与 SQL 关系数据库和 Excel 工作表具有类似特征的数据会非常方便。由于 pandas 最初是作为金融数据分析工具而开发出来的，因此，pandas 为时间序列分析提供了很好的支持。根据开发 pandas 时提出的需求，pandas 的基本特点如下。

❑ 具有按轴自动显式数据对齐的数据结构，这可以防止因许多数据未对齐以及来自不同数据源（索引方式不同）的数据而导致的常见错误。

- 能集成时间序列数据。
- 既能处理时间序列数据，也能处理非时间序列数据。
- 数学运算和的简约（比如对某个轴求和）可以根据不同的元数据（轴编号）执行。
- 能灵活处理缺失数据。
- 能合并其他出现在常见数据库（例如基于 SQL）中的关系运算。

7.1.2 pandas 的测试、安装与导入

pandas 与 NumPy 的安装方法相同。在安装 pandas 之前，先要安装 Python。由于 pandas 是 Python 环境中的一个独立模块，在 Python 的默认安装环境下是未安装 pandas 的。

1. 测试 Python 环境中是否已安装 pandas

当 Python 安装完成后，在 Windows 操作系统下，按【Windows】+【R】组合键，打开"运行"对话框，在"打开"文本框中输入 python，按【Enter】键，进入 Python 交互式终端。在 Python 命令提示符>>>后输入 from pandas import *，按【Enter】键，导入 pandas 模块，如果在交互式终端窗口中出现 ModuleNotFound Error:No module named 'pandas'的错误提示，则需要安装 pandas，否则表明已安装 pandas。

2. 在 Windows 操作系统下安装 pandas 的方法

第 1 种安装方法如下。

在计算机连接互联网的情况下，按【Windows】+【R】组合键，打开"运行"对话框，在"打开"文本框中输入 pip install pandas，按【Enter】键，进入 pandas 模块安装界面，如图 7-1 所示，安装成功就会提示安装软件的版本信息。

图7-1 pandas模块安装界面

第 2 种安装方法如下。

（1）首先访问 Python 的第三方库网站，然后根据计算机上所安装的 Python 版本和操作系统版本来选择下载相应的 pandas 软件包。例如，在 Windows（64 位）操作系统下安装了 Python 3.10，则选择下载的 pandas 软件包为 pandas-1.4.3-cp310-cp310-win_amd64.whl。

（2）将下载的 pandas 软件包复制到 Python 安装目录的 Scripts 文件夹下。例如，Python 3.10 安装目录为 D:\python，则将下载的 pandas 软件包复制到 D:\python\Scripts 下。

（3）按【Windows】+【R】组合键，打开"运行"对话框，在"打开"文本框中输入 pip install D:\python\Scripts\pandas-1.4.3-cp310-cp310-win_amd64.whl，按【Enter】键，进入 pandas 模块安装界面。

（4）安装成功就会提示安装软件的版本信息。

3. 在 PyCharm 中安装 pandas 的方法

在 pandas 软件包安装成功后，打开 PyCharm，选择 File→Settings→Project pythonProject→Python Interpreter，单击 Python Interpreter 下拉列表框右边的 按钮，将会弹出上下文菜

单，选择 Add，则弹出创建虚拟环境对话框。在该对话框中选择 Existing Environment，单击 Interpreter 下拉列表框右边的 按钮，选择 D:\python\python.exe（即 Python 安装路径），单击 OK 按钮，添加好已存在的虚拟环境，单击 OK 按钮，装载安装好的 pandas 软件包，最后单击 Apply 按钮即可。

4. pandas 的导入方法

pandas 安装成功后，在编写代码时，首先需要导入 pandas。导入方法是使用 Python 中的导入模块语句，具体如下。

```
import pandas as pd
```

或者

```
from pandas import *
```

7.2   pandas 的数据结构及常用操作

pandas 的核心是 Series 和 DataFrame 两大数据结构，数据分析相关的所有事务都是围绕这两种数据结构进行的。其中，Series 数据结构用于存储一个序列的一维数组，而 DataFrame 数据结构则用于存储复杂的二维数组。

虽然这些数据结构不能解决所有的问题，但它们为大多数应用提供了有效且强大的工具，就简洁性而言，理解和使用它们都很简单。此外，很多更为复杂的数据结构都可以追溯到这两种数据结构。下面介绍 Series 和 DataFrame 对象及常用操作。

7.2.1   Series 对象及常用操作

Series 是一种类似于一维数组的对象，它是由一组数据（可以是 NumPy 中任意类型的数据）以及一组与之相关的数据标签组成的。Series 对象的内部结构是由两个相互关联的数组组成的，其中，用于存放数据（即值）的是 value 主数组，主数组的每个元素都有一个与之相关联的标签（即索引），这些标签存储在另外一个叫作 index 的数组中。

Series 的表现形式为索引在左边，值在右边。例如，Series 对象[2,4,-3,7]的内部结构如图 7-2 所示。

Series	
index	value
0	2
1	4
2	−3
3	7

1. 创建 Series 对象

（1）通过 Series()函数创建

Series()函数的格式如下。

【微课视频】

图7-2   Series 内部结构

```
pandas.Series(data[, index])
```

该函数中的参数说明如下。

❑   data：输入给 Series 构造器的数据，它可以是 NumPy 中任意类型的数据。

❑   index：Series 对象中数据的标签（即索引）。

创建过程：调用 Series()函数，把要存放在 Series 对象中的数据以数组形式传入，就能创建一个 Series 对象。例如，在 Jupyter Notebook 下输入下列代码。

```
In [1]: import pandas as pd
In [2]: se1 = pd.Series([2,4,-3,7])
```

此代码声明了一个 Series 对象 se1，输出 se1，可见第 1 列是标签，第 2 列是标签对应的元素。

```
In [3]: se1
Out[3]: 0    2
```

```
           1    4
           2   -3
           3    7
           dtype:int64
```

声明 Series 对象时，若不指定标签，pandas 默认使用从 0 开始依次递增的数值作为标签，此时，标签与 Series 对象中元素的索引（在数组中的位置）是一致的。但是，如果想对各个数据使用有特定意义的标签，就必须在调用 Series() 函数时，指定 index 参数，把存放有标签的数组赋值给 index。例如，设置标签的 Series 声明如下。

```
In [4]:  se2 = pd.Series([2,4,-3,7],index=['b','c','a','d'])
In [5]:  se2
 Out[5]:  b    2
          c    4
          a   -3
          d    7
          dtype: int64
```

（2）用 NumPy 数组或其他 Series 对象定义新的 Series 对象
① 用 NumPy 数组定义新的 Series 对象的代码如下。

```
In [6]:  import numpy as np
In [7]:  arr = np.array([2,3,4,5])
In [8]:  se3 = pd.Series(arr)
In [9]:  se3
 Out[9]:  0    2
          1    3
          2    4
          3    5
          dtype: int32
```

② 用其他 Series 对象定义新的 Series 对象的代码如下。

```
In [10]:  se4 = pd.Series(se2)
In [11]:  se4
 Out[11]:  b    2
           c    4
           a   -3
           d    7
           dtype: int64
```

▌**注意**▐

利用这两种方法创建的新 Series 对象中的元素不是原 NumPy 数组或 Series 对象元素的副本，而是对它们的引用。也就是说，这些对象是动态插入新 Series 对象中的。如果改变原对象元素的值，新 Series 对象中的这些元素也会发生变化。

（3）将字典转换为 Series 对象
如果数据存放在字典中，则字典中的一个键与值的映射关系可以被看成 Series 对象中的索引值到数据值的一个映射。因此，可以将字典直接转换为 Series 对象。其示例代码如下。

```
In [12]:  s_data = {'s_number':20171010, 'Normal':86, 'exam':90}
In [13]:  se5 = pd.Series(s_data)
In [14]:  se5
 Out[14]:  s_number    20171010
           Normal            86
```

```
          exam                      90
          dtype: int64
```

┃ 注意 ┃

将字典直接转换为 Series 对象后，当字典中的值发生变化时，转换为 Series 对象中的元素不会变化。同样，也可以将 Series 对象转换成字典。

---

2. 查看 Series 值和标签

通过 Series 的属性 values 和 index 可查看值和标签。

例如：通过 se2.values 查看值和 se2.index 查看标签。

3. 选择内部元素

Series 索引的工作方式类似于 NumPy 数组的索引的工作方式，只不过 Series 的索引值不只是整数。

（1）选择单个元素

若想获取 Series 对象的内部元素，把它看成普通的 NumPy 数组，指定索引即可。例如，se1[2] 获取的元素是-3。

或者指定位于索引位置处的标签。例如，se2['a'] 获取的元素也是-3。

（2）选择多个元素

通过 Series 索引的切片来选择多个元素时，切片"[起始值:终止值:步长]"所指定的元素是不包含终止值的元素，如果没有指定终止值，则终止值是包含 Series 最后索引的元素。其示例代码如下。

```
In  [15]: se1[0:2]
 Out[15]: 0    2
          1    4
          dtype: int64
```

或者可以使用元素对应的标签，只不过要把标签放在数组中。其示例代码如下。

```
In  [16]: se2[['a','d']]
 Out[16]: a   -3
          d    7
          dtype: int64
```

利用标签的切片来选择多个元素时，切片"[起始标签:终止标签]"所指定的元素是包含终止标签的元素，如果没有指定终止标签，则终止标签是包含 Series 最后标签的元素。其示例代码如下。

```
In  [17]: se6 = pd.Series([1,2,3,4],index=['a', 'b', 'c', 'd'])
In  [18]: se6['b':'c']
 Out[18]: b    2
          C    3
          dtype: int64
```

4. 给元素赋值

通过索引或标签选取元素后直接进行赋值。例如，se1[1]=1 或 se2['a']=0。

5. Series 对象的简单运算

pandas 是以 NumPy 为基础的，对数据结构而言，NumPy 数组中的许多操作都会保留到 Series 对象中，如根据条件筛选数据，再如适用于 NumPy 数组的算术运算符（如+、-、*、/）和其他数学函数等，也适用于 Series 对象。

（1）筛选元素

筛选元素就是根据条件筛选数据结构中的元素。例如，筛选 se1 中大于 3 的元素，其示例代码如下。

```
In  [19]:  se1[se1>3]
 Out[19]:  1    4
           3    7
           dtype: int64
```

（2）算术运算和数学函数

例如：se1*2、np.exp(se1)。

6.　Series 对象之间的运算

在 Series 对象之间进行运算时，Series 能够通过识别标签对齐不一致的数据，这就是 Series 运算时的自动对齐功能。例如，将 se1 与 se1[se1>3]相加，其示例代码如下。

```
In  [20]:  se1 += se1[se1>3]
In  [21]:  se1
 Out[21]:  0    NaN
           1    8.0
           2    NaN
           3    14.0
           dtype: float64
```

通过上述运算得到了一个新 Series 对象，其中只对标签相同的元素求和，其他只属于各自的 Series 对象的标签也被添加到新 Series 对象中，只不过它们的值为 NaN。

7.　NaN

一般来讲，NaN 表示数据有问题，必须对其进行处理，尤其是在进行数据分析时。从某些数据源抽取数据时遇到了问题，甚至是数据源缺失数据时，往往会产生这类数据。另外，在执行计算和函数运算时也会遇到这类数据。有关 NaN 的处理方法将会在 8.1.2 节中介绍。

尽管 NaN 是在数据有问题时产生的，但在 pandas 中可以定义这种类型的数据，并将它添加到 Series 等数据结构中。在创建数据结构时，可以为数组中元素缺失的项输入 np.NaN。

8.　统计 Series 对象的组成元素

Series 对象往往包含重复元素，因此，统计元素重复出现的次数和判断元素是否包含在 Series 对象中是常用的操作。

（1）统计元素重复出现的次数

统计 Series 对象包含多少个不同的元素，可使用 unique()函数返回一个由 Series 去重后的元素所组成的数组，但是数组中元素不会自动排序。其示例代码如下。

```
In  [22]:  se = pd.Series([5,1,4,1,2,2])
In  [23]:  se.unique()
 Out[23]:  array([5, 1, 4, 2], dtype=int64)
```

另外，可以使用 value_counts()函数，它不仅能返回各个不同的元素，而且能计算每个元素在 Series 中出现的次数。运行结果中左边是元素，右边是元素出现的次数。其示例代码如下。

```
In  [24]:  se.value_counts()
 Out[24]:  2    2
           1    2
           5    1
           4    1
           dtype: int64
```

（2）判断元素是否存在

使用 isin()函数可以判断给定的一列元素是否包含在 Series 对象中，如果给定的元素包含在 Series 中，isin()函数返回 True，否则返回 False。利用此函数可以筛选 Series 或 DataFrame 列中的数据。其示例代码如下。

```
In [25]: se.isin([0,2])
Out[25]: 0    False
         1    False
         2    False
         3    False
         4    True
         5    True
dtype: bool
```

7.2.2　DataFrame 对象及常用操作

DataFrame 数据结构与工作表（最常见的是 Excel 工作表）极为相似，其设计初衷是将 Series 的使用场景由一维扩展到多维。DataFrame 数据结构是由按一定顺序排列的多列数据组成的，各列的数据类型（如数值、字符串或布尔值等）可以不同。DataFrame 数据结构的特点如下。

❑　DataFrame 由行索引相同的一组列数据组成。

❑　DataFrame 是一个表格型的数据结构，每列值数据类型可以不同。

❑　DataFrame 常用于表达二维数据，也可表达多维数据。

❑　DataFrame 既有行索引（index），也有列索引（columns），其中行索引的数组与行相关，它与 Series 的索引数组相似，每个标签与标签所在行的所有元素相关联；而列索引包含一系列列标签，每个标签与一列数据相关联。

DataFrame 数据结构如图 7-3 所示。

DataFrame 还可以理解为一个由 Series 组成的字典，其中每一列的名称为字典的键，形成 DataFrame 列的 Series 作为字典的值。进一步来说，每个 Series 的所有元素映射到叫作 index 的标签数组。

行索引
index
0
1
2

列索引		
name	sex	age
张艳	False	18
李明	True	20
王勇	True	19

图7-3　DataFrame数据结构

1. 创建 DataFrame 对象

使用 DataFrame()函数可创建 DataFrame 对象。DataFrame()函数的格式如下。

```
pandas.DataFrame(data[,index[,columns]])
```

该函数中的参数说明如下。

【微课视频】

❑　data：输入给 DataFrame 构造器的数据，如表 7-1 所示。

❑　index：DataFrame 对象中行索引的标签。

❑　columns：DataFrame 对象中列索引的标签。

表 7-1　输入给 DataFrame 构造器的数据

类型	说明
二维 ndarray	数据矩阵，还可以传入行索引的标签和列索引的标签
由数组、列表或元组组成的字典	每个序列会变成 DataFrame 的一列，所有序列的长度必须相同
NumPy 的结构化/记录数组	类似于"由数组组成的字典"

续表

类型	说明
由 Series 组成的字典	每个 Series 会组成一列，如果没有显式指定索引，则各 Series 的索引会被合并成结果的行索引
由字典组成的字典	各内层字典会成为一列。键会被合并成结果的行索引，与"由 Series 组成的字典"的情况一样
字典或 Series 的列表	各项将会成为 DataFrame 的一行。字典键或 Series 索引的并集将会成为 DataFrame 的列标
由列表或元组组成的列表	类似于"二维 ndarray"
另一个 DataFrame	该 DataFrame 的索引将会被沿用，除非显式指定了其他索引
NumPy 的 MaskedArray	类似于"二维 ndarray"，只是掩码值在 DataFrame 会变成 NaN

（1）用字典创建 DataFrame 对象

创建 DataFrame 对象常用的方法是传递一个字典对象给 DataFrame()函数。字典对象以每一列的名称作为键，每个键都有一个数组、列表或元组作为值。

例如，创建一个包含学生姓名、性别和年龄的 DataFrame 对象。首先创建一个字典对象，然后将字典对象传入 DataFrame()函数。在 Jupyter Notebook 下输入下列代码。

```
In [1]: import pandas as pd
In [2]: dt = {'name':['张艳','李明','王勇'],'sex':['False','True',
            'True'],'age':[18,20,19]}
In [3]: df = pd.DataFrame(dt)
In [4]: df
Out[4]:
        name   sex    age
     0  张艳   False    18
     1  李明   True     20
     2  王勇   True     19
```

如果只需要用字典对象中的部分列来创建 DataFrame 对象，可通过 columns 参数指定字典对象列名，其示例代码如下。

```
In [5]: df = pd.DataFrame(dt,columns=['name','age'])
In [6]: df
Out[6]:
        name  age
     0  张艳   18
     1  李明   20
     2  王勇   19
```

DataFrame 对象与 Series 对象相同，如果 index 参数没有指定标签，pandas 也会自动为其添加一列从 0 开始的数值作为行索引的标签。如果想用标签作为 DataFrame 的行索引，则要将标签放到数组中，赋值给 index 参数，其示例代码如下。

```
In [7]: df = pd.DataFrame(dt,index=['a','b','c'],columns=
                         ['name','age'])
In [8]: df
Out[8]:
        name  age
     a  张艳   18
     b  李明   20
     c  王勇   19
```

（2）用嵌套字典创建 DataFrame 对象

嵌套字典是 Python 广泛使用的数据结构，例如用嵌套字典表示学生姓名和年龄。

```
dt = {'name':{'a':'张艳','b':'李明','c':'王勇'},'age':{'a':18,'b':20}}
```

如果将这种数据结构直接作为参数传递给 DataFrame()函数，pandas 就会将外部的键解释成列名称，将内部的键解释为用作索引的标签。

解释嵌套结构时，可能并非所有的位置都有相应的元素存在，pandas 会用 NaN 填充缺失的元素，其示例代码如下。

```
In  [9]: dt = {'name':{'a':'张艳','b':'李明','c':'王勇'},'age':
               {'a':18,'b':20}}
In  [10]: df= pd.DataFrame(dt)
Out[10]: df
            name    age
         a  张艳    18.0
         b  李明    20.0
         c  王勇    NaN
```

（3）用二维数组创建 DataFrame 对象

利用 numpy.arange(8).reshape(2,4)创建 2 行 4 列的二维数组，然后将其传递给 DataFrame()函数，可创建一个新 DataFrame 对象，其示例代码如下。

```
In  [11]: import numpy as np
In  [12]: df = pd.DataFrame(np.arange(8).reshape(2,4))
In  [13]: df
Out[13]:
            0  1  2  3
         0  0  2  2  3
         1  4  5  6  7
```

（4）用由 Series 组成的字典创建 DataFrame 对象

将由 Series 组成的字典传递给 DataFrame()函数，也可创建一个新的 DataFrame 对象。例如，创建一个产品价格表的 DataFrame 对象，其示例代码如下。

```
In  [14]: dt = {'product':pd.Series(['电视机','空调','洗衣机',
               '计算机']),'price':pd.Series([2300,1980,780])}
In  [15]: df = pd.DataFrame(dt)
In  [16]: df
Out[16]:
            product  price
         0  电视机   2300.0
         1   空调    1980.0
         2  洗衣机    780.0
         3  计算机     NaN
```

从运行结果可知，DataFrame 的每个列是由各个 Series 组成的，DataFrame 的行索引是由各个 Series 的索引合并组成的。与用嵌套字典创建 DataFrame 对象相同，在解释 Series 数据结构时，可能并非所有的位置都有相应的元素存在，pandas 会用 NaN 填充缺失的元素。

2. 利用 DataFrame 属性选择元素

（1）选择所有列的名称和索引列表

DataFrame 属性有 index 和 columns，调用 columns 属性可获取 DataFrame 对象所有列的名称，而要获取 DataFrame 的索引列表，则调用 index 属性即可，

【微课视频】

其示例代码如下。

```
In  [17]:  df.columns
Out[17]:  Index(['product', 'price'], dtype='object')
In  [18]:  df.index
Out[18]:  RangeIndex(start=0, stop=4, step=1)
```

（2）选择所有的元素

如果想获取存储在数据结构中的元素，可使用 values 属性获取所有的元素，其示例代码如下。

```
In  [19]:  df.values
Out[19]:  array([['电视机', 2300.0],
                 ['空调', 1980.0],
                 ['洗衣机', 780.0],
                 ['计算机', NaN]], dtype=object)
```

（3）选择一列元素

如果想选择一列元素，可把这一列的名称作为索引，或者用列名称作为 DataFrame 对象的属性，其示例代码如下。

```
In  [20]:  df['price']
Out[20]:  0    2300.0
          1    1980.0
          2     780.0
          3       NaN
          Name: price, dtype: float64
In  [21]:  df.price
```

df.price 和 df['price']的输出结果相同，返回值为 Series 对象的 price 列的内容。

（4）选择一行元素

如果想选择一行元素，利用 iloc 属性和行的索引值就能实现。例如，获取产品价格表第 2 行数据，其示例代码如下。

```
In  [22]:  df.iloc[1]
Out[22]:  product      空调
          price      1980
          Name: 1, dtype: object
```

返回值同样是一个 Series 对象，其中列的名称变为索引数组的标签，而列中的元素变为 Series 数据部分。

（5）选择多行元素

利用 iloc 属性和一个数组的切片来指定 DataFrame 对象的索引列表的取值范围，从而可选择多行元素。例如，选择产品价格表的 DataFrame 对象中第 1 行和第 3 行元素，其示例代码如下。

```
In  [23]:  df.iloc[0:4:2]
Out[23]:
              product    price
          0   电视机       2300.0
          2   洗衣机        780.0
```

其中，iloc[0:4:2]属性中数组切片 0:4:2 表示起始值是 0，终止值是 4（不包含 4），步长是 2，所取行数是 0 和 2。

（6）选择 DataFrame 对象中的一个元素或一个范围内的元素

如果想获取存储在 DataFrame 对象中的一个元素，需要依次指定元素所在的列名称、行的索引值或标签。例如，用 df['product'][1]可选择产品价格表中产品名称为"空调"的元素。

如果想获取存储在 DataFrame 对象中某个范围内的元素，可用切片方式指定元素所在的列名称的范围和行的索引值或标签的范围。例如，用 df['product'][1:3]可选择产品价格表中产品名称为"空调"和"洗衣机"的元素。

3. 给 DataFrame 赋值

（1）指定行索引标签和列索引标签

前面讲过，使用 index 属性可以指定 DataFrame 中的索引数组，使用 columns 属性可以指定包含列名称的行，而使用 name 属性，通过对一个 DataFrame 对象进行 df 设置（df.index.name 和 df.columns.name）就可以为 DataFrame 指定行索引标签和列索引标签。例如，对产品价格表指定行索引标签和列索引标签，其示例代码如下。

```
In [24]: df.index.name = 'id'
In [25]: df.columns.name = 'item'
In [26]: df
Out[26]:
        item product price
         id
         0   电视机  2300.0
         1    空调  1980.0
         2   洗衣机   780.0
         3   计算机    NaN
```

（2）添加一列元素

为 DataFrame 对象添加一列元素的方法就是指定 DataFrame 对象新列的名称，并为其赋值。例如，为产品价格表增加一个折扣率（discount）列，示例代码如下。

```
In [27]: df['discount']=[0.9,0.85,0.95,1]
In [28]: df
Out[28]:
        item product   price  discount
         id
         0   电视机  2300.0      0.90
         1    空调  1980.0      0.85
         2   洗衣机   780.0      0.95
         3   计算机    NaN      1.00
```

或者用 insert()函数在指定位置添加一列元素。例如，在折扣率列后面，添加一列价格（price）乘以折扣率（discount）的实际价格（Actual_price）列，其示例代码如下。

```
In [29]: df.insert(3,'Actual_price',df['price']*df['discount'])
In [30]: df
Out[30]:
        item  product    price  discount   Actual_price
         id
         0    电视机   2300.0     0.90        2070.0
         1     空调   1980.0     0.85        1683.0
         2    洗衣机    780.0     0.95         741.0
         3    计算机     NaN     1.00          NaN
```

（3）添加一行元素

可以使用 loc 属性为 DataFrame 对象添加一行元素，并为此行元素赋值。例如，为产品价格表增加一个手机产品的价格（price）行，其示例代码如下。

```
In  [31]: df.loc['add_row'] = ['手机',1900,1,1900]
In  [32]: df
 Out[32]:
              item product    price  discount   Actual_price
              id
              0    电视机    2300.0    0.90        2070.0
              1    空调      1980.0    0.85        1683.0
              2    洗衣机    780.0     0.95        741.0
              3    计算机    NaN       1.00        NaN
          add_row  手机      1900.0    1.00        1900.0
```

（4）修改一行元素

修改 DataFrame 对象中的一行元素，只需要使用 loc 属性指定 DataFrame 对象中的行索引，并为此行元素赋值即可。例如，修改产品价格表中计算机一行的数据，其示例代码如下。

```
In  [33]: df.loc[3] = ['计算机',4500,1,4500]
In  [34]: df
 Out[34]:
              item product    price  discount   Actual_price
              id
              0    电视机    2300.0    0.90        2070.0
              1    空调      1980.0    0.85        1683.0
              2    洗衣机    780.0     0.95        741.0
              3    计算机    4500.0    1.00        4500.0
          add_row  手机      1900.0    1.00        1900.0
```

（5）修改一列元素或一个元素

修改 DataFrame 对象中的一列元素，只要指定 DataFrame 对象中的列名称，将要更新的一列元素存放到数组中，然后将此数组赋值给这一列即可。例如，修改产品价格表中的价格为新价格[3000,2300,560,5600,1880]，其示例代码如下。

```
In  [35]: df['price']=[3000,2300,560,5600,1880]
In  [36]: df
 Out[36]:
              item product    price  discount   Actual_price
              id
              0    电视机    3000      0.90        2070.0
              1    空调      2300      0.85        1683.0
              2    洗衣机    560       0.95        741.0
              3    计算机    5600      1.00        4500.0
          add_row  手机      1880      1.00        1900.0
```

修改一个元素，只需要选择该元素，直接给其赋值即可。例如 df['discount'][1]=0.96。

4. 删除元素

（1）使用 del 命令删除一列元素

如果要删除一列元素，可以使用 del 命令。例如，删除产品价格表中的实际价格列，其示例代码如下。

```
In  [37]: del df['Actual_price']
In  [38]: df
 Out[38]:
```

```
          item  product   price   discount
          id
          0     电视机    3000    0.90
          1     空调      2300    0.85
          2     洗衣机    560     0.95
          3     计算机    5600    1.00
          add_row 手机    1880    1.00
```

（2）使用 pop()函数删除一列元素

使用 pop()函数可以将所选列从原数据中删除，原数据不再保留该列。例如，使用 pop()函数删除折扣率列，其示例代码如下。

```
In  [39]: df.pop('discount')
Out[39]:  id
          0      0.90
          1      0.85
          2      0.95
          3      1.00
          add_row 1.00
          Name: discount, dtype: float64
```

（3）使用 drop()函数删除一列元素或删除一行元素

在 drop()函数中有两个参数。一个参数是 axis，当参数 axis=1 时，则删除列元素；当 axis=0 时，则删除行元素。还有一个参数是 inplace，当 inplace 为 True 时，drop()函数执行内部删除，不返回任何值，原数据发生变化；当 inplace 为 False 时，原数据不会发生变化，只是将输出的新变量删除。例如，先添加 1 列折扣率列，然后用 drop()函数设置参数 axis=1 和 inplace=True 以删除折扣率的列元素，其示例代码如下。

```
In  [40]: df['discount']=0.94
In  [41]: df.drop(['discount'],axis=1,inplace=True)
```

如果要删除一行，则设置 axis=0，并指定删除的行索引或行标签。例如，删除行标签为 add_row 的一行元素，其示例代码如下。

```
In  [42]: df.drop(['add_row'],axis=0,inplace=True)
```

如果要删除多行，除了设置 axis=0，还要指定删除的行索引或行标签。例如，删除第 1 行和第 3 行元素，其示例代码如下。

```
In  [43]: df.drop([0,2],axis=0,inplace=True)
```

5. 筛选元素

对于 DataFrame 对象，也可以通过指定条件来筛选元素。例如，筛选出产品价格表中价格大于 2000 元的产品信息，其示例代码如下。

【微课视频】

```
In  [44]: df[df['price']>2000]
Out[44]:
          item  product  price
          id
          0     电视机    3000
          1     空调      2300
          3     计算机    5600
```

例如，筛选出产品价格表中所有元素都小于 2000 元的产品信息，其示例代码如下。

```
In  [45]: df[df<2000]
Out[45]:
```

```
      item  product   price
      id
      0     电视机     NaN
      1     空调       NaN
      2     洗衣机     560
      3     计算机     NaN
```

返回的 DataFrame 对象中只包含满足条件的数字，各元素的位置保持不变，其他不符合条件的元素替换成 NaN。

6. 判断元素是否存在

使用 isin()函数可以判断给定的一列元素是否包含在 DataFrame 中，如果给定的元素包含在 DataFrame 中，isin()函数返回 True，否则返回 False。利用此函数可以筛选 DataFrame 列中的数据。例如判断产品价格表中是否存在"计算机"和 2300 这两个元素，并返回满足条件的元素，其示例代码如下。

```
In [46]: df[df.isin(['计算机',2300])]
Out[46]:
         item    product    price
         id
         0       NaN        NaN
         1       NaN        2300.0
         2       NaN        NaN
         3       计算机     NaN
```

7. DataFrame 转置

DataFrame 数据结构类似于表格数据结构，在处理表格数据时，经常会将列变成行，行变成列，即转置。pandas 提供了一种简单的转置方法，就是通过调用 T 属性获得 DataFrame 对象的转置形式。例如，将产品价格表进行转置操作，其示例代码如下。

```
In [47]: df.T
Out[47]:
             id        0       1       2        3
             item
             product   电视机   空调    洗衣机   计算机
             price     3000    2300    560      5600
```

7.3　pandas 的索引

7.3.1　Index 对象

pandas 的两种数据结构 Series 和 DataFrame 都是具备索引的。在创建 pandas 的两种数据结构时，可以通过 index 参数指定标签或行索引。pandas 的索引对象负责管理轴标签和其他元数据（如轴名称等）。在创建 Series 或 DataFrame 的时候，所用到的任何数组或其他序列的标签都会被转换成一个 Index 对象。

与 pandas 数据结构（Series 和 DataFrame）中其他元素不同的是，Index 对象是不可修改的（immutable），一旦声明，它就不能改变。当不同数据结构共用 Index 对象时，该特性能够保证数据的一致性和安全性。

pandas 中主要的 Index 对象如表 7-2 所示。

表 7-2　pandas 中主要的 Index 对象

类型	说明
Index	最泛化的 Index 对象，轴标签是一个由 Python 对象组成的 NumPy 数组
Int64Index	针对整数的特殊 Index 对象
MultiIndex	"层次化" Index 对象，表示单个轴上的多层索引，可以看作由元组组成的数组
DatetimeIndex	存储纳秒级时间戳（用 NumPy 的 datatime64 类型表示）
PeriodIndex	针对 Period 数据（时间间隔）的特殊 Index 对象

7.3.2　Index 对象的属性和方法

每个 Index 对象都有一些属性和方法，这些属性和方法可用于设置逻辑关系或者回答有关该 Index 对象所包含的数据的常见问题。

1. 获取 Index 对象

利用 Index 属性可以获取 Index 对象。例如，获取产品价格表的 DataFrame 数据结构转置后的 Index 对象，其示例代码如下。

```
In  [48]:  index = df.T.Index
In  [49]:  index
 Out[49]:  Index(['product', 'price'], dtype='object', name='item')
```

2. 索引切片

Python 对索引的切片与 Python 对列表的切片是相同的，即 index[起始值:终止值:步长]。

3. 判断索引是否属于 Index 对象

in 运算符可用于判断索引是否属于 Index 对象。例如，首先创建一个 Index 对象，再创建 Series 对象，在该对象中通过 index 参数引用 Index 对象，然后利用 in 运算符判断'a'索引是否属于 Index 对象，其示例代码如下。

```
In  [1]:  #创建一个 Index 对象
In  [2]:  import pandas as pd
In  [3]:  index = pd.Index(['a','b','c'])
In  [4]:  se1 = pd.Series([0,1,2],index=index)
In  [5]:  'a' in index
 Out[5]:  True
```

4. 连接两个 Index 对象

利用 append()函数连接另一个 Index 对象，可产生一个新的 Index 对象。例如，创建两个 Index 对象 index1 和 index2，然后将它们连接成一个新的 Index 对象，其示例代码如下。

```
In  [6]:  #创建两个 Index 对象
In  [7]:  index1 = pd.Index(['a','b','c'])
In  [8]:  index2 = pd.Index(['c','d','b','e'])
In  [9]:  #连接两个 Index 对象
In  [9]:  index3 = index1.append(index2)
In [10]:  index3
Out[10]:  Index(['a', 'b', 'c', 'c', 'd', 'b', 'e'], dtype='object')
```

5. 计算差集

利用 difference()函数可计算差集，其示例代码如下。

```
In  [11]:  #计算两个 Index 对象的差集
In  [12]:  index3 = index1.difference(index2)
In  [13]:  index3
 Out[13]:  Index(['a'], dtype='object')
```

6. 计算交集
利用 intersection()函数可计算交集，其示例代码如下。

```
In [14]:  #计算两个 Index 对象的交集
In [15]:  index3 = index1.intersection (index2)
In [16]:  index3
 Out[16]:  Index(['b', 'c'], dtype='object')
```

7. 计算并集
利用 union()函数可计算并集，其示例代码如下。

```
In [17]:  #计算两个 Index 对象的并集
In [18]:  index3 = index1.union(index2)
In [19]:  index3
 Out[19]:  Index(['a', 'b', 'c', 'd', 'e'], dtype='object')
```

8. 判断索引是否存在
利用 isin()函数可判断一个索引对象是否在另一个索引对象中，返回一个 bool 类型的数组，其示例代码如下。

```
In [20]:  index3 = index1.isin(index2)
In [21]:  index3
 Out[21]:  array([False, True, True])
```

9. 删除索引
利用 delete()函数可以删除指定位置索引，返回一个新的索引对象，其示例代码如下。

```
In [22]:  index1 = pd.Index(['a','b','c','d','e','f','g'])
In [23]:  index = index1.delete([0,3,6])
In [24]:  index
 Out[24]:  Index(['b', 'c', 'e', 'f'], dtype='object')
```

10. 插入元素
利用 insert()函数可以将元素插入指定索引位置，返回一个新索引对象，其示例代码如下。

```
In [25]:  index = index1.insert(1,'h')
In [26]:  index
 Out[26]:  Index(['a', 'h', 'b', 'c', 'd', 'e', 'f', 'g'], dtype='object')
```

11. 判断索引对象中是否存在重复值
利用 is_unique 可判断索引对象中是否包含重复值，若包含重复值则返回 False，若不包含则返回 True，其示例代码如下。

```
In [27]:  index1 = pd.Index(['a','b','c','a'])
In [28]:  index1.is_unique
 Out[28]:  False
In [29]:  index2 = pd.Index(['a','b','c'])
In [30]:  index2.is_unique
 Out[30]:  True
```

12. 筛选出 Index 对象去重后的元素
利用 unique()函数可以筛选出 Index 对象去重后的元素，组成一个新的 Index 对象，其示例代码如下。

```
In [31]:  index1 = pd.Index(['a','b','a'])
In [32]:  index1.unique()
 Out[32]:  Index(['a', 'b'], dtype='object')
```

13. 判断递增或递减
利用 is_monotonic 或 is_monotonic_increasing 可以判断 Index 对象中的元素是不是递增

的，而利用 is_monotonic_decreasing 则可以判断 Index 对象中的元素是不是递减的，其示例代码如下。

```
In [33]: index1 = pd.Index(['a','b','c'])
In [34]: index1.is_monotonic_increasing
Out[34]: True
In [35]: index2 = pd.Index(['c','b','a'])
In [36]: index2.is_monotonic_decreasing
Out[36]: True
```

7.3.3　重新索引

【微课视频】

reindex()函数是 pandas 中的一个重要函数，其作用是创建一个适应新索引的新对象。例如定义一个 Series 对象为 se1 = pd.Series([1,4,-1,2],index=['a','e','d', 'c'])，现在调用 Series 对象的新索引 se1.reindex(['a','b','c','d','e'])，此时，se1 中的元素将会根据新索引进行重排，如果某个索引值当前不存在，就引入缺失值 NaN，其示例代码如下。

```
In [37]: se1 = pd.Series([1,4,-1,2],index=['a','e','d','c'])
In [38]: se1.reindex(['a','b','c','d','e'])
Out[38]: a     1.0
         b     NaN
         c     2.0
         d    -1.0
         e     4.0
         dtype: float64
```

如果是类似于时间序列的有序数据，重新索引时可能需要做一些插值处理。在 reindex()函数中，参数 method 就是说明插值填充方式的。reindex()函数的格式如下。

```
obj.reindex(index[,method [,columns[,fill_value[,limit[,level[,copy]]]]]])
```

该函数中的参数说明如下。

❑　index：用作索引的新序列，既可以是 Index 实例，也可以是其他序列型的 Python 数据结构。Index 会被完全使用，就像没有任何复制一样。

❑　method：插值填充方式，ffill 或 pad 表示向前填充（或搬运）值，bfill 或 backfill 表示向后填充（或搬运）值。

❑　fill_value：在重新索引过程中，需要引入缺失值时使用的替代值。

❑　limit：向前或向后填充时的最大填充量。

❑　level：在 MultiIndex 的指定级别上匹配简单索引，否则选取其子集。

❑　copy：默认值为 True，表示无论如何都复制；如果为 False，则表示不复制。

【例 7-1】利用 reindex()函数重新定义 Series 和 DataFrame 的索引及顺序。

其示例代码 test7-1.py 如下。

```
import numpy as np
from pandas import DataFrame,Series
print('重新指定索引及顺序')
se1 = Series([2.1, 4.3, -1.6], index = ['c', 'e', 'a'])
print(se1)


# 指定不存在元素的默认值为 0
print(se1.reindex(['a', 'b', 'c', 'd', 'e'], fill_value = 0))
print('重新指定索引，并指定填充元素的方法')
```

```
se2 = Series(['20170101', '20170102', '20170104'], index = [0, 2, 4])
print(se2.reindex(range(6), method = 'ffill'))
print('对 DataFrame 重新指定索引')
df1 = DataFrame(np.arange(12).reshape(3, 4),index = ['a', 'c', 'd'],
                columns = ['item1', 'item2', 'item3','item4'])
print(df1)
# 指定不存在元素的默认值为 0
df2 = df1.reindex(['a', 'b', 'c', 'd'],fill_value = 0)
print(df2)
print('重新指定 columns')
states = ['col1', 'item2', 'item3']
print(df1.reindex(columns = states))


print('对 DataFrame 重新指定索引，并指定填充元素的方法')
print(df1.reindex(index = ['a', 'b', 'c', 'd'],method = 'ffill',
                  columns = states))
```

7.3.4　层级索引

pandas 的两种数据结构 Series 和 DataFrame 分别用于处理一维数据和二维数据。但是在实际应用中经常会遇到多维数据的情况，为了处理多维数据，可使用层级索引，将高维数据转化为类似一维 Series 和二维 DataFrame 对象的形式。

层级索引就是对索引进行层次化分类，该索引既可以是行索引，也可以是列索引。层级索引是 pandas 的一项重要功能，它能在一个轴上拥有多个（两个以上）索引级别。利用层级索引可实现以低维度形式处理高维度数据的功能。

1. 创建层级索引

（1）创建 Series 的层级索引

常用的方法就是给 Series() 函数的 index 参数传递两个数组。例如，创建一个由整数与文字组成的层级索引，其示例代码如下。

```
In  [1]: import pandas as pd
In  [2]: se=pd.Series(['电视机',2300,'空调',1980],index=[[1,1,2,2],
                      ['product','price','product','price']])
In  [3]: se
 Out[3]: 1  product    电视机
            price     2300
         2  product    空调
            price     1980
         dtype: object
```

（2）创建 DataFrame 的层级索引

① 隐式构造层级索引

常用的方法就是给 DataFrame() 函数的 index 或 columns 参数传递两个或两个以上的数组。例如，创建一个包含品牌、产品类型、价格和折扣率的产品信息 DataFrame 对象，该 DataFrame 对象的行索引中就包含品牌与产品类型的层级索引，其示例代码如下。

```
In  [4]: import numpy as np
In  [5]: from pandas import DataFrame,Series
In  [6]: data = np.array([[2300,1.00],[1980,1.00],[3600,0.96],[2100,0.98]])
```

```
In [7]:  df = DataFrame(data,columns=['价格','折扣率'],
                        index=[['格力','格力','TCL','TCL'],
                               ['电视机','空调','电视机','空调']])
In [8]: df
 out[8]:            价格  折扣率
         格力  电视机 2300.0  1.00
             空调 1980.0  1.00
         TCL  电视机 3600.0  0.96
             空调 2100.0  0.98
```

层级索引（MultiIndex）继承于 Index，是多级索引的对象。MultiIndex 有 levels 和 labels 两个属性。levels 表示每个层级中分别有哪些标签，labels 是每个标签的索引。用 levels 属性可获取索引中每一级的标签，而用 labels 属性可获取标签的索引。还可以使用 get_loc()函数和 get_indexer()函数来获取单个和多个标签的索引。

以产品信息 DataFrame 对象 df 为例，获取 df 标签的索引，其示例代码如下。

```
In  [9]: mindex = df.index    #MultiIndex 对象
In [10]: mindex[0:4]
Out[10]: MultiIndex(levels=[['TCL','格力'],['电视机','空调']],
                    labels=[[1, 1, 0, 0], [0, 1, 0, 1]])
In [11]: mindex.levels[0]
Out[11]: Index(['TCL','格力'], dtype='object')
In [12]: mindex.labels[0]
Out[12]: FrozenNDArray([1, 1, 0, 0], dtype='int8')
In [13]: mindex.get_loc(('格力','电视机'))
Out[13]: 0
In [14]: mindex.get_indexer([('格力','电视机'),('TCL','空调'),'nothing'])
Out[14]: array([ 0,  3, -1], dtype=int64)
```

② 显式构造 pd.MultiIndex

显式构造 pd.MultiIndex 就是使用以 from_开头的 MultiIndex 类函数，从特定的数据结构创建 MultiIndex 对象。以创建产品信息的层级索引为例，其示例代码如下。

❑ 使用 from_arrays()函数，从多个数组创建 MultiIndex 对象。

```
df_arrays = DataFrame(data,columns=['价格','折扣率'],
    index=pd.MultiIndex.from_arrays([['格力','格力','TCL','TCL'],
                                    ['电视机','空调','电视机','空调']]))
```

❑ 使用 from_tuples()函数，从多个元组创建 MultiIndex 对象。

```
df_tuples = DataFrame(data,columns=['价格','折扣率'],
        index=pd.MultiIndex.from_tuples([('格力','电视机'),
            ('格力','空调'),('TCL','电视机'),('TCL','空调')]))
```

❑ 使用 from_product()函数，利用多个集合的笛卡儿积创建 MultiIndex 对象。

```
df_product = DataFrame(data,columns=['价格','折扣率'],
        index=pd.MultiIndex.from_product([['格力','TCL'],
                                        ['电视机','空调']]))
```

2. 层级索引对象的元素选择

（1）Series 的元素选择

通过方括号索引和切片操作或使用 loc()函数与 iloc()函数能获取单个或多个元素，其示例代码如下。

```
In  [15]: se[[2,'price']]
Out[15]: 2  product    空调
             price      1980
         dtype: object
In  [16]: se[2]['price']
Out[16]: 1980
In  [17]: se.iloc[1:2]
Out[17]: 1  price    2300
         dtype: object
```

（2）DataFrame 的元素选择

① 直接使用列名称选择 1 列元素，例如 df['价格']，表示选择"价格"这 1 列元素。

② 使用方括号或 iloc()函数的切片操作可选择 1 行或多行元素。如 df[0:1]与 df.iloc[0:1]选择的是行索引为"0"的这 1 行元素，而 df[0:3]与 df.iloc[0:3]选择的是行索引为"0""1""2"的这 3 行元素。

③ 使用行索引切片和列名称组合可选择某个范围的元素，如 df[0:2]['价格']。

其示例代码如下。

```
In  [18]: df['价格']
Out[18]: 格力  电视机    2300.0
             空调      1980.0
         TCL  电视机    3600.0
             空调      2100.0
         Name: 价格, dtype: float64
In  [19]: df[0:1]
Out[19]:
                        价格    折扣率
         格力  电视机  2300.0      1.0
In  [20]: df[0:2]['价格']
Out[20]: 格力  电视机  2300.0
             空调    1980.0
         Name: 价格, dtype: float64
```

3. 调整层级索引间的顺序

首先指定层级索引中每一层索引的名称，然后使用 swaplevel()函数来调整层级索引间的顺序，其示例代码如下。

```
In  [21]: df.index.names = ['key1','key2']
In  [22]: df.swaplevel('key1','key2')
Out[22]:
                        价格  折扣率
         key2  key1
         电视机  格力    2300.0  1.00
          空调  格力    1980.0  1.00
         电视机  TCL   3600.0  0.96
          空调  TCL   2100.0  0.98
```

4. 对某级别索引排序

使用 sort_index()函数来实现对某级别索引的排序，其示例代码如下。

```
In  [23]: df.sort_index(level=1)
Out[23]:
```

```
                            价格   折扣率
         key1    key2
         TCL    电视机    3600.0   0.96
         格力    电视机    2300.0   1.00
         TCL    空调      2100.0   0.98
         格力    空调      1980.0   1.00
```

5. 根据某级别索引进行汇总

使用 sum()函数可根据某级别索引进行汇总，其示例代码如下。

```
In [24]: df.sum(level=1,axis=0)
Out[24]:

                 价格   折扣率
        key2
        电视机    5900.0   1.96
        空调      4080.0   1.98
```

6. 指定 DataFrame 的列为索引或还原索引列

使用 set_index()函数可指定 DataFrame 的列为索引，而使用 reset_index()函数可还原索引列，其示例代码如下。

```
In [25]: df.reset_index()
Out[25]:

             key1    key2     价格   折扣率
         0   格力    电视机   2300.0   1.00
         1   格力    空调     1980.0   1.00
         2   TCL    电视机   3600.0   0.96
         3   TCL    空调     2100.0   0.98
In [26]: df.set_index('价格')
Out[26]:

              价格   折扣率
            2300.0   1.00
            1980.0   1.00
            3600.0   0.96
            2100.0   0.98
```

7.4 pandas 数据结构之间的运算

pandas 的数据结构 Series 和 DataFrame 都支持 NumPy 的接口，因此，这两种数据结构都可以使用 NumPy 提供的通用函数。pandas 还提供了一些运算函数，如 mean()、std()和 max()等，这些函数与 NumPy 的类似。此外，pandas 还提供了二元运算符对应的函数，如 add()、sub()、mul()、div()和 mod()等。在算术运算中，pandas 还具备按轴自动或显式数据对齐的功能。

7.4.1 算术运算和数据对齐

pandas 具有将两个数据结构索引自动对齐的功能。当参与运算的两个数据结构的索引的顺序不一致，或者有的索引只存在于一个数据结构中时，也能实现这两个数据结构之间的运算，这称为 pandas 的数据对齐。

【例 7-2】定义两个 Series 对象，分别指定两个不完全一致的标签数组，并对这两个 Series 对象进行算术运算。

其示例代码 test7-2.py 如下。

```
import numpy as np
from pandas import DataFrame,Series
print('定义两个 Series 对象')
se1 = Series([2.1, 4.3, -1.6], index = ['c', 'd', 'a'])
se2 = Series(np.arange(4), index = ['a', 'b', 'c', 'd'])
print(se1,se2)
#对两个 Series 对象进行算术运算
se = se1 + se2
print('两个 Series 对象相加',se)
print('两个 Series 对象相减',se1 - se2)
print('两个 Series 对象相乘',se1 * se2)
print('两个 Series 对象相除',se1 / se2)
```

两个 Series 对象相加的结果如下。

```
a   -1.6
b    NaN
c    4.1
d    7.3
dtype: float64
```

观察输出结果可知，两个 Series 对象相加就是将两个 Series 对象中标签相同的元素相加，并输出这些标签和相加后的值。对于只存在于一个 Series 对象中的标签，也会出现在输出结果中，但其值为 NaN。

【例7-3】定义两个 DataFrame 对象，分别指定它们的行索引和列索引不完全一致，并对这两个 DataFrame 对象进行算术运算。

其示例代码 test7-3.py 如下。

```
import numpy as np
from pandas import DataFrame,Series
print('定义两个 DataFrame')
df1 = DataFrame(np.arange(6).reshape(2,3), columns = ['a','b','c'])
df2 = DataFrame(np.arange(12).reshape(3,4),columns = ['a','b','c','d'])
print('df1',df1,'\n','df2',df2)

#对两个 DataFrame 对象进行算术运算
df = df1 + df2
print('两个 DataFrame 对象相加','\n',df)
print('两个 DataFrame 对象相减','\n',df1 - df2)
print('两个 DataFrame 对象相乘','\n',df1 * df2)
print('两个 DataFrame 对象相除','\n',df1 / df2)
```

两个 DataFrame 对象相加的结果如下。

```
定义两个 DataFrame
df1      a b c
      0  0 1 2
      1  3 4 5
df2      a b c d
```

```
      0  0  1   2   3
      1  4  5   6   7
      2  8  9  10  11
两个 DataFrame 对象相加
         a    b     c    d
      0  0.0  2.0   4.0  NaN
      1  7.0  9.0  11.0  NaN
      2  NaN  NaN   NaN  NaN
```

观察输出结果可知，两个 DataFrame 对象相加就是将两个 DataFrame 对象中行索引和列标签都相同的元素相加，并输出索引和相加后的值。对于只存在于一个 DataFrame 对象中的行索引和列标签，也会出现在输出结果中，但其值为 NaN。

7.4.2　算术运算函数

pandas 数据结构之间可以使用算术运算符进行运算，也可以使用算术运算函数进行运算。pandas 提供的算术运算函数有 add()、sub()、mul()、div() 和 mod() 等。这些函数分别可完成加、减、乘、除和求余数运算，函数的调用方法如下。

```
obj1.add(obj2)
```

其中，obj1 和 obj2 是 Series 或 DataFrame 对象。sub()、mul()、div() 和 mod() 等函数的调用方法与 add() 函数的相同。

【例7-4】定义两个 DataFrame 对象，分别指定它们的行索引和列索引不完全一致，并用 add()、sub()、mul()、div() 和 mod() 等函数对这两个 DataFrame 对象进行加、减、乘、除和求余数运算。

其示例代码 test7-4.py 如下。

```
import numpy as np
from pandas import DataFrame,Series
print('定义两个 DataFrame')
df1 = DataFrame(np.arange(6).reshape(2,3), columns = ['a','b','c'])
df2 = DataFrame(np.arange(12).reshape(3,4),columns = ['a','b','c','d'])
print('df1',df1,'\n','df2',df2)

#对两个 DataFrame 对象进行加、减、乘、除和求余数运算
df = df1.add(df2)
print('两个 DataFrame 对象相加',df)
print('两个 DataFrame 对象相减',df1.sub(df2))
print('两个 DataFrame 对象相乘',df1.mul(df2))
print('两个 DataFrame 对象相除',df1.div(df2))
print('两个 DataFrame 对象求余数',df1.mod(df2))
```

观察该程序的输出结果，可见其运算结果与用算术运算符运算的结果是相同的。

7.4.3　DataFrame 与 Series 对象之间的运算

pandas 不仅可以实现相同数据结构之间的运算，而且可以实现不同数据结构之间的运算。例如，DataFrame 与 Series 对象之间的运算。

【例7-5】定义一个 Series 对象，再定义一个 DataFrame 对象，编写程序实现这两种不同数据结构之间的运算。

【微课视频】

其示例代码 test7-5.py 如下。

```
import numpy as np
from pandas import DataFrame,Series
print('定义 Series 对象')
se1 = Series(np.arange(4), index = ['a', 'b', 'c', 'd'])
print('定义 DataFrame 对象')
df1 = DataFrame(np.arange(6).reshape(2,3), columns = ['a','b','c'])
print('se1',se1,'\n','df1',df1)

#对 Series 与 DataFrame 对象进行加、减、乘、除运算
df = df1 + se1
print('相加',df)
print('相减',df1 - se1)
print('相乘',df1 * se1)
print('相除',df1 / se1)
```

Series 与 DataFrame 对象进行加法运算的结果如下。

```
se1      a    0
         b    1
         c    2
         d    3
         dtype: int32
df1         a  b  c
         0  0  1  2
         1  3  4  5
相加        a  b  c  d
         0  0  2  4 NaN
         1  3  5  7 NaN
```

观察程序输出结果可知，Series 与 DataFrame 对象之间的运算就是对 Series 对象的索引和 DataFrame 对象的列名称相同的元素进行运算。而 Series 对象的索引和 DataFrame 对象的列名称不匹配的索引，也会出现在输出结果中，但其值为 NaN。因此，要实现 Series 与 DataFrame 对象之间的运算，Series 对象的索引和 DataFrame 对象的列名称一定要有相同的部分，否则输出结果会全部为 NaN。

7.5　pandas 的函数应用

pandas 提供了很多函数，而且这些函数在数据分析时是非常有用的。在前文中已介绍过 pandas 的一些函数，本节将主要对 pandas 中的数据筛选和统计函数进行归纳总结，同时介绍 apply()函数和 DataFrame 格式化函数。

7.5.1　数据筛选函数

数据筛选是 pandas 数据结构中常用的数据操作之一。除了在前文中介绍过的一些数据筛选函数，pandas 还提供另外一些数据筛选函数。现将常用的数据筛选函数进行归纳总结，具体如表 7-3 所示。

表 7-3　常用的数据筛选函数

函数	功能
df.columns	返回 Index 类型的列的集合
obj.index	返回 Index 类型的索引的集合
obj.values	返回 obj 的值，以 numpy.ndarray 对象返回
obj.head(n)	返回前 n 行
obj.tail(n)	返回最后 n 行
obj.shape	返回元组，表示行数和列数
df.info()	返回 DataFrame 对象索引、数据类型和内存信息
obj[m:n]	切片，选取 m 到 n-1 行
obj[obj 条件表达式]	选取满足条件的元素
df.loc[m:n]	获取 m 到 n 行（推荐）
df.iloc[m:n]	获取 m 到 n-1 行
df.loc[m:n,'col1':'coln']	获取从 m 到 n 行的 col1～coln 列
s.iloc[n]	按位置 n 选取数据
s.loc['index_one']	按索引选取数据

注：obj 为 Series 或 DataFrame 对象，df 为 DataFrame 对象，s 为 Series 对象。

7.5.2　apply()函数

apply()函数是 pandas 所有函数中自由度最高的函数，它分为两种类型，下面分别进行讲解并给出应用示例。

1. Series.apply()

该函数的功能是在序列的每一个元素上应用自定义函数，其格式如下。

```
Series.apply(func, convert_dtype=True, args=(), by_row='compat', **kwargs
```

该函数中的参数说明如下。

❑　func：要应用的 Python 函数或 NumPy 的 ufunc 函数。

❑　convert_dtype：bool 类型，默认值为 True，表示尝试为元素函数结果寻找更合适的数据类型。

❑　args：tuple 类型，表示在系列值之后传递给 func 函数的位置参数。

❑　by_row：取值为 False 或者"compat"，默认值为"compat"。如果取值为"compat"，且 func 为可调用函数，则该系列的每个元素都会被传递给 func 函数。

❑　**kwargs：传递给 func 函数的附加关键字参数。

2. DataFrame.apply()

该函数的功能是在 DataFrame 对象指定的轴方向应用自定义函数，其格式如下。

```
DataFrame.apply(func,axis=0,raw=False,result_type=None,args=(),by_row='compat',
engine='python',engine_kwargs=None,**kwargs
```

该函数中的参数说明如下。

❑　func：应用在 DataFrame 对象的每行或每列的函数。

❑　axis：如果 axis 为 0 或者'index'，则将 func 函数应用于每一列；如果 axis=1 或者'columns'，则将 func 函数应用于每一行，默认值为 0。

❑　raw：bool 类型，默认值为 False。确定行或列是否作为 Series 或 ndarray 对象传递。如果为 False，将每行或每列作为 Series 传递给 func 函数。如果为 True，func 函数将改为接收 ndarray 对象。

❑　result_type：取值为'expand'、'reduce'、'broadcast'、None，默认值为 None。这些取值只有当 axis=1 时起作用。

❑　args：tuple 类型，除数组或序列之外，还要传递给 func 函数的位置参数。

❑　by_row：取值为 False 或者"compat"，默认值为"compat"。仅当 func 是类似列表或

类似字典的函数，且 func 不是字符串时才有效。

❑ engine：取值为'python'或'numba'，默认值为'python'。表示在应用中选择 python（默认）引擎或 numba 引擎。

❑ engine_kwargs：dict 类型，将关键字参数传递给引擎。目前仅由 numba 引擎使用。

❑ **kwargs：传递给 func 函数的附加关键字参数。

3. apply()函数的应用示例

（1）查看序列中元素的类型

其示例代码如下。

```
In  [1]: import pandas as pd
In  [2]: se =pd.Series(['a',2,True])
In  [3]: se.apply(type)                #使用 apply()函数
Out[3]: 0    <class 'str'>
        1    <class 'int'>
        2    <class 'bool'>
        dtype: object
```

（2）DataFrame 的多列运算

其示例代码如下。

```
In  [4]: import numpy as np
In  [5]: #创建匿名函数，实现两列数据运算
In  [6]: f = lambda x: x['item1'] + 2 * x['item2']
In  [7]: df = pd.DataFrame(np.arange(6).reshape(3, 2),
                           columns = ['item1', 'item2'])
In  [8]: #应用 apply()函数，创建运算结果列
In  [9]: df['item3'] = df.apply(f, axis=1)
In  [10]: df
Out[10]:
         item1  item2  item3
      0      0      1      2
      1      2      3      8
      2      4      5     14
```

apply()函数可以返回一个标量，也可以返回 Series 对象。如果创建一个自定义函数，该自定义函数可返回两个或两个以上的结果，那么，调用 apply()函数应用该自定义函数时，返回的结果是 DataFrame 对象。

7.5.3 统计函数

数组的大多数统计函数对 DataFrame 对象依旧有效。常用的统计函数如表 7-4 所示。

表 7-4 常用的统计函数

函数	功能
df.count()	求非 NaN 值的数量
df.max()	求最大值
df.min()	求最小值
df.sum(axis=0)	按各列求和
df.mean()	按各列求平均值
df.median()	求中位数
df.describe()	按各列返回基本统计量和分位数
df.var()	求方差
df.std()	求标准差

函数	功能
df.mad()	根据平均值计算平均绝对偏差
df.cumsum()	返回 DataFrame 轴上的累计和

7.5.4　DataFrame 格式化函数

1. applymap()函数

使用 applymap()函数可以格式化 DataFrame，其示例代码如下。

```
In [11]: df = pd.DataFrame(np.arange(6).reshape(3, 2),
                           columns = ['item1', 'item2'])
In [12]: #将 DataFrame 中的元素格式化为 2 位小数
In [13]: format = lambda x: "%.2f" % x
In [14]: df.applymap(format)
Out[14]:
      item1  item2
  0   0.00   1.00
  1   2.00   3.00
  2   4.00   5.00
```

2. map()函数

使用 map()函数可以格式化 DataFrame 的指定行或列，其示例代码如下。

```
In [15]: df = pd.DataFrame(np.arange(6).reshape(3, 2),
                           columns = ['item1', 'item2'])
In [16]: df['item1'].map(format)
Out[16]:
      item1
  0   0.00
  1   2.00
  2   4.00
```

7.5.5　排序和排名

1. 排序

在进行数据分析时，对数据排序是常用的一种操作。因此，pandas 提供了根据索引的大小或者值的大小对 Series 和 DataFrame 进行排序的函数，如表 7-5 所示。

表 7-5　排序函数

函数	功能
obj.sort_index(axis, ascending)	将 obj 按行或列的索引进行排序。参数：axis 取值可以为 0 或 1，默认值为 0，表示指定对行或列的索引排序；ascending 取值可以为 True 或 False，默认值为 True，表示是升序排列还是降序排列
obj.sort_values(by,axis)	将 obj 按指定行或列的值进行排序。参数：by 指定行或列；axis 取值可以为 0 或 1，表示指定对行或列的索引排序

【例 7-6】定义一个 Series 对象 se 和一个 DataFrame 对象 df，编写程序分别实现对 se 和 df 的按索引排序和按值排序。

其示例代码 test7-6.py 如下。

```
import numpy as np
from pandas import DataFrame, Series
#对 Series 按索引排序
se = Series([1,np.nan,5,7,0],index = ['a','c','e','b','d'])
```

```
#对 Series 的索引进行排序，默认是升序排列
print(se.sort_index())
#对索引进行降序排列
print(se.sort_index(ascending = False))
#对 Series 的值进行排序，默认是按值的升序进行排列
print(se.sort_values())
#对 Seires 的值进行降序排列
print(se.sort_values(ascending = False))


#对 DataFrame 按索引排序
a = np.array([[2,5,7],[1,0,3]])
df = DataFrame(a,index = ['0','1'],columns = ['b','c','a'])
#按行的索引升序进行排序，默认为升序排列
print(df.sort_index())
#按行的索引降序进行排序
print(df.sort_index(ascending = False))
#按列的索引升序进行排序
print(df.sort_index(axis = 1))
#按列的索引降序进行排序
print(df.sort_index(axis = 1,ascending = False))
#按指定列的值进行排序
print(df.sort_values(by = ['c','a']))
#按指定行的值进行排序
print(df.sort_values(by = '1', axis = 1))
```

2. 排名

排名和排序有些类似，排名会为序列的每个元素安排一个初始值为 1、依次加 1 的位次，位次越靠前，所使用的数据越小。通过 rank() 函数可计算排名的位次。

（1）Series 的排名

使用 rank() 函数计算排名的位次。rank() 函数表示序列中的每个元素在原来的 Series 中排第几位（初始值为 1，依次加 1），若有相同的数，默认情况下取其排名的平均值。

① 默认排名

其示例代码如下。

```
In  [17]: se = pd.Series([1,-1,0,1,2])
In  [18]: se.rank()
 Out[18]: 0    3.5
          1    1.0
          2    2.0
          3    3.5
          4    5.0
          dtype: float64
```

rank() 函数中有一个 method 参数，method 参数的选项如表 7-6 所示。

表 7-6　method 参数的选项

选项	说明
average	默认值，即在相等分组中，为各值分配平均排名
min	使用整个分组的最小排名
max	使用整个分组的最大排名
first	按值在原始数据中出现的顺序分配排名
dense	与 min 类似，但是排名每次只会增加 1，即并列的数据只占一个名次

② 按降序进行排名

其示例代码如下。

```
In  [19]: se = pd.Series([1,3,2,1,2])
In  [20]: se.rank(ascending=False, method='max')
Out[20]: 0    5.0
         1    1.0
         2    3.0
         3    5.0
         4    3.0
         dtype: float64
```

（2）DataFrame 的排名

若对 DataFrame 进行排名，则可根据 axis 指定的轴进行排名，axis=0 时按行排名，axis=1 时按列排名，其示例代码如下。

```
In  [21]: df = pd.DataFrame({'x':[4,6,-1],'y':[1,0,2],'z':[5,7,-1]})
In  [22]: df.rank(axis=0)
Out[22]:
           X    y    z
       0  2.0  2.0  2.0
       1  3.0  1.0  3.0
       2  1.0  3.0  1.0
```

7.6   数据的读取与写入

通过学习前文所述的 pandas 数据分析基础知识，读者应了解 pandas 中的 Series 和 DataFrame 两种核心数据结构及它们的常用操作，明确 Python 的数据处理、数据计算和数据分析都是围绕这两种数据结构展开的。

在现实世界中，数据的存储形式常分为文件和数据库两大类，如表 7-7 所示。因此，为了实现数据处理，首先需要解决的问题是如何从文件或数据库中读取数据，并将其存储为 DataFrame 对象，或将处理后的 DataFrame 中的数据存储到文件或数据库中。

表 7-7   数据的存储形式

存储	存储形式	说明
文件	CSV	常用 "，" 分隔列的文件，又称为字符分隔文件
	Excel	微软办公软件 Excel 文件
	TXT	纯文本文件
	JSON	轻量级的数据交换格式文件
数据库	MySQL	开源的数据库
	Access	微软办公软件 Access 文件
	SQL Server	微软企业级数据库
	…	其他数据库

为实现文件的读取与写入，pandas 提供了专门的工具——I/O API 函数，这些函数可分为完全对称的两大类——读取函数和写入函数。常用的读写数据源主要有文本文件、Excel 文件、数据库文件和 JSON 文件。下面分别介绍读写这 4 类文件的操作。

7.6.1   读写文本文件

文本文件是一种由若干行字符构成的计算机文件，它是一种典型的顺序文件。CSV 是一种用分隔符分隔的文件格式，其分隔符可以是逗号或其他字符，因此，CSV 文件又被称为字符分隔文件。CSV 文件是以纯文件形式存储表格数据（数字和文本）的，它最广泛的应用是在程序之间转移表格数据，而这些程序本身是在不兼容的格式（往往是私有的、不规范的格式）上进行操作的。大量程序都支持 CSV 或者其变体，因此 CSV 可以作为大多数程序的输入和输出格式。

1. 读取文本文件

pandas 在处理千万级数据的文本文件时有很高的实用价值，将文本数据读取到内存中，再利用 pandas 进行数据处理，效率非常高。常用的文本文件有 CSV 文件和 TXT 文件，pandas 提供了一些用于将表格型文本数据读取为 DataFrame 对象的函数，常用的有 read_csv() 函数和 read_table() 函数。

❑　read_csv() 函数：从文件、URL、文件型对象中加载带分隔符的数据，默认分隔符为逗号。

❑　read_table() 函数：从文件、URL、文件型对象中加载带分隔符的数据，默认分隔符为制表符。

read_csv() 函数的格式如下。

```
pandas.read_csv(file,sep=',',header='infer', names=None, index_col=0,
dtype=None, encoding=utf-8, engine=None, nrows=None)
```

read_table() 函数的格式如下。

```
pandas.read_table(file,sep='\t', header='infer',index_col=None,
dtype=None, encoding=utf-8, engine=None, nrows=None)
```

read_csv() 函数和 read_table() 函数的大多数参数相同，函数中的常用参数说明如下。

❑　file：string 类型，表示 CSV 或 TXT 文件名和路径。

❑　sep：string 类型，表示分隔符。read_csv() 默认为逗号，read_table() 默认为制表符。

❑　header：int 类型或序列，表示将某行数据作为列名。默认值为 infer，表示自动识别。

❑　names：array 类型，表示列名，默认值为 None。

❑　index_col：int 类型或序列，表示索引列的位置，取值为序列时代表多重索引，默认值为 None。

❑　dtype：dict 类型，代表写入的数据类型（列名为 key，数据类型为 values），默认值为 None。

❑　engine：表示数据解析引擎，默认值为 None。

❑　nrows：int 类型，表示读取前 *n* 行的数据，默认值为 None。

❑　encoding：表示文件的编码方式。常用的编码方式有 UTF-8、GBK、GB2312 等。

以员工月工资收入信息为例，用 read_csv() 函数和 read_table() 函数分别读取 salary.csv 文件和 salary.txt 文件。

【例 7-7】现有一个包含员工姓名、性别、年龄和月工资收入的 salary.csv 文件，文件前 3 条数据内容如下。

```
name,sex,age,salary
李明,男,24,3600
王小红,女,28,4000
杨勇,男,30,4500
```

其中，第一行数据 name,sex,age,salary 是列名，每列数据用逗号隔开。将 salary.csv 文件另存为 salary.txt 文件，再分别读取 salary.csv 和 salary.txt 文件。

其示例代码 test7-7.py 如下。

```
import pandas as pd
print('数据文件保存在 D 盘的 data 目录下')
```

```
df = pd.read_csv('d:/data/salary.csv',encoding = 'GBK')
print('输出 df:','\n',df)
df1 = pd.read_table('d:/data/salary.txt',encoding = 'GBK',sep = '\t')
print('输出 df1:','\n',df1)
```

在读取文本文件时，要注意设置文件的编码方式（encoding）和分隔符（sep）等参数。

2. 存储文本文件

文本文件的存储与其读取类似，对于结构化数据，可以通过 pandas 中的 to_csv()函数实现以 CSV 文件格式存储。to_csv()函数的格式如下。

```
DataFrame.to_csv(path_or_buf=None,sep=',',na_rep='',columns=None,
header=True,index=True, index_label=None,mode='w',encoding=None)
```

该函数中的参数说明如下。

❑ path_or_buf: string 类型，表示保存的文件名和路径。

❑ sep: string 类型，表示分隔符，默认值为逗号。

❑ na_rep: string 类型，表示缺失值，默认值为''。

❑ columns: list 类型，表示写出的列名。

❑ header: bool 类型，表示是否将列名写出，默认值为 True。

❑ index: bool 类型，表示是否将行名（索引）写出，默认值为 True。

❑ index_label: 序列，表示索引名，默认值为 None。

❑ mode: 特定的 string 类型，表示数据写入的模式，默认值为'w'。

❑ encoding: 特定的 string 类型，表示存储文件的编码方式。

【例 7-8】以例 7-7 中读取的员工月工资收入信息为例，在读取 salary.csv 文件后，在 DataFrame 对象中增加一个员工月工资收入信息为（周斌，男，35，5000），然后将增加后的数据重新存储到 salaryadd.csv 文件中。

其示例代码 test7-8.py 如下。

```
import pandas as pd
print('数据文件保存在 D 盘的 data 目录下')
df = pd.read_csv('d:/data/salary.csv',encoding = 'GBK')
print('输出 df:','\n',df)
df.loc['add_row'] = ['周斌','男',35,5000]
print('输出 df:','\n',df)
df.to_csv('D:/data/salaryadd.csv',encoding = 'GBK')
```

代码运行后，可到 data 目录下查看是否有 salaryadd.csv 文件。

7.6.2 读写 Excel 文件

Excel 是微软公司开发的办公软件 Microsoft Office 的组件之一。使用 Excel 可以进行各种数据处理和统计分析，因而被广泛应用于管理、财经、金融等众多领域。

Microsoft Office Excel 软件有不同的版本，Microsoft Office Excel 2007 之前的版本的文件扩展名为.xls，而 Microsoft Office Excel 2007 及其以后版本的文件扩展名为.xlsx。

1. 读取 Excel 文件

pandas 提供了 read_excel()函数来读取 Excel 文件，其格式如下。

```
pandas.read_excel(io,sheet_name=0, header=0,index_col=None, names=None,
dtype=None)
```

该函数中的参数说明如下。

- ❑ io：string 类型，表示保存的文件名和路径。
- ❑ sheet_name：string 类型或 int 类型，表示 Excel 表内数据的分表位置，默认值为 0。
- ❑ header：int 类型或序列，表示将某行数据作为列名，取值为 int 类型时代表将该列作为列名，取值为序列时则代表多重列索引，默认值为 infer，表示自动识别。
- ❑ index_col：int 类型或序列，表示索引列的位置，取值为序列时代表多重索引，默认值为 None。
- ❑ names：array 类型，表示列名，默认值为 None。
- ❑ dtype：dict 类型，代表写入的数据类型（列名为 key，数据类型为 values），默认值为 None。

| **注意** |

　　在通过 pandas 读取 Excel 文件时，需要安装 xlrd 库，并且在当前代码中导入 xlrd 库。安装 xlrd 库的方法为：进入 cmd 命令窗口，输入并执行 pip install xlrd，按【Enter】键。

【例 7-9】将员工月工资收入信息 salary.csv 文件打开，另存为 salary.xls 文件，然后将 salary.xls 文件中的数据读取为 DataFrame 对象。

其示例代码 test7-9.py 如下。

```
import pandas as pd
import xlrd
print('数据文件保存在 D 盘的 data 目录下')
df = pd.read_excel('d:/data/salary.xls',sheet_name = 'salary')
print('输出 df:','\n',df)
```

2. 存储 Excel 文件

将 DataFrame 数据保存为 Excel 文件，可使用 to_excel() 函数，其格式如下。

```
DataFrame.to_excel(excel_writer=None,sheet_name='None',na_rep='',
header=True, index=True, index_label=None,mode='w',encoding=None)
```

该函数中的参数说明如下。

- ❑ excel_writer：string 类型，表示保存的文件名和路径。
- ❑ sheet_name：string 类型，表示保存到 Excel 表内数据的分表名称，默认值为 None。
- ❑ na_rep：string 类型，表示缺失值，默认值为' '。
- ❑ header：bool 类型，表示是否将列名写出，默认值为 True。
- ❑ index：bool 类型，表示是否将行名（索引）写出，默认值为 True。
- ❑ index_label：序列，表示索引名，默认值为 None。
- ❑ mode：特定的 string 类型，表示数据写入的模式，默认值为'w'。
- ❑ encoding：特定的 string 类型，表示存储文件的编码方式。

| **注意** |

　　在通过 pandas 写入 Excel 文件时，需要安装 xlwt 库，并且在当前代码中导入 xlwt 库。安装 xlwt 库的方法为：进入 cmd 命令窗口，输入并执行 pip install xlwt，按【Enter】键。

【例 7-10】以例 7-9 中读取的员工月工资收入信息为例，在读取 salary.xls 文件后，在 DataFrame 对象中增加一个员工月工资收入信息为（李丽，女，25，3000），然后将增加后的数据重新存储到 salaryadd.xls 文件中。

修改后的示例代码 test7-10.py 如下。

```
import pandas as pd
import xlrd
```

```
import xlwt
print('数据文件保存在 D 盘的 data 目录下')
df = pd.read_excel('d:/data/salary.xls',sheet_name = 'salary')
print('输出 df:','\n',df)
df.loc['add_row'] = ['李丽','女',25,3000]
print('输出 df:','\n',df)
df.to_excel('D:/data/salaryadd.xls',encoding = 'GBK')
```

代码运行后，可到 data 目录下查看是否有 salaryadd.xls 文件。

7.6.3 读写数据库文件

在实际工作中，大多数的数据都是存储在数据库中的。pandas 提供了读取与存储关系型数据库数据的函数。除了 pandas，还需要使用 SQLAlchemy 建立对应的数据库连接。SQLAlchemy 配合相应数据库的 Python 连接工具（例如，MySQL 数据库需要安装 mysqlclient 或者 pymysql 库，Oracle 数据库需要安装 cx_oracle 库），使用 create_engine() 函数建立一个数据库连接。pandas 支持 MySQL、PostgreSQL、Oracle、SQL Server 和 SQLite 等主流数据库。下面以 MySQL 数据库为例，介绍 pandas 的读写数据库文件的操作。

1. SQLAlchemy 连接 MySQL 数据库

（1）ORM 介绍

ORM（Object Relational Mapping，对象关系映射）可将数据库中的表与面向对象语言中的类建立一种对应关系。当操作数据库时，数据库中的表或者表中的一条记录就可以直接通过操作类或者类实例来完成，ORM 相当于把数据库也实例化了。

ORM 的优点如下。

❑ 隐藏了数据访问细节，使数据库的交互变得简单、易行，并且完全不用考虑 SQL 语句。

❑ ORM 使构造固化数据结构变得简单、易行。

（2）SQLAlchemy 的安装

SQLAlchemy 是 Python 社区知名的 ORM 工具之一，使用它可以实现高效和高性能的数据库访问。在 Windows 下安装 SQLAlchemy 的方法为进入 cmd 命令窗口，输入并执行以下命令：

```
pip install SQLAlchemy
pip install pymysql
```

> **注意**
>
> 由于 MySQL 数据库不支持 Python 3，所以要用 pymysql 与 SQLAlchemy 交互。

（3）创建 MySQL 数据库

创建一个 MySQL 数据库，数据库名为 salary。在该数据库下创建一个员工月工资收入表（salary），表的结构包括姓名、性别、年龄和月工资，然后输入 10 条员工月工资收入的记录，记录的内容可自拟。

（4）连接数据库

编写连接数据库的程序代码 db_link.py 如下。

```
from sqlalchemy import create_engine
# 创建实例，并连接 salary 库
engine = create_engine('mysql+pymysql://root:@localhost:3306/salary?gb2312')
print(engine)
```

运行该程序，如果输出下面的信息，即表明数据库连接成功。

```
Engine(mysql+pymysql://root:***@localhost:3306/salary?charset=gb2312)
```

在连接数据库的程序中，create_engine()中输入的是一个连接字符串。在使用 Python 的 SQLAlchemy 时，MySQL 和 Oracle 数据库连接字符串的格式如下。

```
数据库产品名+连接工具名://用户名:密码@数据库 IP 地址:数据库端口号/数据库名称? charset=数据库数据编码
```

2. 读取数据库文件

pandas 提供了 3 个用于读取数据库文件的函数，它们的作用如下。

❑ read_sql()函数：既可读取数据库中的某个表的数据，又可实现查询操作。

❑ read_sql_table()函数：只能读取数据库中的某个表的数据，不能实现查询操作。

❑ read_sql_query()函数：可实现查询操作，但不能直接读取数据库中的某个表的数据。

read_sql()函数的格式如下。

```
pandas.read_sql(sql,con, index_col=None, coerce_float=True, columns=None)
```

read_sql_table()函数的格式如下。

```
pandas.read_sql_table(table_name,con, schema=None, index_col=None,
coerce_float=True, columns=None)
```

read_sql_query()函数的格式如下。

```
pandas.read_sql_query(sql,con, index_col=None, coerce_float=True)
```

函数中的参数说明如下。

❑ sql：string 类型，表示读取数据库的表名或者 SQL 语句，无默认值。

❑ table_name：string 类型，表示读取数据库的表名，无默认值。

❑ con：数据库连接，表示接收数据库连接信息，无默认值。

❑ schema：string 类型，指定数据库的模式，默认值为 None。

❑ index_col：int 类型或序列，表示设定的列作为行名。如果是一个序列，则是多重索引，默认值为 None。

❑ coerce_float：bool 类型，表示将数据库中的 decimal 类型的数据转换为 pandas 中的 float64 类型的数据，默认值为 True。

❑ columns：int 类型，表示读取数据的列名，默认值为 None。

【例 7-11】以员工月工资收入信息为例，分别运用 read_sql_table()、read_sql_query()和 read_sql()函数读取 MySQL 数据库文件 salary，并观察这 3 个函数的特点。

其示例代码 test7-11.py 如下。

```
import pandas as pd
from sqlalchemy import create_engine
# 创建实例，并连接 salary 库
engine = create_engine('mysql+pymysql://root:@localhost:3306/salary?gb2312')
print(engine)

#使用 read_sql_query()函数查询 salary 数据表的数据
tables = pd.read_sql_query('show tables',con = engine)
print('salary 数据表的清单: ','\n',tables)

#使用 read_sql_table()函数读取 salary 数据表的数据
dftable = pd.read_sql_table('salary',con = engine)
print('salary 数据表的数据: ','\n',dftable)
```

```
#使用 read_sql()函数读取 salary 数据表的数据
dftable = pd.read_sql('SELECT * FROM 'salary'',con = engine)
print('salary 数据表的数据: ','\n',dftable)
```

3. 存储为数据库数据

将 DataFrame 写入数据库中，同样要依赖 SQLAlchemy 的 create_engine()函数创建数据库连接。将数据存储到数据库的函数是 to_sql()，其格式如下。

```
DataFrame.to_sql(name,con, schema=None, if_exists='fail', index=True,
index_label=None, dtype=None)
```

该函数中的参数说明如下。

❑ name：string 类型，表示数据库的表名，无默认值。

❑ con：数据库连接，表示接收数据库连接信息，无默认值。

❑ schema：string 类型，指定数据库的模式，默认值为 None。

❑ if_exists：取值为 fail、replace 或 append。fail 表示如果表名存在，则不执行写入操作；replace 表示如果表名存在，则将原数据库表删除，重新创建；append 则表示在原数据库表的基础上追加数据。默认值为 fail。

❑ index：bool 类型，表示是否将行索引作为数据传入数据库，默认值为 True。

❑ index_label：string 类型或者序列，表示是否引用索引的名称，如果 index 参数为 True，此参数为 None，则使用默认名称；如果为多重索引，则必须使用序列，默认值为 None。

❑ dtype：dict 类型，表示写入的数据类型（列名为 key，数据类型为 values），默认值为 None。

【例 7-12】以员工月工资收入信息为例，首先读取 salary.csv 文件，然后将读取的数据存储到 salary 数据库的 salary 数据表中。

其示例代码 test7-12.py 如下。

```
import pandas as pd
from sqlalchemy import create_engine
# 创建实例，并连接 salary 库
engine = create_engine('mysql+pymysql://root:@localhost:3306/salary?gb2312')
print('数据文件保存在 D 盘的 data 目录下，读取 salary.csv 文件')
df = pd.read_csv('d:/data/salary.csv',encoding = 'GBK')
print('将读取的 salary.csv 文件中的数据存储到 salary 数据表中')
df.to_sql('salary.',con = engine,if_exists = 'replace')
```

7.6.4　读写 JSON 文件

1. JSON 简介

JSON（JavaScript Object Notation）是一种轻量级的数据交换格式。简单地说，JSON 可以将 JavaScript 对象中表示的一组数据转换为字符串，然后可以在函数之间轻松地传递这个字符串，或者在异步应用程序中将字符串从 Web 客户端传递给服务器端程序。

JSON 具有良好的可读性和便于快速编写的特性，适用于服务器与 JavaScript 客户端的交互，是目前网络中主流的数据传输格式之一，应用十分广泛。

2. JSON 基本语法

JSON 数据以 key-value（键值对）的方式存在。JSON 值可以是数字（整数或浮点数）、字符串、逻辑值（True 或 False）、数组、对象、null（空值）等。

JSON 的语法规则如下。

- ❑ 并列的数据之间用逗号分隔。
- ❑ 映射用冒号表示。
- ❑ 并列数据的集合（数组）用方括号表示。
- ❑ 映射的集合（对象）用花括号表示。

JSON 的 Object（对象类型）：用花括号包含一系列无序的 key-value 表示，其中，key 和 value 之间用冒号分隔，每个 key-value 之间用逗号分隔。要访问其中的数据，可通过 obj.key 来获取对应的 value。例如：json={"name":"小芳","age":16}。

JSON 的 Array（数组类型）：使用方括号包含所有元素，每个元素用逗号分隔，元素可以是任意值。要访问其中的元素，使用的索引从 0 开始。例如：json= ["唱歌","编程","打球"]。

JSON 的复杂数据形式为 Object 或数组中的值，还可以是另一个 Object 或者数组，例如 json={"name":"小芳"," hobby ":["唱歌","编程","打球"]}。

3. 在 Python 中读取 JSON 文件

在 Python 中若要进行 JSON 文件的读写，需要添加 JSON 模块。在 Python 中读取 JSON 文件是通过调用 json.load()函数来实现的，其格式如下。

```
json.load(file,encoding="utf-8")
```

该函数中的参数 file 表示 JSON 文件名，encoding 表示编码方式。

4. 在 Python 中存储 JSON 文件

存储 JSON 文件需要调用 json.dump()函数，其格式如下。

```
json.dump(data, file, sort_keys=False, indent=4, separators=(',', ': '),
encoding="utf-8", ensure_ascii=False)
```

该函数中的参数说明如下。

- ❑ data：存储的 JSON 数据。
- ❑ file：存储的 JSON 文件名。
- ❑ sort_keys：是否排序，默认值为 False，表示不排序。
- ❑ indent：指定每个变量的缩进量，一般为 4，表示缩进 4 个空格。
- ❑ separators：消除多余的空格，以减小文件大小。
- ❑ encoding：编码方式，默认值为"utf-8"。
- ❑ ensure_ascii：是否输出中文 ascii 编码，默认值为 True。

其示例代码 example7-1.py 如下。

```
import json
#写文件
data = [{'a': 'apple', 'b': 'banana', 'c': [1, 2, 3]}, 11, 'test', True]
file = open('d:/data/jsontest1.txt','w')
json.dump(data, file)
file.close()
#读文件
file = open('d:/data/jsontest1.txt')
data = json.load(file)
print(data)
```

7.7　数据分析方法

pandas 的数据分析包括描述性统计分析、分组分析、分布分析、交叉分析、结构分析和相关分析等，下面分别进行介绍。

7.7.1　描述性统计分析

【微课视频】

描述性统计分析一般指统计某个变量的个数、平均值、标准差、最小值、25%分位值、50%分位值、75%分位值，以及最大值。描述性统计分析常用的统计指标有计数、求和、求平均值、求方差、求标准差等。

描述性统计分析的功能是按各列返回基本统计量和分位数，其函数的格式如下。

```
DataFrame.describe()
```

或

```
DataFrame.columns.describe()
```

下面通过分析学生成绩的案例来说明描述性统计分析的应用。

【例 7-13】在 grade.xls 文件中包含学号（stu_id）、平时成绩（normal）和期末考试成绩（exam）这 3 列数据，要求对该文件中的 exam 列的数据进行描述性统计分析，并进行计数、求最大值和平均值的计算。

其示例代码 test7-13.py 如下。

```
import numpy as np
import pandas as pd
from pandas import DataFrame,Series
df = pd.read_excel('d:/data/grade.xls',sheet_name = 'grade')

print('exam列的描述性统计分析',df.exam.describe())
print('exam列的个数',df.exam.size)
print('exam列的最大值',df.exam.max())
print('exam列的平均值',df.exam.mean())
```

运行结果如下。

```
exam列的描述性统计分析
count    38.000000
mean     68.368421
std      14.695874
min      32.000000
25%      60.000000
50%      68.000000
75%      81.000000
max      91.000000
Name: exam, dtype: float64
exam列的个数 38
exam列的最大值 91
exam列的平均值 68.36842105263158
```

分析运行结果可知，使用describe()函数统计计算的结果与单独用统计函数计算的结果是一致的。

7.7.2　分组分析

【微课视频】

分组分析是指根据分组字段，将分析对象划分成不同的部分，以对比分析各组之间差异性的分析方法。分组分析常用的统计指标是计数、求和、求平均值。

分组统计分析函数 groupby() 的格式如下。

```
groupby(by=[分组列1,分组列2,...])
```

```
                    [统计列 1,统计列 2,…]
                        .agg({统计列别名 1:统计函数 1,统计列别名 2:统计函数 2,…})
```

该函数中的参数说明如下。

❑　by：用于分组的列。

❑　[]：用于指定统计的列。相当于函数中指定的参数。

❑　agg：统计列别名用于显示统计值的名称，统计函数用于统计数据，常用的统计函数有 size()、sum()和 mean()。

【例 7-14】在 Employee_income.xls 文件中包含职工号（emp_id）、性别（sex）、年龄（age）、学历（education）、参加工作时间（firstjob）、工作地区（region）、行业（industry）、职业（occupation）、月薪（salary）和月补贴（subsidy）10 列数据，要求分别按年龄、学历分组统计人数，并求平均月薪、最高月薪、最低月薪。

其示例代码 test7-14.py 如下。

```
import numpy as np
from pandas import DataFrame;
import pandas as pd
df = pd.read_excel('d:/data/emp_income/Employee_income.xls',
                    sheet_name = 'emp_income')
age_result = df.groupby(by = ['age'])['salary'].agg({
    '人数':np.size,
    '平均月薪':np.mean,
    '最高月薪':np.max,
    '最低月薪':np.min
})
print(age_result)
edu_result = df.groupby(by = ['education'])['salary'].agg({
    '人数':np.size,
    '平均月薪':np.mean,
    '最高月薪':np.max,
    '最低月薪':np.min
})
print(edu_result)
```

输出的按学历分组的薪资结果如下。

```
            人数    平均月薪    最高月薪    最低月薪
education
大专          4   3700.000000   4500      3000
本科          5   4700.000000   5000      4500
研究生         2   7099.500000   7699      6500
高中          7   2685.714286   3500      2000
```

7.7.3　分布分析

分布分析是指根据分析的目的，对定量数据进行等距或者不等距的分组，从而研究各组分布（如学生成绩分布、用户年龄分布、收入状况分布等）规律的一种分析方法。

【微课视频】

分布分析函数 cut()的格式如下。

```
pandas.cut(x,bins,right=True,labels=None,retbins=False,precision=3,
include_lowest=False)
```

该函数中的参数说明如下。

- x：进行划分的一维数组。
- bins：取整数值，表示将 x 划分为多少个等距的区间；取序列值，表示将 x 划分在指定序列中，若不在该序列中，则是 NaN。
- right：分组时是否包含右端点，默认值为 True（包含）。
- labels：分组时是否用自定义标签来代替返回的 bins，可选参数，默认值为 NULL。
- retbins：是否返回间距 bins，默认值为 False。
- precision：精度，默认值为 3。
- include_lowest：分组时是否包含左端点，默认值为 False（不包含）。

在进行分布分析时，首先用 cut() 函数确定分布分析中的分层，然后用 groupby() 函数实现分组分析。

【例 7-15】在 Employee_income.xls 文件中包含职工号（emp_id）、性别（sex）、年龄（age）、学历（education）、参加工作时间（firstjob）、工作地区（region）、行业（industry）、职业（occupation）、月薪（salary）和月补贴（subsidy）10 列数据，要求按年龄分布状况，分组统计人数、平均月薪、最高月薪和最低月薪。

其示例代码 test7-15.py 如下。

```
import numpy as np
import pandas as pd
df = pd.read_excel('d:/data/emp_income/Employee_income.xls',
                   sheet_name = 'emp_income')


#年龄分布状况
age_bins = [20,30,40,50,60]
age_labels = ['20～30岁', '31～40岁', '41～50岁', '51～60岁']
df['年龄分层']=pd.cut(df.age, age_bins,labels = age_labels)
#分组统计人数、平均月薪、最高月薪和最低月薪
aggResult = df.groupby(by = ['年龄分层'])['salary'].agg({
                '人数': np.size,
                '平均月薪':np.mean,
                '最高月薪':np.max,
                '最低月薪':np.min
})
print(aggResult)
```

运行结果如下。

```
        人数    平均月薪      最高月薪  最低月薪
年龄分层
20～30岁  8.0  3287.500000  5000.0  2000.0
31～40岁  9.0  4144.444444  6500.0  2500.0
41～50岁  1.0  7699.000000  7699.0  7699.0
51～60岁  NaN          NaN     NaN     NaN
```

7.7.4 交叉分析

交叉分析通常用于分析两个或两个以上分组变量之间的关系，以透视表或交叉表的形式进行变量间关系的对比分析；从数据的不同维度，综合进行分组细分，进一步了解数据的构成、分布特征。

1. 透视表

交叉分析有透视表和交叉表两种形式，其中，pivot_table()函数的返回值是利用透视表进行交叉分析，该函数功能相当于 Excel 中的数据透视表功能。

pivot_table()函数的格式如下。

```
pandas.pivot_table(data,values,index,columns,aggfunc,fill_value,margins,
margins_name,dropna)
```

或

```
DataFrame.pivot_table(values,index,columns,aggfunc,fill_value,margins,
margins_name,dropna)
```

该函数中的参数说明如下。

❏ data：要应用透视表的 DataFrame。

❏ values：待聚合的列的名称，默认聚合所有数值列。

❏ index：用于分组的行名或其他分组键，出现在透视表的行。

❏ columns：用于分组的列名或其他分组键，出现在透视表的列。

❏ aggfunc：聚合函数或函数列表，默认值为'mean'，可以是任何对分组统计有效的函数。

❏ fill_value：用于替换透视表中的缺失值。

❏ margins：bool 类型，默认值为 False，当 margins 为 True 时，添加行/列的总计。

❏ margins_name：string 类型，默认值为 All，当 margins 为 True 时，将添加行/列总计的名称。

❏ dropna：bool 类型，可选参数，默认值为 True，不包含条目均为 NaN 的列。

在进行交叉分析时，可先用 cut()函数确定交叉分析中的分层，然后利用 pivot_table()函数实现交叉分析。

【例 7-16】对 Employee_income.xls 文件中的数据进行下列交叉分析。

（1）对年龄（age）和性别（sex）数据列进行交叉分析，求解不同年龄段中不同性别的人数。

（2）对年龄（age）和学历（education）数据列进行交叉分析，求解不同年龄段中不同学历员工的平均月薪。

其示例代码 test7-16.py 如下。

```
import numpy as np
import pandas as pd
df = pd.read_excel('d:/data/emp_income/Employee_income.xls',
                   sheet_name = 'emp_income')
#年龄分布状况
age_bins = [20,30,40,50,60,70]
age_labels = ['20~29岁', '30~39岁', '40~49岁', '50~59岁','60~69岁']
df['年龄分层']=pd.cut(df.age, age_bins, right = False, labels = age_labels
#求不同年龄段中不同性别的人数年龄分布状况
ptResult1 = df.pivot_table(
    Values = ['age'],
    Index = ['年龄分层'],
    Columns = ['sex'],
    Aggfunc = [np.size]
)
print(ptResult1)
#求不同年龄段中不同学历员工的平均月薪
```

```
ptResult2 = df.pivot_table(
    Values = ['salary'],
    Index = ['年龄分层'],
    Columns = ['education'],
    Aggfunc = [np.mean]
)
print(ptResult2)
```

运行结果如下。

```
sex       女    男
年龄分层
20～29岁  3.0  3.0
30～39岁  5.0  6.0
40～49岁  NaN  1.0
          mean
          salary
education    大专      本科      研究生       高中
年龄分层
20～29岁    3400.0    NaN      NaN    2500.000000
30～39岁    4000.0  4700.0   6500.0   2933.333333
40～49岁       NaN    NaN   7699.0            NaN
```

2. 交叉表

交叉表（cross-tabulation，简称 crosstab）是一种用于计算分组频率的特殊透视表。

交叉表函数 crosstab() 的格式如下。

```
pandas.crosstab(index, columns,values=None,rownames=None,colnames=None,
aggfunc=None,margins=False,margins_name='All',dropna=True,normalize=False)
```

该函数中的参数说明如下。

❑ index：array 类型、Series 或数组列表，表示要在行中分组的值。

❑ columns：array 类型、Series 或数组列表，表示要在列中分组的值。

❑ values：array 类型，可选参数，表示待聚合的值，需要指定 aggfunc。

❑ rownames：序列，默认值为 None，其作用是为 index 指定的行中分组的值设置标签名称。

❑ colnames：序列，默认值为 None。其作用是为 columns 指定的列中分组的值设置标签名称。

❑ aggfunc：聚合函数或函数列表，默认值为 None。

❑ margins：bool 类型，默认值为 False，当 margins 为 True 时，添加行/列的总计。

❑ margins_name：string 类型，默认值为 All，当 margins 为 True 时，将添加行/列总计的名称。

❑ dropna：bool 类型，可选参数，默认值为 True，不包含条目均为 NaN 的列。

❑ normalize：bool 类型，可选参数，默认值为 False，参数取值为{'all', 'index', 'columns'}或{0,1}。取值为 all 或 True，将对所有值进行归一化，即将每个值分别除以所有值的总和；取值为 index 或 0，将对每一行进行归一化，即将每一行的值分别除以与其所对应行的值的总和；取值为 columns 或 1，将对每一列进行归一化，即将每一列的值分别除以与其所对应列的值的总和。

【例 7-17】利用交叉表分析 Employee_income.xls 文件中的不同性别的学历人数。

其示例代码 test7-17.py 如下。

```
import numpy as np
import pandas as pd
df = pd.read_excel('d:/data/emp_income/Employee_income.xls',
```

```
                    sheet_name = 'emp_income')
# 按性别（sex）分组，统计各个分组中学历的频数
ctResult = pd.crosstab(df['sex'], df['education'], margins = True)
print(ctResult)
```

运行结果如下。

```
education  大专  本科  研究生  高中  All
sex
女          3    2    0     3    8
男          1    3    2     4    10
All        4    5    2     7    18
```

总而言之，在交叉分析中，透视表函数 pivot_table()是一种用于进行分组统计的函数，参数 aggfunc 决定统计类型；而交叉表函数如果没有设置参数 values 和 aggfunc，则用于统计分组的频数。

7.7.5 结构分析

结构分析是在分组和交叉的基础上，计算各组成部分所占的比例，进而分析总体的内部特征的一种分析方法。结构分析中的分组主要是指定性分组。定性分组一般应看结构，重点在于了解各部分占总体的比例。例如，求公司中不同学历员工所占的比例，产品在市场的占有率、股权结构等。

在进行结构分析时，先利用 pivot_table()函数进行数据透视表分析，然后通过指定 axis 参数对数据透视表按行或列进行计算（axis=0 时按列计算，axis=1 时按行计算）。其中，DataFrame 的外运算函数如表 7-8 所示，而 DataFrame 的内运算函数如表 7-9 所示。

表 7-8　DataFrame 的外运算函数

函数	说明
add()	加
sub()	减
multiply()	乘
div()	除

表 7-9　DataFrame 的内运算函数

函数	说明
sum()	求和
mean()	求平均值
var()	求方差
sd()	求标准差

【例 7-18】对 Employee_income.xls 文件中的年龄（age）和学历（education）数据列进行结构分析，求不同年龄分层下各种学历的占比。

其示例代码 test7-18.py 如下。

```
import numpy as np
import pandas as pd
df = pd.read_excel('d:/data/emp_income/Employee_income.xls',
                    sheet_name = 'emp_income')
age_bins = [20,30,40,50,60,70]#年龄分布状况
age_labels = ['20~29岁', '30~39岁', '40~49岁', '50~59岁','60~69岁']
df['年龄分层']=pd.cut(df.age, age_bins, right = False, labels = age_labels)
ptResult = df.pivot_table(
    Values = ['age'],
    Index = ['年龄分层'],
```

```
        Columns = ['education'],
        Aggfunc = [np.size]
)
print(ptResult)
print(ptResult.sum())
print(ptResult.div(ptResult.sum(axis = 0), axis = 1))
#div()函数是计算年龄分层下的学历占比
```

运行结果如下。

```
          size
          age
education  大专  本科  研究生  高中
年龄分层
20~29 岁   2.0  NaN    NaN   4.0
30~39 岁   2.0  5.0    1.0   3.0
40~49 岁   NaN  NaN    1.0   NaN
          education
size  age  大专        4.0
          本科        5.0
          研究生       2.0
          高中        7.0
dtype: float64
          size
          age
education  大专  本科  研究生  高中
年龄分层
20~29 岁   0.5  NaN    NaN   0.571429
30~39 岁   0.5  1.0    0.5   0.428571
40~49 岁   NaN  NaN    0.5   NaN
```

7.7.6　相关分析

相关分析（correlation analysis）用于研究现象之间是否存在某种依存关系，并探讨具有依存关系的现象的相关方向以及相关程度，是研究随机变量之间相关关系的一种分析方法。

线性相关关系主要采用皮尔逊（Pearson）相关系数 r 来度量连续变量之间的线性相关强度，$r>0$ 表示线性正相关；$r<0$ 表示线性负相关；$r=0$ 表示两个变量之间不存在线性关系，但并不代表两个变量之间不存在任何关系。相关系数如表 7-10 所示。

表 7-10　相关系数

相关系数 $|r|$ 取值范围	相关程度
$0 \leqslant |r| < 0.3$	低度相关
$0.3 \leqslant |r| < 0.8$	中度相关
$0.8 \leqslant |r| \leqslant 1$	高度相关

相关分析函数包括 DataFrame.corr()和 Series.corr(other)。

函数说明如下。

❑　如果由 DataFrame 调用 corr()函数，那么会计算列与列之间的相似度。

❑　如果由 Series 调用 corr()函数，那么只会计算该 Series 与传入的 Series 之间的相关度。

函数返回值如下。

❑ DataFrame 调用：返回 DataFrame。

❑ Series 调用：返回一个数值型数据，大小为相关度。

【例 7-19】分别计算 Employee_income.xls 文件中的年龄（age）与月薪（salary）的相关系数，年龄与月薪、补贴（subsidy）的相关系数，以及 Employee_income.xls 文件中各数值列之间的相关系数矩阵。

其示例代码 test7-19.py 如下。

```python
import pandas as pd

df = pd.read_excel('d:/data/emp_income/Employee_income.xls',
                    sheet_name = 'emp_income')

#计算 age 和 salary 的相关系数
corrResult1 = df.age.corr(df.salary)
print('age 和 salary 的相关系数',corrResult1)

#计算 age 和 salary、subsidy 的相关系数
corrResult2 = df.loc[:,['age', 'salary', 'subsidy']].corr()
print('age 和 salary、subsidy 的相关系数\n',corrResult2)

#返回一个相关系数矩阵
print('返回一个相关系数矩阵\n',df.corr())
```

运行结果如下。

```
age 和 salary 的相关系数 0.6781676305144909
age 和 salary、subsidy 的相关系数
              age    salary   subsidy
age      1.000000  0.678168  0.062137
salary   0.678168  1.000000  0.067629
subsidy  0.062137  0.067629  1.000000
返回一个相关系数矩阵
           emp_id       age    salary   subsidy
emp_id   1.000000 -0.029849 -0.143666  0.043537
age     -0.029849  1.000000  0.678168  0.062137
salary  -0.143666  0.678168  1.000000  0.067629
subsidy  0.043537  0.062137  0.067629  1.000000
```

┤ 注意 ├

用于计算相关系数的 corr() 函数只会对 DataFrame 中的数据列进行计算。

项目实践

1. 项目描述

完成创建员工收入信息的数据集，并对该数据集进行添加、删除、修改、查询操作。

（1）创建一个包含 5 位员工姓名、性别、年龄和月工资收入的数据集，数据集中的数据由读者自拟。

（2）选择数据集中月工资收入这列数据。

（3）增加一位员工收入信息，信息包括员工姓名、性别、年龄和收入。数据：赵一平，男，34，7000。

（4）将员工姓名为"李明"的月工资收入修改为 8000 元。

（5）删除第 2 位员工的数据。

（6）筛选出月工资收入大于 6000 元的员工的数据。

2. 程序代码设计

示例代码 test7-20.py 如下。

```
import pandas as pd
dt = {'name': ['张艳', '李明', '王勇','刘江','王芳'], 'sex':\
['女','男','男','男','女'],'age': [20,25,39,26,23],'salary':\
[3000,3500,5000,2800,2600]}
df = pd.DataFrame(dt)
print('员工基本情况',df)
print(df['salary'])
df.loc['add_row'] = ['赵一平','男',34,7000]
print(df)
df.loc[df['name'] == '李明','salary'] = 8000
print(df)
df.drop([1], axis = 0, inplace = True)
print(df)
Df = df[df['salary'] > 6000]
print(df)
```

本章小结

本章首先介绍了 pandas 的作用、安装与导入方法；然后介绍了 pandas 的两种数据结构 Series 和 DataFrame 的创建与常用操作、pandas 的索引机制及索引的使用，以及 pandas 数据结构之间的运算及函数运用；接着介绍了文本文件、Excel 文件、数据库文件和 JSON 文件的读写操作；最后介绍了几种常用的数据分析方法，包括描述性统计分析、分组分析、分布分析、交叉分析、结构分析和相关分析等。

思考练习

编程题

（1）创建一个 DataFrame，表示张艳和李明期中、期末的各科成绩。

（2）在 DataFrame 对象中增加一列期评综合成绩，该列值是按照期中 40%、期末 60%的比例计算出来的。

（3）计算张艳、李明的最高成绩、最低成绩和平均成绩。

（4）格式化 DataFrame 中的成绩数据，使成绩数据保留一位小数。

第 8 章

用pandas进行数据预处理

学习目标

①掌握重复值、缺失值和异常值的处理的方法。
②掌握数据合并和数据抽取的方法。
③掌握重塑层次化索引、映射与数据转换的方法。

④掌握排列与随机抽样的方法。
⑤掌握日期和字符串处理的方法。

8.1 数据清洗

在进行数据分析前,首先要进行数据采集。通常,采集到的原始数据大多数是不完整和不一致的"脏"数据,无法直接进行数据挖掘。为了提高数据挖掘的质量,产生了数据预处理技术。数据预处理包括数据清洗、数据合并、数据抽取等。

数据清洗是指发现并纠正数据文件中可识别的错误,如移除重复数据、处理缺失值、检测和过滤异常值、检查数据一致性等。数据清洗不仅要使通过清洗后的数据变得可用,而且要使数据变得更加适合进行后续的数据分析工作。

8.1.1 重复值的处理

原始数据集中往往会存在许多重复值。所谓重复值是指在数据结构中如果行中所有列的内容都相同,即行重复。而处理重复值是数据分析中经常要面对的问题之一。pandas 提供了 duplicated()函数和 drop_duplicates()函数来标记和删除重复值。

【微课视频】

(1) duplicated()函数

duplicated()函数用于标记 Series 中的值;判断 DataFrame 中的记录行是否重复,重复则为 True,不重复则为 False。该函数的格式如下。

```
pandas.DataFrame.duplicated(subset=None,keep='first')
```

或

```
pandas.Series.duplicated(keep='first')
```

该函数中的参数说明如下。

❑ subset：string 类型或序列，用于识别重复的列标签或列标签序列，默认为列标签，默认值为 None。

❑ keep：特定 string 类型，first 表示除了第一次出现，其余相同的重复值标记为 True；last 表示除了最后一次出现，其余相同的重复值标记为 True；False 表示将所有重复值标记为 True。默认值为 first。

（2）drop_duplicates()函数

drop_duplicates()函数用于删除 Series、DataFrame 中的重复值，并返回删除重复值后的结果。该函数的格式如下。

```
pandas.DataFrame.drop_duplicates(subset=None,keep='first',inplace=False)
```
或
```
pandas.Series.drop_duplicates(keep='first', inplace=False)
```

该函数中的参数说明如下。

❑ subset：string 类型或序列，仅考虑用于标识重复值的某些列，默认情况下使用所有列，默认值为 None。

❑ keep：特定 string 类型，first 表示删除重复值并保留第一次出现的项；last 表示除了最后一项，删除重复值；False 表示删除所有重复值。默认值为 first。

❑ inplace：bool 类型，True 表示直接修改原对象，False 表示创建一个副本，修改副本，原对象不变。默认值为 False。

【例 8-1】有一个手机评论数据文件 Mobile.csv，该文件的数据列包括手机品牌、价格和评分，现要求去除该文件中的重复值。

其示例代码 test8-1.py 如下。

```
import pandas as pd
df = pd.read_csv('d:/data/Mobile.csv',encoding = 'GBK')
#取 df 中 0～4 列数据
df1 = df.iloc[:,0:4]
print(df1)
#标识重复值
data = df1.duplicated(keep = 'first')
print(data)
#删除重复值
data1 = df1.drop_duplicates(keep = 'first')
print(data1)
```

8.1.2 缺失值的处理

在大多数的数据分析应用中，经常会遇到缺失值，常见的缺失值处理方式有过滤和填充。在 Python 中，pandas 使用浮点值 NaN 表示浮点数值和非浮点数值中的缺失值，同时 Python 内置的 None 值也会被当作缺失值。在处理缺失值之前，首先要判断缺失值是否存在，然后对缺失值进行删除、填充或者不处理的操作。

1. 判断缺失值的函数

在 pandas 中用于判断缺失值的函数如下。

（1）isnull()函数

isnull()函数的格式：isnull(obj)。其中，参数 obj 接收标量或数组，用于检查空值或缺失值的对象，如果有空值或缺失值则返回 True，否则返回 False。

（2）notnull()函数

notnull()函数的格式：notnull(obj)。其中，参数 obj 接收 ndarray 或对象值，用于检查不为空值或缺失值的对象，如果有空值或缺失值则返回 False，否则返回 True。

通过 isnull()函数和 sum()函数可以获得 Series 和 DataFrame 中缺失值的数量。

2. 处理缺失值的方法

缺失值的处理方法有 3 种：删除含有缺失值的记录；进行数据插补；不处理空值或缺失值。

【微课视频】

（1）删除含有缺失值的记录

在数据分析中，如果数据集的样本很多，并且在删除含有缺失值的记录后不会影响数据分析结果的客观性和准确性，一般使用 dropna()函数直接将含有空值或缺失值的数据删除。

dropna()函数的格式如下。

```
DataFrame.dropna(axis=0,how='any',thresh=None,subset=None,inplace=False)
```

该函数中的参数说明如下。

❑ axis：指定删除方向，axis=0 时按行删除，axis=1 时按列删除，默认值为 0。

❑ how：取值为'all'表示这一行或列中的元素全部缺失（为 NaN）才删除这一行或列；取值为'any'表示这一行或列中只要有缺失值，就删除这一行或列。

❑ thresh：是一个整数 x，表示空值 NaN 的数量小于 x 的行或列会被保存。

❑ subset：在某些列的子集中选择出现了缺失值的列删除，不在子集中的含有缺失值的列或行不会被删除。

❑ inplace：筛选缺失值后，获得的新数据是存为副本还是直接在原数据上进行修改；取值为 True 或 False，True 表示直接修改原数据，False 表示创建一个副本，修改副本，原对象不变，默认值为 False。

【例 8-2】导入 Excel 成绩表 grade.xls 中的 grade1 表，完成在不同情况下删除缺失值的操作。其示例代码 test8-2.py 如下。

```
import pandas as pd
#导入成绩数据
df = pd.read_excel('d:/data/grade.xls',sheet_name = 'grade1')
#所有值全为缺失值才删除
df1 = df.dropna(how = 'all')
#输出 df1 的前 5 行
print(df1.head())
#删除至少出现过两个缺失值的行
df1 = df.dropna(thresh = 2,axis = 0)
#输出 df1 的前 10 行
print(df1.head(10))
#删除 subset 中指定的列含有缺失值的行
df1 = df.dropna(subset = ['exam'])
#输出 df1 的前 5 行
print(df1.head())
#删除含有缺失值的列
print(df.dropna(axis = 1))
#只要有缺失值就删除，并且直接在原数据上进行修改
```

```
df1 = df.dropna(how = 'any',inplace = True)
print(df)
```

（2）数据插补

在数据分析中，如果数据集的样本比较少，并且在删除含有缺失值的记录后会影响到数据分析结果的客观性和准确性，就需要采用数据插补的方法来选择填充值，然后使用 fillna()函数对空值或缺失值进行填充。

fillna()函数的格式如下。

```
DataFrame.fillna(value=None,method=None,axis=None,inplace=False,limit=None,
downcast=None,**kwargs)
```

该函数中的参数说明如下。

❑ value：常数、dict、Series 或 DataFrame，表示填充缺失值的值。

❑ method：填充缺失值的方法，取值为'pad'、'ffill'、'backfill'、'bfill'或 None。'pad'/'ffill'：用前一个非缺失值填充该缺失值。'backfill'/'bfill'：用下一个非缺失值填充该缺失值。None：指定一个值去替换缺失值（默认使用这种方式）。

❑ axis：指定填充方向，axis=1 时按列填充，axis=0 时按行填充。

❑ inplace：取值为 True 或 False，True 表示直接修改原数据，False 表示创建一个副本，修改副本，原对象不变，默认值为 False。

❑ limit：限制填充的个数，如果 limit=2，则只填充两个缺失值。

❑ downcast：默认值为 None，它可以将填充后的值向下转换为适当的相等数据类型（例如，将 float64 转换为 int64）。

> ▌注意▐
>
> method 参数不能与 value 参数同时出现。

在选取填充缺失值的数据时，除了选择常数 0 或者通过指定 method 参数的方式来选择填充缺失值的数据，还可以根据数据插补方法来填充填充值。数据插补方法如表 8-1 所示。

表 8-1   数据插补方法

数据插补方法	描述
平均值/中位数/众数插补	根据属性值的类型，用该属性取值的平均值/中位数/众数进行插补
使用固定值	将缺失值使用一个常量值替换
最近邻插补	在记录中找到与缺失样本最接近样本的属性值插补
回归方法	对带有缺失值的变量，根据已有的数据和与其有关的其他变量（因变量）的数据建立拟合模型来预测缺失的属性值
插值法	利用已知点建立常用的插值函数 $f(x)$，未知值由对应点 x_i 求出的函数值 $f(x_i)$ 近似替代

【例 8-3】导入 Excel 成绩表 grade.xls 中的 grade1 表，完成以下操作。

（1）查看该表前 5 行的缺失值，分别用常数 0 和字典填充缺失值，但不修改原数据。

（2）分别指定不同的 method 参数，观察填充缺失值的情况。

（3）exam 属性的缺失值用平均值替换，将 Normal 属性的缺失值用中位数替换。

（4）用常数 0 填充缺失值，并修改原数据。

其示例代码 test8-3.py 如下。

```
import pandas as pd
#导入成绩数据
df = pd.read_excel('d:/data/grade.xls',sheet_name = 'grade1')
```

```
#查看前 5 行
print(df.head())
#查看缺失值的数量
print(df.isnull().sum())
#用常数 0 填充
df1 = df.fillna(0)
print(df1.head())
#用字典填充
df2 = df.fillna({'Normal':60,'exam':40})
print(df2.head())    #修改副本
#观察原数据 df 没有改变
print(df.head())
#指定 method = 'ffill'或者'pad'：用前一个非缺失值填充该缺失值
df2 = df.fillna(method = 'ffill')
print(df2.head())
#指定 method = 'bfill'或者'backfill'：用下一个非缺失值填充该缺失值
df2 = df.fillna(method = 'bfill')
print(df2.head())
#将 exam 列的缺失值用平均值替换
exa_mea = df['exam'].fillna(df['exam'].mean())
print(exa_mea.head())
#将 Normal 列的缺失值用中位数替换
Nor_med = df['Normal'].fillna(df['Normal'].median())
print(Nor_med.head())
#指定 inplace 参数为 True
print(df.fillna(0,inplace = True))
#观察原数据 df 发生改变
print(df.head())
```

8.1.3　异常值的处理

在数据分析中，除了常见的重复值和缺失值，还会遇到一类非正常的数据，即异常值。所谓异常值，就是在数据集中存在的不合理的值。例如，年龄为负数、成绩大于满分或小于 0、商品评分超出最高分或商品日销售量远远超过年销售量等，都属于异常值。从集合角度来看，异常值即离群点。因此，为了处理异常值，首先应判别数据集中是否存在离群点，然后对离群点的数据进行处理。

1. 判别数据集中异常值的方法

（1）散点图分析

通过绘制数据集中某些属性值的散点图，可观察这些属性值中的数据是否存在超出正常范围的离群点，从而发现数据集中的异常值。

（2）描述性统计分析

对数据集中的属性值进行描述性统计分析，从中可发现哪些数据是不合理的。例如，年龄属性值的区间规定为[0:150]，如果数据集样本中的年龄属性值不在该区间范围内，则表示该样本的年龄属性值属于异常值。

（3）3σ 原则

3σ 原则是指当数据服从正态分布时，根据正态分布的定义可知，距离平均值 3σ 之外的概率为 $P(|x-\mu|>3\sigma)\leqslant0.003$，这属于极小概率事件，在默认情况下，可以认定距离超过平均值 3σ

的样本是不存在的。因此，当样本距离平均值大于 3σ 时，则认定该样本为异常值。

（4）箱线图分析

箱线图提供了一个识别异常值的标准，即大于或小于箱线图设定的上下界的数值为异常值。箱线图可参见第 6 章中的图 6-9。

在箱线图上定义了上四分位数和下四分位数，上四分位数设置为 U，表示所有样本中只有 1/4 的数值大于 U；同理，下四分位数设置为 L，表示所有样本中只有 1/4 的数值小于 L。同时，设置上四分位数与下四分位数之间的间距为 IQR，即 IQR=U–L，那么上界为 U+1.5IQR，下界为 L–1.5IQR。箱线图在选取异常值方面比较客观，在识别异常值方面有一定的优越性。

2. 异常值的处理方法

【微课视频】

常用的异常值处理方法有以下 4 种。

❑ 删除含有异常值的记录。

❑ 将异常值视为缺失值，按照缺失值的处理方法来处理。

❑ 用平均值来修正异常值。

❑ 对异常值不进行处理。

在处理异常值时，有些异常值可能含有有用信息，因此，如何判定和处理异常值，需视情况而定。在数据量较多时，可通过散点图和描述性统计分析来查看数据基本情况，发现异常值，并借助箱线图进行监测。

【例 8-4】现有一个餐厅销售数据表 sale.xls，在该数据表中有日期和销量两列数据，要求分析该数据表中销量数据的异常值，并将异常值用销量数据的中位数替换。

数据分析思路：首先读取 sale.xls 文件中的数据，并对销量数据进行描述性统计分析以发现异常值，然后运用散点图寻找异常值，最后将异常值用销量数据的中位数替换。

其示例代码 test8-4.py 如下。

```python
import numpy as np
import pandas as pd
import matplotlib.pyplot as plt
#导入数据，并将日期列（该列索引为 0）数据转换成字符
data = pd.read_excel('d:/data/sale.xls',dtype={0:str})
#通过描述性统计分析发现异常值
print(data.describe())
#通过散点图发现 6 个异常值
data1 = data.T
#获取日期数据
date1 = data1.values[0]
#将字符型的日期数据转换为 "年-月-日" 的格式
date = pd.to_datetime(date1,format='%Y/%m/%d')
#获取销量数据
sale = data1.values[1]
#绘制散点图
plt.plot(date,sale,'o')
plt.show()
#将异常值用销量数据的中位数替换
data['销量'][(data['销量'] < 400) | (data['销量'] > 5000)] = 2655.85
```

通过销售数据散点图寻找异常值，其散点图如图 8-1 所示。

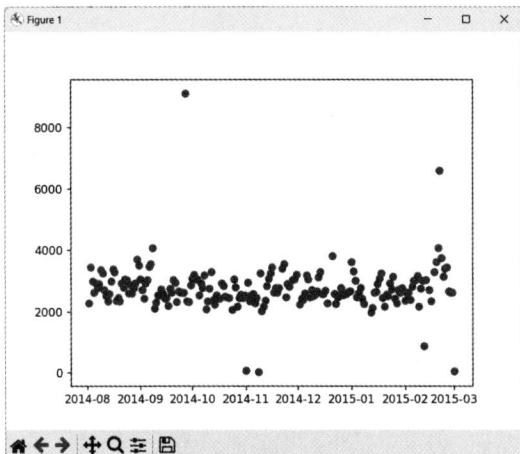

图8-1　销售数据散点图

8.2　数据合并

在采集数据时，往往会将数据分散存储于不同的数据集中。而在进行数据分析时，常常又需要通过一个或多个键将两个数据集的行连接起来，或者沿着一条轴将多个数据集堆叠到一起，以实现数据合并。数据合并类似于数据库中运用 SQL 语句的 JOIN 连接来实现多表查询。通过数据合并，可以将多个数据集整合到一个数据集中。在 pandas 中，常用的数据合并函数有 merge()、join()、concat()、append()和 combine_first()。

8.2.1　按键合并数据

1. merge()函数

在 pandas 中，通过两个数据集中的一个或多个键来合并数据时，可使用merge()函数，该函数的格式如下。

【微课视频】

```
pandas.merge(left,right,how='inner',on=None,left_on=None,right_on=None,
left_index=False,right_index=False,sort=False,suffixes=('_x','_y'),
copy=True, indicator=False)
```

该函数中的参数说明如下。

❑　left：参与合并的左侧 DataFrame。

❑　right：参与合并的右侧 DataFrame。

❑　how：连接方式，取值为 inner、outer、left 或 right，默认值为 inner，表示内连接，其结果是取两个数据集中键、值交集的数据；outer 表示外连接，其结果是取两个数据集中键、值并集的数据，对不匹配的键所对应的数据用 NaN 填充；left 表示左连接，其结果是取左侧全部数据，右侧取与左侧相匹配的键所对应的数据，不匹配的键所对应的数据用 NaN 填充；right表示右连接，其结果是取右侧全部数据，左侧取与右侧相匹配的键所对应的数据，不匹配的键所对应的数据用 NaN 填充。

❑　on：用于连接的列名，必须同时存在于左、右两个 DataFrame 对象中，如果未传递且left_index 和 right_index 为 False，则 DataFrame 中列的交集将作为连接键。

❑　left_on：左侧 DataFarme 中用作连接键的列，可以是列名、索引级名称，也可以是长度等于 DataFrame 长度的数组。

❑ right_on：右侧 DataFarme 中用作连接键的列，可以是列名、索引级名称，也可以是长度等于 DataFrame 长度的数组。

❑ left_index：如果为 True，则使用左侧 DataFrame 中的索引（行标签）作为其连接键。

❑ right_index：如果为 True，则使用右侧 DataFrame 中的索引（行标签）作为其连接键。

❑ sort：如果为 True，则对合并的数据进行排序，默认值为 False，在大多数情况下设置为 False 可获得更好的性能。

❑ suffixes：字符串组成的元组，用于指定当左、右两个 DataFrame 对象存在相同列名时，在列名后面附加的后缀名称，默认值为('_x','_y')。例如，左、右两个 DataFrame 对象都有'data'，则结果中就会出现'data_x'和'data_y'。

❑ copy：默认值为 True，表示总是将数据复制到数据结构中，在大多数情况下设置为 False 可获得更好的性能。

❑ indicator：默认值为 False，如果设置为 True，将合并数据中每行来源的信息，并将其添加到名为_merge 的列中。

【例 8-5】创建产品信息（info）和产品销售（sale）数据集，并完成下列对产品信息和产品销售数据集的数据合并操作。

（1）使用默认连接方式连接产品信息和产品销售数据集。

（2）按照指定"产品编号"列名合并产品信息和产品销售数据集。

（3）分别用 left、right、outer 连接方式连接数据集。

（4）根据"产品编号"和"品牌"多个键进行连接。

（5）对重复的列名进行处理。

（6）将索引作为连接键。

其示例代码 test8-5.py 如下。

```
import pandas as pd
#创建产品信息和产品销售数据集
info = pd.DataFrame({'产品编号':list('ABCD'),'类型名称':['电视机',
                     '手机','计算机','空调']},'品牌':['格力','康佳',
                     '海信','TCL']},index = range(1001,1005))
info.columns.name = '产品信息'
info.index.name = '编号'
print(info)
sale = pd.DataFrame({'产品编号':list('ABECDF'),'品牌':['格力',
                     '康佳','海信','TCL','康佳','格力'],'价格'
                     :[3600,1500,4500,2000,2300,3500]},index =
                     range(1001,1007))
sale.columns.name = '产品销售'
sale.index.name = '编号'
print(sale)

#使用默认连接方式连接产品信息和产品销售数据集
print(pd.merge(info,sale))
#按照指定"产品编号"列名合并产品信息和产品销售数据集
print(pd.merge(info,sale,on = '产品编号'))
```

```
#分别用 left、right、outer 连接方式连接数据集
print(pd.merge(info,sale,how = 'left'))
print(pd.merge(info,sale,how = 'right'))
print(pd.merge(info,sale,how = 'outer'))

#根据"产品编号"和"品牌"多个键进行连接
print(pd.merge(info,sale,on = ['产品编号','品牌']))
#对重复的列名进行处理
print(pd.merge(info,sale,on = '产品编号',suffixes = ('_1','_2')))
#将索引作为连接键
print(pd.merge(info,sale,on = ['产品编号','品牌],left_index = True,
            right_index = True ))
```

2. join()函数

除了 merge()函数，还可以使用 join()函数来实现根据特定的列和索引进行合并数据的操作。join()函数默认是通过 index 进行连接的，也可以通过设置参数 on 来指定连接的列。join()函数的格式如下。

```
left.join(right,on='key')
```

该函数的功能：将 left 的'keys'列和 right 的索引作为关键字进行比较，相同的进行合并。其等效于 pandas.merge(left,right,left_on='key',right_index=True,how='left')。

其示例代码 example8-1.py 如下。

```
import numpy as np
import pandas as pd
left = pd.DataFrame({'one':np.arange(4),'two':list('abcd'),
                    'key': ['K0', 'K1', 'K0', 'K1']})
right = pd.DataFrame({'three':[4,5],'four': ['e', 'f']},
                    index = ['K0', 'K1'])
result = left.join(right, on = 'key')
print(left,'\n',right,'\n',result)
```

运行结果如下。

```
   one two key
0   0   a  K0
1   1   b  K1
2   2   c  K0
3   3   d  K1
     three four
K0     4    e
K1     5    f
   one two key three four
0   0   a  K0    4    e
1   1   b  K1    5    f
2   2   c  K0    4    e
3   3   d  K1    5    f
```

8.2.2　沿轴连接数据

1. concat()函数

在 pandas 中，利用 concat()函数可以沿轴对数据进行简单的连接。用 concat()函数实现的连接相当于数据库中的全连接（union all），可以指定按某个轴进行连接，也可以指定 join 连接的

方式（只有 outer、inner 两种）。与数据库不同的是，concat()函数不能用于去重，如果要实现去重，可以使用 drop_duplicates()函数。轴向连接数据就是单纯地将两个数据集拼接，这个过程也被称作连接（concatenation）、绑定（binding）或堆叠（stacking）。

concat()函数的格式如下。

```
pandas.concat(objs,axis=0,join='outer',join_axes=None,ignore_index=False,
keys=None,levels=None,names=None,verify_integrity=False,copy=True,sort=
False)
```

该函数中的参数说明如下。

❑ objs：需要连接的对象集合，一般是 Series、DataFrame、列表或字典。

❑ axis：数据合并的轴方向，axis=0 表示纵向，axis=1 表示横向，默认值为 0。

❑ join：连接方式，取值为'outer'或'inner'，默认值为'outer'，表示外连接，其结果是取所连接的数据集中键、值并集的数据；'inner'表示内连接，其结果是取所连接的数据集中键、值交集的数据。

❑ join_axes：list 类型，表示自定义索引对象的列表。

❑ ignore_index：bool 类型，默认值为 False，如果为 True，则不要使用串联轴上的索引值，生成的轴将被标记为 0,…,n-1。

❑ keys：序列，默认值为 None，使用传递的键作为最外层构建层级索引，如果为多索引，应使用元组。

❑ levels：list 类型或序列，默认值为 None，用于构建层级索引的特定级别。

❑ names：list 类型，默认值为 None，表示层级索引的级别的名称。

❑ verify_integrity：bool 类型，默认值为 False，用于检查新连接的轴是否包含重复值。

❑ copy：bool 类型，默认值为 True，如果为 False，表示不复制数据。

❑ sort：如果为 True，则对合并的数据进行排序，默认值为 False，但在横向外连接或者 ignore_index=True 时要设置此参数。

【例 8-6】使用 concat()函数，通过选择不同的参数，观察实现多个数据集的沿轴连接的效果。其示例代码 test8-6.py 如下。

```
import numpy as np
import pandas as pd
#定义 3 个 Series
s1 = pd.Series([0, 1, 2], index = ['a', 'b', 'c'])
s2 = pd.Series([3, 4, 5, 6], index = ['d', 'e', 'f', 'g'])
s3 = pd.Series([7, 8, 9], index = ['h', 'i', 'j'])
print('将 s1、s2、s3 纵向外连接')
result = pd.concat([s1, s2, s3])
print(result)
print('将 s1、s2、s3 横向外连接')
result =pd.concat([s1, s2, s3], axis = 1,sort = False)
print(result)
print('将 s1*2、s3 纵向外连接')
s4 = pd.concat([s1 * 2、s3])
print(s4)
print('将 s1、s4 横向外连接')
result = pd.concat([s1, s4], axis = 1,sort = False)
print(result)
```

```
print('将 s1、s4 横向内连接')
result = pd.concat([s1, s4], axis = 1, join = 'inner')
print(result)
print('将 s1、s4 横向外连接，指定自定义索引')
result = pd.concat([s1, s4], axis = 1, join_axes = [['a', 'c', 'b', 'e']],
                    sort = False)
print(result)
print('将 s1、s2、s3 纵向外连接，设置层次索引')
result = pd.concat([s1, s1, s3], keys = ['one', 'two', 'three'])
print(result)

print('将 s1、s2、s3 横向外连接，设置层次索引')
result = pd.concat([s1, s2, s3], axis = 1, keys = ['one', 'two', 'three'],
                    sort = False)
print(result)
#定义 2 个 DataFrame
df1 = pd.DataFrame(np.arange(6).reshape(3, 2), index = ['a', 'b', 'c'],
                columns = ['one', 'two'])
df2 = pd.DataFrame(5 + np.arange(4).reshape(2, 2), index = ['a', 'c'],
                columns = ['three', 'four'])
print('将 df1、df2 横向外连接，设置层次索引')
result = pd.concat([df1, df2], axis = 1, keys = ['level1', 'level2'],
                    sort = False)
print(result)
print('使用字典设置层次索引，横向外连接')
result = pd.concat({'level1': df1, 'level2': df2}, axis = 1, sort = False)
print(result)
print('将 df1、df2 横向外连接，设置层次索引和设置层次索引的级别名称')
result = pd.concat([df1, df2], axis = 1, keys = ['level1', 'level2'],
                    names = ['upper', 'lower'],sort = False)
print(result)
#将两个不相同的列的 DataFrame 合并
df1 = pd.DataFrame(np.random.randn(3, 4), columns = ['a', 'b', 'c', 'd'])
df2 = pd.DataFrame(np.random.randn(2, 3), columns = ['b', 'd', 'a'])
print('df1、df2 纵向外连接，忽略原 index，重建索引')
print(pd.concat([df1, df2], ignore_index = True,sort = False))
```

总结出 concat()函数具有以下特点。

（1）当 concat()函数作用于 Series 时，如果 axis=0，类似于 union（数据并集）；如果 axis=1，则组成一个 DataFrame，索引是 union 后的结果，列是类似 join 方法连接后的结果。

（2）通过参数 join_axes 指定自定义索引。

（3）通过参数 keys 设置层次索引。利用参数 keys 可以为合并后的数据集增加一个键，通过该键指明合并数据集中不同的数据来源。

（4）通过参数 ignore_index=True 可重建索引。利用该参数可以实现将两个不同的列的 DataFrame 合并，其中，无效的值用 NaN 表示。

2. append()函数

append()函数是 concat()函数的简略形式，但是 append()函数只能在 axis=0 上进行数据合并。append()函数的格式如下。

```
left.append(right)
```

或

```
left.append(right,ignore_index=True)
```

该函数的功能：将 left 指定数据集与 right 指定数据集进行纵向合并。其中，DataFrame 与 Series 进行合并时，需要使用参数 ignore_index=True。

其示例代码 example8-2.py 如下。

```
import numpy as np
import pandas as pd
left = pd.DataFrame({'one':np.arange(4),'two':list('abcd')})
right = pd.DataFrame({'three':[4,5],'four': ['e', 'f']})
s1 = pd.Series([0, 1, 2], index = ['a', 'b', 'c'])
result = left.append(right,sort = False)
result1 = left.append(s1,ignore_index = True)

print('左边数据: ','\n',left,'\n','右边数据: ','\n',
      right,'\n','合并数据: ','\n',result)
print('左边数据: ','\n',left,'\n','右边数据: ','\n',
      s1,'\n','合并数据: ','\n',result1)
```

最后一条语句的输出结果如下。

```
左边数据:
    one two
0   0   a
1   1   b
2   2   c
3   3   d
右边数据:
a   0
b   1
c   2
dtype: int64
合并数据:
    one two  a   b   c
0   0.0  a  NaN NaN NaN
1   1.0  b  NaN NaN NaN
2   2.0  c  NaN NaN NaN
3   3.0  d  NaN NaN NaN
4   NaN NaN 0.0 1.0 2.0
```

8.2.3　合并重叠数据

前面介绍了按列或者按行连接数据的方法，但在数据合并处理中，还有一种数据组合的处理方法，即合并重叠数据。

合并重叠数据使用 combine_first()函数，该函数的格式如下。

```
obj1.combine_first(obj2)
```

其中，obj1 为函数调用对象的数据集；obj2 为函数参数对象的数据集。

该函数的作用是用函数参数对象中的数据为函数调用对象的缺失数据"打补丁"，即填充函数调用对象中的数据缺失值。

其示例代码 example8-3.py 如下。

```
import numpy as np
import pandas as pd

s1 = pd.Series([2,np.nan, 4.2, np.nan, 5.5, np.nan],
                index = ['a', 'b', 'c', 'd', 'e', 'f'])
s2 = pd.Series(np.arange(len(s1), dtype = np.float64),
                index = ['a', 'b', 'c', 'd', 'e', 'f'])
result = s2[:-3].combine_first(s1[3:])
print(s1,'\n',s2,'\n',result)
df1 = pd.DataFrame({'a': [np.nan,2., 4., np.nan],
                    'b': [1.,np.nan, 3., np.nan],
                    'c': range(2, 18, 4)})
df2 = pd.DataFrame({'a': [3., np.nan,5., 7., 9.],
                    'b': [np.nan, 2., 4., 6., 8.]})
result1 = df1.combine_first(df2)
print(df1,'\n',df2,'\n',result1)
```

最后一条语句的输出结果如下。

```
     a    b   c
0  NaN  1.0   2
1  2.0  NaN   6
2  4.0  3.0  10
3  NaN  NaN  14
     a    b
0  3.0  NaN
1  NaN  2.0
2  5.0  4.0
3  7.0  6.0
4  9.0  8.0
     a    b    c
0  3.0  1.0   2.0
1  2.0  2.0   6.0
2  4.0  3.0  10.0
3  7.0  6.0  14.0
4  9.0  8.0   NaN
```

8.3　数据抽取

数据抽取也称为数据拆分，它通过保留、抽取源数据表中的某些字段、记录的部分信息来形成一些新字段和新记录。例如，在电话号码里包含运营商、地区和号码段等信息，通过数据抽取获得相应的字段后，就可以对相应的数据进行分析。

8.3.1　字段抽取与拆分

1．字段抽取

字段抽取是指根据已知列数据的开始和结束位置，抽取出新的列。字段抽取采用 slice() 函数，该函数的格式如下。

【微课视频】

```
Series.str.slice(start=None, stop=None)
```

该函数中的参数说明如下。

❑　start：字段抽取的开始位置。

❑ stop：字段抽取的结束位置。

例如，电话号码 1857332××××中前 3 位 185 表示运营商，中间 4 位 7332 表示地区，后面 4 位××××表示号码段。

2. 字段拆分

字段拆分是指按照固定的字符，拆分已有的字符串，可通过字符分割函数来实现。字符分割函数有正序分割列函数 split()和逆序分割列函数 rsplit()，其中，split()函数的格式如下。

```
Series.str.split(sep=None, n=-1, expand=False)
```

该函数中的参数说明如下。

❑ sep：用于分割字符的字符串，默认使用空格分割。

❑ n：int 类型，默认值为-1，表示分割的列数。

❑ expand：bool 类型，默认值为 False，如果为 True，则返回 DataFrame 或 MultiIndex；如果为 False，则返回 Series 或者 Index。

例如，在"商品信息"字段中包含品牌、分类和型号等信息，为了便于进行数据分析，需要将"商品信息"字段拆分为"品牌""分类""型号"等字段。如"Haier 冰箱 BCD-630WBGUU1"，可拆分为品牌为"Haier"，分类为"冰箱"，型号为"BCD-630WBGUU1"。

【例 8-7】在 goods_sales.csv 文件中包含用户 ID、商品信息、单价、数量和电话号码等字段，现要求完成下列分类统计计算。

（1）按品牌分类统计商品销售数量。

（2）按商品种类分类统计商品销售数量。

（3）按地区号分类统计商品销售数量。

编程思路：首先导入 goods_sales.csv 数据，然后将"商品信息"字段拆分为"品牌""分类""型号" 3 个字段，再分别按"品牌"和"分类"字段分类统计商品销售数量，同时从"电话号码"字段中抽取出地区号，按地区号分类统计商品销售数量。

其示例代码 test8-7.py 如下。

```
import numpy as np
import pandas as pd
#导入数据
data = pd.read_csv('d:/data/goods_sales.csv',encoding = 'GBK')
print(data)
#将商品信息拆分成 3 列的 DataFrame
newData = data['商品信息'].str.split(';', 3, True)
newData.columns = ['品牌', '分类','型号']   #设置列名
print(newData)
df = data.drop('商品信息', axis = 1).join(newData)
result = df.groupby(by = ['品牌'])['数量'].agg({
        '数量':np.sum})
print(result)
result = df.groupby(by = ['分类'])['数量'].agg({
        '数量':np.sum})
print(result)


#抽取电话号码地区号
telData = data['电话号码'].astype(str)
```

```
areas = telData.str.slice(3, 7)
print(areas)
newDf = data.drop('电话号码', axis = 1).join(areas)
print(newDf)
result = newDf.groupby(by = ['电话号码'])['数量'].agg({
        '数量':np.sum})
print(result)
```

8.3.2　记录抽取

记录抽取是指根据一定的条件，对数据进行抽取。记录抽取函数的格式如下。

```
datafram[condition]
```

（1）函数中的参数说明

其中，condition 为过滤条件。函数返回值是 DataFrame。

（2）常用的过滤条件运算符或函数

❑　比较运算：大于（>）、小于（<）、大于等于（>=）、小于等于（<=）、不等于（!=）。

❑　范围运算：between(left,right)。

❑　空值匹配：pandas.isnull(column)。

❑　字符匹配：str.contains(pattern,na=False)，其中，na 参数表示空值的处理方式，如果为 False，则不匹配空值。例如：

```
df[df.title.str.contains("XX",na=False)]
```

❑　逻辑运算：与（&）、或（|）、取反（not）。

【例 8-8】在 goods_sales.csv 文件中包含用户 ID、商品信息、单价、数量和电话号码等字段，现要求完成下列记录抽取。

（1）筛选出单价为 3000～5000 元的商品。

（2）筛选出商品信息为空的记录。

（3）筛选出商品信息中含有"空调"文字的记录。

其示例代码 test8-8.py 如下。

```
import numpy as np
import pandas as pd
#导入数据
df = pd.read_csv('d:/data/goods_sales.csv',encoding = 'GBK')
print(df[df.单价.between(3000, 5000)])
print(df[pd.isnull(df.商品信息)])
print(df[df.商品信息.str.contains('空调', na = False)])
```

8.4　重塑层级索引

在处理数据时，有时需要对数据进行重排，也称作重塑（reshape）或者轴向旋转（pivot）。而运用层级索引可为 DataFrame 的数据重塑提供良好的一致性。在 pandas 中提供了实现重塑的两个函数，即 stack()函数和 unstack()函数。

常见的数据层次化结构有两种，一种是表格结构，如图 8-2 所示；另一种是"花括号"结构，如图 8-3 所示。

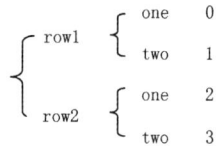

图8-2　表格结构　　　　　　　　图8-3　花括号结构

　　表格结构在行、列方向上均有索引（类似于 DataFrame），花括号结构只有"列方向"上的索引（类似于层次化的 Series），结构更加偏向于堆叠。stack()函数用于将数据从表格结构变成花括号结构，即将其行索引变成列索引；unstack()函数用于将数据从花括号结构变成表格结构，即将其中一层列索引变成行索引。

1. stack()函数

stack()函数的格式如下。

```
DataFrame.stack(level=-1,dropna=True)
```

该函数中的参数说明如下。

❑　level：int 类型、string 类型或 list 类型，默认值为-1，表示从列轴到索引轴堆叠的级别，定义为一个索引或标签，或者一系列索引或标签。

❑　dropna：bool 类型，默认值为 True，表示删除生成的 DataFrame/Series 中缺少值的行。将列级别堆叠到索引轴上可以创建原始数据帧中缺失的索引值和列值的组合。

该函数的返回值为 DataFrame 或 Series。

2. unstack()函数

unstack()函数的格式如下。

```
DataFrame.unstack(level=-1, fill_value=None)
```

或

```
Series.unstack(level=-1, fill_value=None)
```

该函数中的参数说明如下。

❑　level：int 类型、string 类型或 list 类型，默认值为-1（最后一级），表示要取消堆栈的索引级别。

❑　fill_value：如果取消堆栈，则用此值替换缺失值，默认值为 None。

该函数的返回值为 DataFrame 或 Series。

使用 stack()、unstack()函数的示例代码 example8-4.py 如下。

```python
import numpy as np
import pandas as pd
#创建 DataFrame
data = pd.DataFrame(np.arange(4).reshape((2, 2)),
                index = pd.Index(['row1', 'row2'], name = 'rows'),
                columns = pd.Index(['one', 'two'], name = 'cols'))
print(data)
#使用 stack()函数改变 data 层次化结构
result = data.stack()
print('将 data 变成花括号结构','\n',result)
print('恢复到原来的结构','\n',result.unstack())
print(result.unstack(0))
```

```
print(result.unstack('rows'))

#创建 Series
s1 = pd.Series([0, 1, 2, 3], index = ['a', 'b', 'c', 'd'])
s2 = pd.Series([4, 5, 6], index = ['c', 'd', 'e'])
data2 = pd.concat([s1, s2], keys = ['one', 'two'])
print(data2)
print('将 data2 变成表格结构','\n',data2.unstack())
#使用 stack() 函数改变成花括号结构，并删除缺失值行
print(data2.unstack().stack())
#使用 stack() 函数改变成花括号结构，不删除缺失值行
print(data2.unstack().stack(dropna = False))
#用字典创建 DataFrame
df = pd.DataFrame({'left': result, 'right': result + 3},
                  columns = pd.Index(['left', 'right'], name = 'side'))
print(df)
#使用 unstack()、stack() 函数
print(df.unstack('rows'))
print(df.unstack('rows').stack('side'))
```

8.5　映射与数据处理

映射就是创建一个映射关系列表，把元素和一个特定的标签或者字符串绑定起来。定义映射关系最好使用字典。例如：

```
map={'label1':'value1','label2':'value2',…}
```

在 pandas 中提供了利用映射来实现某些操作的函数，具体如下。

❑　replace() 函数：替换元素。

❑　map() 函数：添加元素。

❑　rename() 函数：重命名轴索引。

8.5.1　用映射替换元素

在处理数据时，经常会遇到需要将数据结构中原来的元素根据实际需求替换成新元素的情况。要想用新元素替换原来的元素，就需要定义一组映射关系。在映射关系中，将原来的元素作为键，新元素作为值。例如，创建字典 fruits 用于指明水果标识和水果名称的映射关系。

【微课视频】

```
fruits={101:'orange',102:'apple',103:'banana'}
```

如果要将用于存储水果标识、水果数量和单价的 DataFrame 对象中的水果标识替换成水果名称，就需要运用 replace() 函数，通过映射来实现元素的替换。

replace() 函数的基本格式如下。

```
obj.replace(to_replace=None,value=None,inplace=False,limit=None,regex=
False,method='pad')
```

该函数中的参数说明如下。

❑　to_replace：取值为 string、regex、list、dict、tuple、Series、int、float 或者 None，表示将被替换的值。

❑ value：取值为标量、dict、list、string、regex 或 None，默认值为 None，用于替换与 to_replace 匹配的任何值。对于 DataFrame，可以使用值的 dict 来指定每列使用哪个值（不在 dict 中的列将不会被填充）；还允许使用 regex、string 和 list 或这些对象的 dict。

❑ inplace：bool 类型，默认值为 False，如果是 True，将修改原来的数据。

❑ limit：int 类型，默认值为 None，用于限制填充次数。

❑ regex：bool 类型或与 to_replace 相同的类型，默认值为 False，表示是否将 to_replace 或 value 解释为正则表达式，如果是 True，那么 to_replace 必须是一个字符串；若为正则表达式或正则表达式的列表、字典或数组，to_replace 必须为 None。

❑ method：取值为'pad'、'ffill'、'bfill'或 None，表示替换时使用的方法，与缺失值填充方法类似，当 to_replace 是标量、list 或 tuple 时，值为 None。

【例 8-9】利用 replace()函数和映射实现将水果 DataFrame 中的水果标识替换成水果名称。其示例代码 test8-9.py 如下。

```python
import numpy as np
import pandas as pd
#创建水果标识与水果名称的映射关系
fruits = {101 : 'orange',102 : 'apple',103 : 'banana'}
#创建水果 DataFrame
data = pd.DataFrame({'fru_No' : [101,102,103],'fru_Num' : [1000,2000,3000]
                    ,'price' : [3.56,4.2,2.5]})
#用映射替换 fru_No 列的元素
newDf = data.replace(fruits)
print(newDf)
```

replace()函数应用的示例代码 example8-5.py 如下。

```python
import numpy as np
import pandas as pd
from pandas import Series,DataFrame
s = Series([-1000,-999,2,3,4,5,-2000])
#单数值替换
print(s.replace(-2000,np.nan))
#将多个数值替换
print(s.replace([-1000,-999],0))
#不同的值进行不同的替换
print(s.replace([-1000,-999],[np.nan,0]))
#用字典方式进行不同的替换
print(s.replace({-1000 : np.nan,-999 : 0,-2000 : np.nan}))
```

8.5.2 用映射添加元素

在例 8-9 中介绍了利用函数和映射来实现将水果标识替换成水果名称的方法。但是有时需要保留水果标识，将水果名称添加到数据集中。那么，这时可利用 map()函数，通过构建映射关系来实现元素的添加。

map()函数是作用于 Series 或 DataFrame 对象的一列，它接收一个函数或表示映射关系的字典作为参数，它的基本格式如下。

```python
Series.map(arg,na_action=None)
```

该函数中的参数说明如下。

❑　arg：取值为 function、dict 或 Series，表示映射关系。

❑　na_action：取值为 None 或'忽略'，默认值为 None，如果为'忽略'，则传播 NaN 值，而不将它们传递给映射关系。

【例 8-10】利用 map()函数和映射实现将水果名称添加到水果 DataFrame 中。

其示例代码 test8-10.py 如下。

```python
import pandas as pd

#创建水果标识与水果名称的映射关系
fruits = {101 : 'orange',102 : 'apple',103 : 'banana'}
#创建水果 DataFrame
data = pd.DataFrame({'fru_No' : [101,102,103],'fru_Num' : [1000,2000,3000],
                     'price' : [3.56,4.2,2.5]})
#用映射为 data 添加 fru_name 列的元素
data['fru_name'] = data['fru_No'].map(fruits)
print(data)
```

8.5.3　重命名轴索引

在数据处理中，有时需要使用映射转换轴的索引标签。pandas 的 rename()函数可以以表示映射关系的字典对象作为参数，替换轴的索引标签。

rename()函数的基本格式如下。

```
DataFrame.rename(mapper=None,index=None,columns=None,axis=None,copy=True,
inplace=False,level=None)
```

或

```
Series.rename(index=None,**kwargs)
```

该函数中的参数说明如下。

❑　mapper、index、columns：取值为 dict 或函数，表示将 dict 或函数转换为应用于该轴的值，使用 mapper 参数可指定映射器，使用 columns 参数可重命名各列。

❑　axis：int 类型或 string 类型，可选参数，表示映射器定位的轴，可以是轴名称（index 或 columns）或数字（0 或 1），默认值为 index。

❑　copy：bool 类型，默认值为 True，表示是否复制数据。

❑　inplace：bool 类型，默认值为 False，如果为 True，将会修改原来的数据。

❑　level：int 类型或级别名称，默认值为 None，如果是 MultiIndex，只重命名指定级别中的标签。

rename()函数的返回值是 DataFrame 或 Series。

【例 8-11】利用 rename()函数和映射重命名水果 DataFrame 的行索引和列索引。

其示例代码 test8-11.py 如下。

```python
import pandas as pd

#创建行索引的映射关系
reindex = {0 : 'row1',1 : 'row2',2 : 'row3'}
#创建水果 DataFrame
data = pd.DataFrame({'fru_No' : [101,102,103],'fru_Num' : [1000,2000,3000],
                     'price' : [3.56,4.2,2.5]})
#用映射重命名水果 DataFrame 的行索引，产生新 DataFrame，但原 DataFrame 不改变
```

```
newDf = data.rename(reindex)
print(newDf,'\n',data)
#用映射重命名水果 DataFrame 的行索引，产生新 DataFrame，但原 DataFrame 改变
newDf = data.rename(reindex,inplace = True)
print(newDf,'\n',data)

#创建列索引的映射关系
recolumns = {'fru_No' : 'col1','fru_Num' : 'col2','price' : 'col3'}
#用映射重命名水果 DataFrame 中的行索引和列索引
newDf = data.rename(index = reindex,columns = recolumns)
print(newDf)
#用映射重命名水果 DataFrame 的单个行索引和单个列索引
newDf = data.rename(index = {0 : 'row1'},columns = {'fru_No' : 'col1'})
print(newDf)
```

┃ 注意 ┃

　　rename()函数返回一个经过改动的新 DataFrame，但原 DataFrame 保持不变，如果要改变调用函数的对象本身，可使用 inplace 参数，并将其值设置为 True。

8.6　排列与随机抽样

1. 排列

　　利用 numpy.random.permutation()函数可以生成一个随机序列。将此随机序列作为 take()函数的参数，通过 take()函数就可实现按此随机序列来调整 Series 对象或 DataFrame 对象各行的顺序。其示例代码 example8-6.py 如下。

```
import numpy as np
import pandas as pd
#创建 DataFrame
df = pd.DataFrame(np.arange(12).reshape(4,3))
print(df)

#创建随机序列
order = np.random.permutation(4)
#通过随机序列调整 DataFrame 各行的顺序
newDf = df.take(order)
print(newDf)
```

2. 随机抽样

　　随机抽样是指随机从数据中按照一定的行数或者比例抽取数据。随机抽样函数的格式如下。

```
numpy.random.randint(start,end,size)
```

该函数中的参数说明如下。

- ❑　start：随机数的开始值。
- ❑　end：随机数的终止值。
- ❑　size：抽样个数。

　　通过 numpy.random.randint()函数产生随机抽样的数据，将此随机抽样的数据作为 take()函数的参数，通过 take()函数就可实现随机抽取 Series 或 DataFrame 中的数据。其示例代码 example8-7.py 如下。

```
import numpy as np
import pandas as pd
#创建 DataFrame
df = pd.DataFrame(np.arange(12).reshape(4,3))
print(df)
#随机抽样
order = np.random.randint(0,len(df),size = 3)
#通过随机抽样抽取 DataFrame 中的行
newDf = df.take(order)
print(newDf)
```

8.7　日期转换、日期格式化和日期抽取

【微课视频】

1. 日期转换

日期转换是指将字符型的日期格式的数据转换成日期型数据的过程。日期转换函数 to_datetime() 的格式如下。

```
pandas.to_datetime(dateString,format)
```

该函数中的参数说明如下。

❑　dateString：字符型时间列。

❑　format：日期格式，其代码如表 8-2 所示。

表 8-2　日期格式代码

代码	说明
%Y	4 位数的年份
%y	2 位数的年份
%m	2 位数的月份，取值范围为[01,12]
%d	2 位数的日，取值范围为[01,31]
%H	小时（24 小时制），取值范围为[00,23]
%M	2 位数的分钟，取值范围为[00,59]
%S	2 位数的秒，取值范围为[00,61]，有闰秒
%W	用整数表示的星期几，取值范围为[0,6]，其中 0 表示星期日

2. 日期格式化

日期格式化是指将日期型数据按照指定格式转换为字符型数据。日期格式化函数的格式如下。

```
df_dt.apply(lambda x: datetime.strftime(x, format))
```

或

```
df_dt.dt.strftime(format)
```

该函数中的部分参数说明如下。

❑　format：日期格式，其代码如表 8-2 所示。

3. 日期抽取

日期抽取是指从日期格式中抽取出需要的部分属性，其格式如下。

```
df_dt.dt.property
```

说明如下。

❑　df_dt：DataFrame 中的时间列。

❑　property：时间属性，如表 8-3 所示。

表 8-3　时间属性

属性	说明
second	秒，取值范围为[00,61]，有闰秒
minute	分钟，取值范围为[00,59]
hour	小时（24 小时制），取值范围为[00,23]
day	日，取值范围为[01,31]
month	月，取值范围为[01,12]
year	年
weekday	用整数表示星期几，取值范围为[0,6]，其中 0 表示星期日

其示例代码 example8-8.py 如下。

```python
import pandas as pd
from datetime import datetime
#导入股票数据
df = pd.read_excel('d:/data/沪深股票股本变动数据.xlsx',
                   sheet_name = 'sharedata')
#查看 df 中每个字段的数据类型，发现 df['日期']是 int64 类型
print(df.info())
#将 int 转换成 str
df_date = df['日期'].apply(str)
#用 to_datetime()函数将字符串转换成时间格式，并增加"时间"字段
df['时间'] = pd.to_datetime(df_date,format = '%Y/%m/%d')
print(df['时间'])

#将日期格式化，并增加"格式化日期"字段
df['格式化日期1'] = df.时间.apply(lambda x: datetime.
                        strftime(x, format = '%Y-%m-%d'))
df['格式化日期2'] = df.时间.dt.strftime('%Y-%m-%d')
print(df['格式化日期1'],'\n',df['格式化日期2'])

#抽取"时间"字段中的值
df['时间.年'] = df['时间'].dt.year
df['时间.月'] = df['时间'].dt.month
df['时间.周'] = df['时间'].dt.weekday
df['时间.日'] = df['时间'].dt.day
df['时间.时'] = df['时间'].dt.hour
df['时间.分'] = df['时间'].dt.minute
df['时间.秒'] = df['时间'].dt.second
print(df['时间.年'],df['时间.月'],df['时间.周'],df['时间.日'])
print(df['时间.时'],df['时间.分'],df['时间.秒'])
```

8.8　字符串处理

Python 由于在处理字符串和文本方面非常方便，因而广受欢迎。大多数字符串操作使用 Python 内置函数就能轻松实现。对于字符串匹配及其他更为复杂的字符串处理，就需要使用正则表达式。

8.8.1　内置的字符串处理方法

在 pandas 字符串操作中，常用的字符串处理方法如下。

1. 字符串拆分

split()函数的作用是通过指定分隔符对字符串进行切片，其格式如下。

```
str.split(str="", num=string.count(str))
```

该格式说明如下。

【微课视频】

❑　str: 字符串的分隔符，默认为所有的空字符，包括空格、换行符、制表符等。

❑　num：分割次数。如果参数 num 有指定值，则仅分隔 num 个子字符串。

该函数的返回值为分割后的字符串列表。

其示例代码 example8-9.py 如下。

```
str = "#this is string example##"
print(str.split(' '))
print(str.split(' ',str.count(' ')))
print(str.split(' ',2))
```

2. 移除字符串头尾指定的字符

strip()函数用于移除字符串头尾指定的字符（默认为空格），其格式如下。

```
str.strip(chars)
```

该函数中的参数 chars 表示移除字符串头尾指定的字符。

该函数的返回值为移除字符串头尾指定的字符后生成的新字符串。

其示例代码 example8-10.py 如下。

```
str = "#this is string example##"
print(str.strip('#'))
```

3. 字符串连接

join()函数用于将字符串、元组、列表等中的元素以指定的字符（分隔符）连接成一个新的
字符串，其格式如下。

```
'sep'.join(seq)
```

该格式说明如下。

❑　sep：字符串的分隔符，可以为空。

❑　seq：要连接的元素序列、字符串、元组、字典等。

该函数的返回值为一个以分隔符 sep 连接各个元素后生成的字符串。

除了 join()函数，还可以用“+”将多个字符串连接起来。

其示例代码 example8-11.py 如下。

```
arr = ['a','b','c']
str = arr[0]+' : '+arr[1]+' : '+arr[2]
print(str)
str1 = ':'
str2 = arr
print(str1.join(str2))
```

4. 查找子字符串

使用 in 关键字可以查找子字符串，其返回值是 bool 类型。使用 find()函数
和 index()函数也可以查找子字符串，其返回值为返回子字符串第一次出现的位
置的索引。

【微课视频】

find()函数用于查找子字符串，若找到则返回从 0 开始的索引，若找不到则返回-1，其格式如下。

```
str.find(chars)
```

该函数中的参数 chars 表示要查找的子字符串。

index()函数用于在字符串里查找子字符串第一次出现的位置，类似 find()函数，不过比 find()函数更好的是，如果查找不到子字符串，会抛出异常，而不是返回-1，其格式如下。

```
str.index(chars)
```

该函数中的参数 chars 表示要查找的子字符串。

其示例代码 example8-12.py 如下。

```
str = "#this is string example##"
print(str.find('s'))
print(str.index('s'))
if 's' in str:
    print(str.find('s'))


print(str.find('o'))
print(str.index('o'))
```

5. 判断子字符串出现的次数

count()函数用于统计字符串里某个字符出现的次数，函数的可选参数为字符串搜索的开始位置与结束位置，其格式如下。

```
str.count(sub,start,end)
```

该函数中的参数说明如下。

❑ sub：搜索的子字符串。

❑ start：字符串搜索的开始位置，默认为第一个字符，第一个字符索引为 0。

❑ end：字符串搜索的结束位置，默认为字符串的最后一个字符的位置。

该函数的返回值为返回子字符串在字符串中出现的次数。

其示例代码 example8-13.py 如下。

```
str = "#this is string example##"
print(str.count('s'))
print(str.count('s',0,5))
print(str.count('s',5,len(str)))
```

6. 替换子字符串

replace()函数用于将字符串中的 old（旧字符串）替换成 new（新字符串），如果指定第 3 个参数 max，则替换不超过 max 次，其格式如下。

```
str.replace(old, new[, max])
```

【微课视频】

该函数中的参数说明如下。

❑ old：将被替换的子字符串。

❑ new：新字符串，用于替换 old。

❑ max：可选参数，表示替换不超过 max 次。

该函数的返回值为返回字符串中的 old 替换成 new 后生成的新字符串。

其示例代码 example8-14.py 如下。

```
str = "新浪网 www.sina.com"
print(str.replace('com','cn.com'))
```

```
str = "#this is string example##"
str1 = str.replace('is', 'was')
str2 = str1.replace('#','!',2)
print(str1,'\n',str2)
```

8.8.2　正则表达式

正则表达式是用于描述字符排列模式的一种语法规则，它主要用于字符串的模式分割、匹配、查找及替换操作。Python 自 1.5 版本起增加了 re 模块，re 模块使 Python 拥有全部的正则表达式功能。

单条正则表达式通常被称作 regex，它是根据正则表达式语法规则编写的字符串。Python 内置的 re 模块用于操作 regex 对象。只有使用 import re 语句，先导入 re 模块，才能使用正则表达式。re 模块所提供的函数分为 3 类：模式匹配、替换和拆分。下面主要介绍 Python 中常用的正则表达式处理函数。

1. compile()函数

compile()函数用于编译正则表达式，生成一个正则表达式对象，供 match()和 search()这两个函数使用，其格式如下。

```
re.compile(pattern[,flags])
```

该函数中的参数说明如下。

❑　pattern：一个字符串形式的正则表达式。

❑　flags：可选参数，表示匹配模式，如忽略大小写、多行模式等，具体参数见正则表达式修饰符 flags 参数。

compile()函数的返回值为 RegexObject，即正则表达式对象。

2. 正则表达式对象

（1）正则表达式修饰符

正则表达式修饰符——flags（标志）如表 8-4 所示。

表 8-4　正则表达式修饰符——flags

修饰符	说明
re.I	使匹配对大小写不敏感
re.L	做本地化识别匹配
re.M	多行模式，影响 "^" 和 "$"
re.S	使 "." 匹配包括换行在内的所有字符，除了换行符
re.U	根据 Unicode 字符集解析字符。这个标志影响 "\w" "\W" "\b" "\B"
re.X	为了增加可读性，忽略空格和 "#" 后面的注释

（2）正则表达式模式

正则表达式模式是指使用特殊的语法来表示一个正则表达式，它的规则如下。

❑　正则表达式模式中的字母和数字匹配相同的字符串。

❑　多数字母和数字前加一个反斜线时会拥有不同的含义。

❑　标点符号只有被转义时才匹配自身，否则它们表示特殊的含义。

❑　反斜线本身需要使用反斜线转义。

❑　正则表达式通常都包含反斜线，如模式元素 r'\t'等价于'\\t'。因此，正则表达式中一般都使用 r'…'（raw 字符串）来定义规则字符串。

正则表达式模式如表 8-5 所示，如果在使用模式的同时提供了可选的 flags 参数，某些模式元素的含义会改变。

表 8-5　正则表达式模式

模式	说明
^	匹配字符串的开头
$	匹配字符串的末尾
.	匹配任意字符，除了换行符，当 re.DOTALL 标志被指定时，则可以匹配包括换行符的任意字符
[...]	用来表示一组字符，单独列出，例如[amk]匹配'a'、'm'或'k'
[^...]	不在[]中的字符，例如[^abc]匹配除了 a、b、c 的字符
re*	匹配 0 个或多个表达式
re+	匹配 1 个或多个表达式
re?	匹配 0 个或 1 个由前面的正则表达式定义的片段，非贪婪方式
re{n}	精确匹配 n 个前面的正则表达式。例如，o{2}不能匹配 "Boy" 中的 "o"，但是能匹配 "foot" 中的两个 "o"
re{n,}	匹配 n 个前面的正则表达式。例如，o{2,}不能匹配 "Boy" 中的 "o"，但能匹配 "fooooot" 中的所有 "o"。o{1,}等价于 "o+"，o{0,}则等价于 "o*"
re{n,m}	匹配 n 到 m 次由前面的正则表达式定义的片段，贪婪方式
a|b	匹配 a 或 b
(re)	匹配括号内的正则表达式，也表示一个组
(?imx)	正则表达式包含 3 种可选标志：i、m 或 x，只影响括号中的区域
(?-imx)	正则表达式关闭 i、m 或 x 可选标志，只影响括号中的区域
(?:re)	类似(...)，但是不表示一个组
(?imx:re)	在括号中使用 i、m 或 x 可选标志
(?-imx:re)	在括号中不使用 i、m 或 x 可选标志
(?#...)	注释
(?=re)	前向肯定界定符。如果所含正则表达式以...表示，在当前位置成功匹配时成功，否则失败
(?!re)	前向否定界定符。与肯定界定符相反，当所含表达式不能在字符串当前位置成功匹配时成功
(?>re)	匹配的独立模式，省去回溯
\w	匹配字母、数字及下划线
\W	匹配非字母、数字及下划线
\s	匹配任意空白字符，等价于[\t\n\r\f]
\S	匹配任意非空字符
\d	匹配任意数字，等价于[0-9]
\D	匹配任意非数字
\Z	匹配字符串结束，如果存在换行，只匹配到换行前的结束字符串
\z	匹配字符串结束
\G	匹配最后匹配完成的位置
\b	匹配一个单词边界，也就是指单词和空格间的位置。例如，'er\b'可以匹配 "never" 中的 "er"，但不能匹配 "verb" 中的 "er"
\B	匹配非单词边界，'er\B'能匹配 "verb" 中的 "er"，但不能匹配 "never" 中的 "er"
\n, \t	匹配一个换行符，匹配一个制表符
\1...\9	匹配第 *n* 个分组的内容

3. match()函数

match()函数用于尝试从字符串的起始位置匹配一个模式，如果不是在起始位置匹配成功，

match()函数就返回 None，其格式如下。

```
re.match(pattern,string, flags=0)
```

该函数中的参数说明如下。

❑　pattern：匹配的正则表达式。

❑　string：要匹配的字符串。

❑　flags：标志位，用于控制正则表达式的匹配方式，例如是否区分大小写、多行匹配等，具体见表 8-4。

函数返回值：当匹配成功后，match()函数返回匹配成功的对象，否则返回 None。

match()函数可以使用 group(num)或 groups()匹配对象函数来获取匹配表达式。

其示例代码 example8-15.py 如下。

```
import re
# 在起始位置匹配，匹配对大小写不敏感
print(re.match(r'(w*)', 'WWW.baidu.com',re.I).span())
print(re.match(r'[com]', 'www.baidu.com')) #没有匹配
str = "#this is String example##"
pattern = re.compile(r'(.*) is (.*)')
m_Obj = re.match(pattern, str)
if m_Obj:
    print('m_Obj.group():', m_Obj.group())
    print('m_Obj.group(1):', m_Obj.group(1))
    print('m_Obj.group(2):', m_Obj.group(2))
else:
    print('No match!!')
str1 = "www.sina.com,www.163.com"
pattern = re.compile(r'(\D*\d*)')
m_Obj = re.match(pattern, str1)
print('m_Obj.group():', m_Obj.group())
```

4. search()函数

search()函数用于扫描整个字符串并返回第一个成功匹配的对象，其格式如下。

```
re.search(pattern,string, flags=0)
```

该函数中的参数说明如下。

❑　pattern：匹配的正则表达式。

❑　string：要匹配的字符串。

❑　flags：标志位，用于控制正则表达式的匹配方式，例如是否区分大小写、多行匹配等，具体见表 8-4。

函数返回值：匹配成功则 search()函数返回一个匹配的对象，否则返回 None。

与 match()函数相同，search()函数也可以使用 group(num)或 groups()匹配对象函数来获取匹配表达式。

其示例代码 example8-16.py 如下。

```
import re
print(re.search(r'(w*)', 'www.baidu.com').span())  # 在起始位置匹配
print(re.search(r'[com]', 'www.baidu.com').span()) # 不在起始位置匹配

str1 = "www.163.com,www.51job.com"
pattern = re.compile(r'\d{3}|\d{2}')
```

```
m_Obj = re.search(pattern, str1)
print('m_Obj.group():', m_Obj.group())
```

> **注意**
>
> match()函数只匹配字符串的开始，如果字符串开始就不符合正则表达，则匹配失败，函数返回 None；而 search()函数匹配整个字符串，直到找到一个匹配对象。

5. sub()函数

re 模块提供了 sub()函数用于替换字符串中的匹配项，其格式如下。

```
re.sub(pattern, repl, string, count=0, flags=0)
```

该函数中的参数说明如下。

- ❑ pattern：正则表达式中的模式字符串。
- ❑ repl：替换的字符串，也可为一个函数。
- ❑ string：要被查找/替换的原始字符串。
- ❑ count：模式匹配后替换的最大次数，默认值为 0，表示替换所有的匹配项。
- ❑ flags：标志位，用于控制正则表达式的匹配方式，例如是否区分大小写，多行匹配等，具体见表 8-4。

其示例代码 example8-17.py 如下。

```
import re
str = "#This is String example##"
#删除字符串中前后的 "#"
sub_str = re.sub(r'^#*|#*$', '', str)
print(sub_str)
#将字符串中的空格替换成 "-"
new_sub_str = re.sub(' ', '-', sub_str)
print(new_sub_str)


# 删除 tel 字符串中的圆括号
tel = '(0731)22768450'
num = re.sub(r'\D', '', tel)
print('电话号码是:', num)
```

6. findall()函数

findall()函数用于在字符串中找到正则表达式所匹配的所有子字符串，并返回一个列表，如果没有找到匹配的子字符串，则返回空列表，其格式如下。

```
pattern.findall(string[, pos[, endpos]])
```

该格式说明如下。

- ❑ pattern：匹配的正则表达式。
- ❑ string：待匹配的字符串。
- ❑ pos：可选参数，表示指定字符串的起始位置，默认值为 0。
- ❑ endpos：可选参数，表示指定字符串的结束位置，默认为字符串的长度。

> **注意**
>
> match()函数和 search()函数只匹配一次，findall()函数匹配所有项。

其示例代码 example8-18.py 如下。

```
import re
#查找字符串中的数字，返回列表
pattern = re.compile(r'\d+')
num1 = pattern.findall('www.163.com,www.51job.com')
print(num1)
num2 = pattern.findall('www.163.com,www.51job.com',0,7)
print(num2)
```

7. finditer()函数

finditer()函数与 findall()函数类似，可在字符串中找到正则表达式所匹配的所有子字符串，并把它们作为一个迭代器返回，其格式如下。

```
re.finditer(pattern, string, flags=0)
```

该函数中的参数说明如下。

❑　pattern：匹配的正则表达式。

❑　string：待匹配的字符串。

❑　flags：标志位，用于控制正则表达式的匹配方式，例如是否区分大小写、多行匹配等，具体见表 8-4。

其示例代码 example8-19.py 如下。

```
import re
# 查找字符串中的数字，返回一个迭代器
num = re.finditer(r'\d+','abc32sa21hh56j10df')

for i in num:
    print(i.group())
```

8. split()函数

split()函数用于按照能够匹配的子字符串将字符串分割后返回列表，其格式如下。

```
re.split(pattern, string[, maxsplit=0, flags=0])
```

该函数中的参数说明如下。

❑　pattern：匹配的正则表达式。

❑　string：待匹配的字符串。

❑　maxsplit：分割次数，maxsplit=1 表示分割一次，默认值为 0，表示不限制次数。

❑　flags：标志位，用于控制正则表达式的匹配方式，例如是否区分大小写、多行匹配等，具体见表 8-4。

其示例代码 example8-20.py 如下。

```
import re
#删除 str 字符串中的空格
str = "This is String example! "
str_list = str.split(' ')
new_str_list = ''.join(str_list)
print(new_str_list)
#将 str 字符串按空格拆分成列表
str_list = re.split(' ', str)
print(str_list)
```

8.8.3　矢量化的字符串函数

在使用 pandas 的 DataFrame 的过程中，如果需要对字符串进行处理，例如　【微课视频】

判断某列是否包含一些关键字或求某列的字符长度，则通过 Series 的 str 内置的函数进行处理会很方便。下面介绍 Series 的 str 自带的函数。

1. cat()函数

cat()函数可实现元素级的字符串连接操作，并可指定分隔符，其格式如下。

```
Series.str.cat(others=None, sep=None, na_rep=None)
```

该函数中的参数说明如下。

❑ others：Series、Index、DataFrame、np.ndarray（一维或二维）和其他类似字符串的列表。

❑ sep：连接分隔符，取值为 string 类型或 None，默认值为 None。

❑ na_rep：当 na_rep 为 None 时，序列中的 NaN 将被忽略，如果该参数被设置为字符串，则用该字符串替换 NaN。

2. split()函数

split()函数可根据分隔符或正则表达式对字符串进行拆分，其格式如下。

```
Series.str.split(pat=None, n=-1, expand=False)
```

该函数中的参数说明如下。

❑ pat：要拆分的字符串或正则表达式，如果未指定，则拆分空格。

❑ n：限制输出中的分割数，None、0 和-1 将被解释为返回所有拆分。

❑ expand：将拆分的字符串展开为单独的列，如果为 True，则返回 DataFrame/MultiIndex 扩展维度；如果为 False，则返回包含字符串列表的 Series/Index。

3. get()函数

get()函数可获取各元素的第 *i* 个字符，其格式如下。

```
Series.str.get(i)
```

其中，参数 i 表示指定位置。

其示例代码 example8-21.py 如下。

```
import numpy as np
import pandas as pd
#使用cat()函数
s = pd.Series(['a', 'b', np.nan, 'd'])
print(s.str.cat(['A', 'B', 'C', 'D'], sep=','))
print(s.str.cat(['A', 'B', 'C', 'D'], sep=',', na_rep='-'))

#使用split()函数
s = pd.Series(["this is good text", "but this is even better"])
print(s.str.split("is", n=1, expand=True))
#使用get()函数
s = pd.Series(["String",
               (1, 2, 3),
               ["a", "b", "c"],
               123, -456,
               {1:"Hello", "2":"World"}])
print(s.str.get(1))
```

除了 cat()、split()和 get()函数，Series 的 str 自带的其他函数即矢量化的字符串函数如表 8-6 所示，其格式是 Series.str.函数名(参数)。

表 8-6　矢量化的字符串函数

函数	说明
contains()	返回字符串中含有指定模式的布尔数组
count()	模式出现的次数
endswith()	对各个元素执行 x.endswith(pattern)
startswith()	对各个元素执行 x.startswith(pattern)
findall()	计算各字符串的模式列表
join()	根据指定的分隔符，将 Series 中各个元素的字符串连接起来
len()	计算字符串长度
lower()、upper()	lower()函数用于将所有字符转换为小写；upper()函数用于将所有字符转换为大写
match()	根据指定的正则表达式对各个元素执行 re.match()
pad()	在字符串的左边、右边或两边添加空格
center()	相当于在字符串的两边添加空格
repeat()	重复值，如 s.str.repeat(3)相当于对各个字符串执行 x * 3
replace()	用指定字符串替换找到的模式
slice()	对 Series 的各个字符串进行子字符串的截取
strip()	去除指定字符串两边空格
lstrip()	去除指定字符串左边空格
rstrip()	去除指定字符串右边空格

项目实践

1. 项目描述

美国农业部（USDA）制作了一份关于食物营养信息的数据集，该数据集的 JSON 数据结构中除了包含每种食物的"id""description""tags""manufacturer""group"属性，还包含"portions"和"nutrients"这两个列表，其中，"nutrients"列表是营养成分的信息。要求根据 USDA 食物营养信息的数据集完成对食物类别的分布情况和全部食物营养成分的数据分析。

2. 项目设计思路

（1）导入 USDA 食物营养数据集的 JSON 数据文件。

（2）查看食物营养数据集的记录数和字段属性。

（3）查看食物营养数据集中营养成分（nutrients）列表所包含的信息。

（4）创建包含食物的名称、分类、编号、制造商等信息的数据表，分析食物类别的分布情况。

（5）先创建食物营养数据集中的全部食物营养成分数据表，然后进行数据分析。

（6）对全部食物营养成分数据进行去除重复值操作。

（7）将包含食物的名称、分类、编号、制造商等信息的数据表与食物营养成分数据表合并。

3. 程序代码设计

示例代码 test8-12.py 如下。

```
import pandas as pd
import json

#导入 JSON 数据文件
db = json.load(open('d:/data/foods.json'))
#计算数据集的记录数
print(len(db))
```

```
#查看记录所包含的全部属性
print(db[0].keys())
#查看营养成分列表
print(db[0]['nutrients'])
#将营养成分的列表数据转换为 DataFrame
nutrients = pd.DataFrame(db[0]['nutrients'])
print(nutrients[:7])
#生成包含 info_keys 列名的 DataFrame
info_keys = ['description', 'group', 'id', 'manufacturer']
info = pd.DataFrame(db, columns = info_keys)
print(info[:5])
#查看食物类别的分布情况
print(pd.value_counts(info.group)[:10])


#将全部的营养成分数据整合放在一个表中
nutrients = []
for rec in db:
    fnuts =pd.DataFrame(rec['nutrients'])
    #给 fnuts 表添加一列数据，将每条的 id 添加到 fnuts 的 id
    fnuts['id'] = rec['id']
    nutrients.append(fnuts)
#将所有的表整合在一起
nutrients = pd.concat(nutrients, ignore_index = True)
print(nutrients)


#查看是否有重复值
print(nutrients.duplicated().sum())
#删除重复值
nutrients = nutrients.drop_duplicates()
print(nutrients)
#因为 info 和 nutrients 的 DataFrame 中都有 gruop 和 description 列，这里需要重命名
col_mapping = {'description' : 'food',
               'group' : 'fgroup'}
info = info.rename(columns = col_mapping, copy = False)
print(info)
col_mapping = {'description' : 'nutrients',
               'group' : 'nutgroup'}
nutrients = nutrients.rename(columns = col_mapping, copy = False)
print(nutrients)
#将 info 表与 nutrients 表合并
ndata = pd.merge(nutrients, info, on = 'id', how = 'outer')
print(ndata)
```

本章小结

本章首先介绍了利用 pandas 实现对重复值、缺失值和异常值的数据清洗的方法；然后介绍了按键合并数据、沿轴连接数据和合并重叠数据的数据合并方法，以及字段抽取与拆分和记录抽取方法；最后介绍了重塑层次化索引、利用映射实现数据转换、数据排列与随机抽样、日期转换、日期格式化和日期抽取和字符串处理方法等。

思考练习

1．简答题

（1）为什么要进行数据清洗？数据清洗包括哪些方面？

（2）什么是重复值？如何处理重复值？

（3）pandas 是如何表示缺失值的？处理缺失值的方法有哪些？

（4）如何判断和发现异常值？如何处理异常值？

（5）数据合并有哪些方法？它们之间的特点是什么？

（6）如何实现字段抽取和拆分？如何进行记录抽取？

（7）简述重塑层次化索引的步骤。

（8）简述利用映射实现数据转换的过程。

（9）实现字符串拼接、拆分、查找和替换的方法是什么？

2．编程题

对文件 movies.csv 中电影信息数据进行下列分析。

（1）对文件 movies.csv 中的电影数据进行清洗和整理，编程统计并输出影片 A 的上映天数和日平均票房（日平均票房指文件中所有涉及城市的总票房的日平均值）。其中影片 A 自主选择。

（2）编写程序，利用柱形图画出影片 A、B、C 的周平均票房（周平均票房指文件中的所有涉及城市的总票房的周平均值）。其中，y 轴表示票房收入，单位万元，x 轴表示电影名称，电影名称的排列从左至右依次为 A、B、C，要求将输出的柱形图保存成图像文件。其中影片 A、B、C 自主选择。

第 9 章

机器学习库scikit-learn入门

学习目标

① 了解机器学习的基本概念。
② 了解 scikit-learn 的基本概念。
③ 掌握 scikit-learn 的安装与使用方法。
④ 掌握 Seaborn 绘图方法。
⑤ 掌握使用 scikit-learn 进行机器学习的方法。

9.1 机器学习概述

　　传统的计算机处理过程是给计算机输入一串指令，然后计算机将遵照这些指令一步步执行下去，最终会得到一个有明确因果关系的结果。但是，机器学习与传统的计算机处理方式的不同之处在于，机器学习不是根据接收的输入指令，而是根据接收的输入数据来执行各种工作的。机器学习理论主要是设计和分析一些让计算机可以自动"学习"的算法。机器学习算法是一类从数据中自动分析获得规律，并利用规律对未知数据进行预测的算法。由于机器学习算法中涉及大量的统计学理论，机器学习与统计学的联系尤为密切，因而机器学习理论也被称为统计学习理论。

1. 机器学习的定义

　　机器学习是人工智能的一个分支。从广义上来说，机器学习是一种能够赋予机器学习的能力，这种学习能力是不需要通过编程来实现的。但从实践的意义上来说，机器学习是一种利用数据，训练出模型，然后使用模型预测未知数据的方法。下面通过一个机器学习的案例来理解机器学习的定义。

【微课视频】

　　在现实生活中，银行经常会收到客户的贷款申请，这时银行就需要根据客户的年龄、是否有工作、是否有住房和信贷情况等来预测是否批准客户的贷款申请。在预测是否批准客户的贷款申请时，首先根据客户贷款申请的历史数据，运用机器学习算法，通过训练获得机器学习模型，然后进行预测并做出判断。一般机器学习模型至少考虑两个量：一个是因变量，也就是希望预测的结果，即贷款是否被批准的判断；另一个是自变量，即用来预测贷款是否被批准的量，如年龄和是否有工作等。而用于预测贷款是否被批准的机器学习模型，也称为决策树，如图 9-1 所示。

另外，影响贷款是否被批准还与是否有住房和信贷情况等方面的因素有关，因此，可通过增加自变量，将这些因素综合考虑到机器学习模型中。

由此可见，机器学习就是将历史数据通过机器学习算法进行处理，这个处理过程在机器学习中叫作"训练"，处理的结果称为"模型"，可用来对新的数据进行预测。在机器学习中，对新数据的预测过程叫作"预测"。"训练"与"预测"是机器学习的两个过程，"模型"是训练过程的中间输出结果，"训练"产生"模型"，"模型"指导"预测"。机器学习流程如图 9-2 所示。

图9-1　预测贷款申请决策树

图9-2　机器学习流程

在机器学习中，一种通用的做法是将数据分为两个部分，一部分用于学习，称为训练集（training set）；另一部分用于测试，称为测试集（testing set）。训练集中的数据是有标签的，而测试集中的数据是没有标签的。机器学习的目标就是要寻找一个函数，该函数是通过学习后所获得的最佳模型。所谓最佳模型是指通过该模型学习后的输出值与实际值的误差最小，只有找到最佳模型，机器学习的模型才算是训练好了。

2. 机器学习的过程和步骤

根据机器学习的定义，总结出机器学习的过程和步骤如下。

（1）机器学习的过程分为两个阶段，一个是"训练"阶段，另一个是"预测"阶段。

（2）机器学习的步骤如下。

① 定义一些函数，这些函数是根据不同的参数建立起来的，不同参数的组合可构建不同的函数（模型）。

② 定义一个度量标准，用于衡量函数（模型）的优劣。

③ 根据度量标准，从所定义的一些函数（模型）中选择一个最佳的函数（模型）。

④ 将"训练"好的函数（模型）应用到测试集的数据中，以完成数据的预测。

3. 机器学习的方法

机器学习的方法一般是通过 n 个样本数据（训练样本）去预测未知的数据（测试样本）属性。每个样本包含的多个属性（多维数据）被称为特征（feature）。机器学习的方法分为监督学习和非监督学习两大类。

（1）监督学习

监督学习是从给定的训练集中学习出一个函数，当新的数据到来时，可以根据这个函数预测结果。监督学习的训练样本包含对应的标签，如识别问题。训练集包括输入和输出，也就是特征和目标，其中，目标是由人工标注的标签。常见的监督学习算法包括回归和分类。

① 回归（regression）：样本标签包括一个或多个连续变量，也称为连续变量预测。回归算法就是试图将输入变量和输出用一个连续函数对应起来。回归包括线性回归和逻辑回归，例如，可以用线性回归来预测一套二手房的售价。

② 分类（classification）：一种理解是，样本属于两类或者多类，分类器对已知类别的数据进行训练，然后去预测未知类别的数据；另一种理解是，分类就是离散监督学习的一种形式，即给定有限的类别（category），在给定的 n 个样本中，为每一个样本标注正确的类别。例如，先将图片分类为"猫"或"狗"，然后对每个数据点进行类别标签或与数值相关标签的标注，最后准确识别新图片上的动物（分类）。

（2）非监督学习

非监督学习的训练样本不包含对应的标签。常见的非监督学习算法有聚类算法。

4. 机器学习的应用

机器学习已经受到十分广泛的应用，例如数据挖掘、计算机视觉、自然语言处理、生物特征识别、搜索引擎、医学诊断、检测信用卡欺诈、证券市场分析、DNA 序列测序、语音和手写识别、战略游戏和机器人运用等。

机器学习还与人工智能和深度学习有密切的关系，人工智能是机器学习的父类，深度学习则是机器学习的子类。

9.2　scikit-learn 概述

【微课视频】

9.2.1　scikit-learn 简介

scikit-learn（简称 sklearn）是面向 Python 的免费机器学习库。scikit-learn 不仅包括分类、回归、聚类算法，如 SVM（支持向量机）、随机森林、K-means 等，而且包括降维、模型选择和数据预处理等方法。scikit-learn 支持 NumPy 和 SciPy，以及 Matplotlib。

1. scikit-learn 的数据表示

机器学习是根据数据创建模型，因此，在机器学习中，首先应考虑如何表示数据，以便于计算机理解。scikit-learn 中数据表示的最佳方式就是数据表。一个基本的数据表就是一个二维数据网格，其中，行表示数据集的各个元素，也称为样本，列表示这些样本的特定定量信息。

2. 特征矩阵

在 scikit-learn 中，数据表的信息是二维数组或矩阵，也称为特征矩阵。特征矩阵中样本（即行）是指数据集描述的各个对象。例如，样本可能是一朵花、一个人、一个文档、一幅图像、一段声音文件、一段视频、一个天文物体，或者是用一组定量来描述的任何东西。特征（即列）是指以定量方式描述每个样本的不同观察结果。特征通常是实值，但在某些情况下可能是布尔值或离散值。

按照惯例，特征矩阵通常被存储在一个名为 X 的变量中。特征矩阵假设是二维的，形状为 [n_samples,n_features]，并且常使用 NumPy 数组或 DataFrame 来存放，有些 scikit-learn 模型也接收 SciPy 稀疏矩阵。

3. 目标数组

在 scikit-learn 中，除了特征矩阵，通常还使用标签或目标数组，按照惯例，通常称为 y。目标数组通常是一维的，长度为 n_samples，它包含在 NumPy 数组或 Series 中。目标数组可以是连续的数值或用数字表示的离散分类与标签。虽然一些 scikit-learn 估计器会以二维

[n_samples,n_targets]目标数组的形式处理多个目标值，但最常见的还是一维目标数组。

目标数组的特征通常是从数据中预测的数量，在统计学上，它属于因变量。在使用 scikit-learn 时，经常要从 DataFrame 中提取特征矩阵和目标数组。

4. scikit-learn 的估计器 API

通常，使用 scikit-learn 的估计器 API 的步骤如下。

（1）通过从 scikit-learn 中导入适当的估计类来选择一类模型。

（2）通过使用所需的值实例化此类，来选择模型超参数。

（3）将数据排列成特征矩阵和目标数组。

（4）通过调用模型实例的 fit()方法，使用模型来拟合数据。

（5）将模型应用于新数据。

① 对于监督学习，通常使用 predict()方法预测未知数据的标签。

② 对于非监督学习，经常使用 transform()或 predict()方法来转换或预测数据的属性。

9.2.2　scikit-learn 的测试、安装和导入

在 NumPy、SciPy 安装成功后，就可以安装 scikit-learn。scikit-learn 与 NumPy 相同，也需要单独安装。

1. 测试 Python 环境中是否已安装 scikit-learn

在 Windows 操作系统下，按【Windows】+【R】组合键，打开"运行"对话框，在"打开"文本框中输入 python，按【Enter】键，进入 Python 交互式终端。在 Python 命令提示符>>>后输入 from sklearn import *，按【Enter】键，导入 sklearn 模块，如果在交互式终端窗口中出现 ModuleNotFoundError：No module named 'sklearn'的错误提示，则需要安装 scikit-learn，否则表明已安装 scikit-learn。

2. 在 Windows 操作系统下安装 scikit-learn 的方法

第 1 种安装方法如下。

在计算机连接互联网的情况下，按【Windows】+【R】组合键，打开"运行"对话框，在"打开"文本框中输入 pip install scikit_learn，按【Enter】键，进入 scikit-learn 模块安装界面，如图 9-3 所示，安装成功会提示安装软件的版本信息。

图9-3　scikit-learn模块安装界面

第 2 种安装方法如下。

（1）首先访问 Python 的第三方库网站，再根据计算机上所安装的 Python 版本和操作系统

版本来选择下载相应的 scikit-learn 软件包。例如，Windows（64 位）操作系统下安装了 Python 3.10，则选择下载的 scikit-learn 软件包为 scikit_learn-1.1.1-cp310-cp310-win_amd64.whl。

（2）将下载的 scikit-learn 软件包复制到 Python 安装目录的 Scripts 文件夹下，例如，Python 3.10 的安装目录为 D:\python，则将下载的 scikit-learn 软件包复制到 D:\python\Scripts 下。

（3）按【Windows】+【R】组合键，打开"运行"对话框，在"打开"文本框中输入 pip install D:\python\Scripts\scikit_learn-1.1.1-cp310-cp310-win_amd64.whl，按【Enter】键，进入 scikit-learn 模块安装界面。

（4）安装成功就会提示安装软件的版本信息。

3. 在 PyCharm 中安装 scikit-learn 的方法

在 PyCharm 中安装 scikit-learn 的方法与安装 NumPy 的方法相似，在创建虚拟环境对话框中选择 Existing Environment，单击 Interpreter 下拉列表框右边的 按钮，选择 D:/python/python.exe（即 Python 安装路径），单击 OK 按钮，添加好已存在的虚拟环境，单击 OK 按钮，装载安装好的 scikit-learn 软件包，最后单击 Apply 按钮即可。

4. scikit-learn 的导入方法

scikit-learn 安装测试成功后，在编写代码时，首先需要导入 scikit-learn 库，导入方法是使用 Python 语句中导入模块的语句，具体如下。

```
from sklearn import *
```

9.3　第一个机器学习程序

下面以银行审批客户贷款申请为例，介绍如何运用 sklearn 的决策树模型来预测是否批准客户的贷款申请。

【例 9-1】现有一个"贷款申请表.xls"文件，该文件中存储了贷款申请人的"年龄""是否有工作""批准"3 列信息，其中，"年龄"列分为"青年""中年""老年"这 3 种情况，分别用数字 0、1、2 表示；"是否有工作"列分为"无工作"和"有工作"两种情况，分别用数字 0、1 表示；"批准"列的取值是根据决策树模型（见图 9-1）确定的，假设批准用数字 1 表示，不批准用数字 0 表示。要求用机器学习算法来预测一个无工作青年人和一个有工作老年人的贷款申请是否能获得批准。

其示例代码 test9-1.py 如下。

```
import pandas as pd
#导入 sklearn 中的决策树 tree
from sklearn import tree
#导入数据集
df = pd.read_excel('d:/data/贷款申请表.xls',sheet_name = 'loans')
print(df)

#取特征（feature）、标签（labels）
feature = df.loc[0:,'年龄':'工作']
labels = df['批准']
print(feature)
print(labels)
#创建决策树对象
```

```
clf = tree.DecisionTreeClassifier()
clf = clf.fit(feature.values,labels)
#预测无工作青年人和有工作老年人的贷款申请能否获得批准
print('无工作青年人',clf.predict([[0,0]]))
print('有工作老年人',clf.predict([[2,1]]))
```

运行结果如下。

```
无工作青年人 [0]
有工作老年人 [1]
```

9.4　使用 scikit-learn 进行机器学习

在 9.3 节中介绍了一个简单的机器学习案例，本节将通过鸢尾花（Iris）数据集案例，介绍使用 scikit-learn 进行机器学习的方法。

使用 scikit-learn 进行机器学习的步骤如下。

① 准备数据集。主要是进行数据清洗和数据特征提取（包括特征矩阵、目标数组和特征归一化等），以及将数据集划分为训练集和测试集。

② 选择模型。根据机器学习问题选择相应的模型，如分类模型、回归模型和聚类模型。

③ 训练模型。通过经验设定参数或用交叉验证确定最优参数来训练模型。

④ 测试模型。用测试集数据进行测试和识别验证。

在 Iris 数据集的数据清洗中，利用绘图工具 Seaborn 查看数据分布，发现数据的异常值是非常方便的，因此，先介绍 Seaborn 的运用。

9.4.1　Seaborn 绘图

1. Seaborn 简介

Seaborn 是 Python 的数据可视化工具之一，它其实是在 Matplotlib 的基础上进行了更高级的 API 封装。Seaborn 可视为 Matplotlib 的补充，而不是替代，使用 Seaborn 可以更轻松地绘制更漂亮的图形。Seaborn 的特点如下。

【微课视频】

❑ 内置数个经过优化的样式效果。

❑ 增加调色板工具，可以很方便地为数据搭配颜色。

❑ 单变量和双变量分布绘图更为简单，可用于对数据子集相互比较。

❑ 对独立变量和相关变量进行回归拟合和可视化更加便捷。

❑ 能对数据矩阵进行可视化，并使用聚类算法进行分析。

❑ 基于时间序列的绘制和统计功能，具有更加灵活的不确定度估计。

❑ 基于网格可以绘制出更加复杂的图像集合。

除此之外，Seaborn 对 Matplotlib 和 pandas 的数据结构高度兼容，非常适合作为数据挖掘过程中的可视化工具。

2. Seaborn 的安装

Seaborn 依赖于 Matplotlib、NumPy、SciPy 和 pandas，Seaborn 与这些库一样是需要单独安装的。下面介绍用 pip 安装 Seaborn 的方法。

（1）按【Windows】+【R】组合键，打开"运行"对话框，在"打开"文本框中输入 pip install seaborn，按【Enter】键，进入 Seaborn 模块安装界面，如图 9-4 所示。

（2）安装成功就会提示 Successfully installed seaborn-0.12.2。

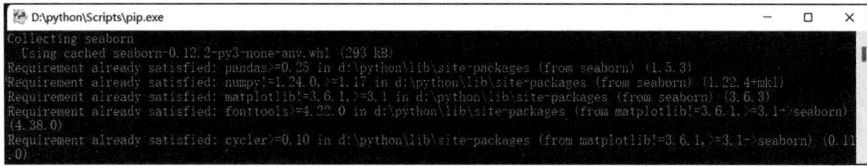

图9-4　Seaborn安装界面

3. Seaborn 绘图函数

Seaborn 共有 50 多个 API 类，相比于 Matplotlib 数千个的规模，可谓极为精简。下面介绍 Seaborn 中常用的绘图函数。

（1）set()函数

set()函数是样式设置函数，它可对原图样式进行快速优化，如设置默认样式，其格式如下。

```
seaborn.set(context='notebook', style='darkgrid', palette='deep',
font='sans-serif', font_scale=1, color_codes=False, rc=None)
```

参数说明如下。

❑　context：用于控制默认的画幅大小，可选值为 paper, notebook, talk, poster。其中，poster>talk>notebook>paper。

❑　style：用于控制默认样式，可选值为 darkgrid, whitegrid, dark, white, ticks。

❑　palette：预设的调色板，可选值为 deep, muted, bright, pastel, dark, colorblind。

❑　font：用于设置字体。

❑　font_scale：用于设置字体大小。

❑　color_codes：不使用调色板而采用先前的'r'等颜色缩写。

❑　rc：dict 类型，可选参数，该参数映射可以覆盖预设的 seaborn 上下文字典中的值，如 rc={"lines.linewidth"：2}：设置线条的宽度为 2。

> **注意**
>
> set()函数需要放置在 Matplotlib 原本的绘图语句前面。

（2）distplot()函数

distplot()函数集成了 hist()与 kdeplot()的功能，其格式如下。

```
seaborn.distplot(a, bins=None, hist=True, kde=True, rug=False, fit=None,
hist_kws=None, kde_kws=None, rug_kws=None, fit_kws=None, color=None,
vertical=False, norm_hist=False, axlabel=None, label=None, ax=None)
```

部分参数说明如下。

❑　a：数据来源，可为 Series、一维数组、列表。

❑　bins：矩形图数量。

❑　hist：是否显示直方图。

❑　kde：是否显示核密度估计图。

❑　rug：是否显示观测实例竖线。

❑　fit：控制拟合的参数分布图形。

❑　vertical：如果为 True，则观测值位于 y 轴上。

其示例代码 example9-1.py 如下。

```
import seaborn as sns
import matplotlib.pyplot as plt
import numpy as np
x = np.random.normal(size = 200)
sns.distplot(x)
plt.show()
```

（3）barplot()函数

barplot()函数用于描述某种变量分布的平均值，其格式如下。

```
seaborn.barplot(x=None,y=None,hue=None,data=None,order=None,hue_order=None,
ci=95, n_boot=1000, units=None, orient=None, color=None, palette=None,
saturation=0.75, errcolor='.26', errwidth=None, capsize=None, ax=None,
estimator=<function mean>, **kwargs)
```

部分参数说明如下。

❑ x、y、hue：设置 x、y、hue 为 data 数据集中的列索引的标签，其中 hue 为分类变量。

❑ data：输入的数据集。

❑ order、hue_order：用于控制变量绘图的顺序。

❑ orient：用于控制绘图的方向，取值为 v 或 h，分别表示绘图为水平或者竖直方向。

❑ capsize：设置误差棒帽条的宽度。

❑ ax：指定一个 Axes 用于绘图，如果不指定，则使用当前的 Axes。

❑ estimator：设置每类变量的计算函数，默认为 mean，可以修改为 max、median、min 等。

其示例代码 example9-2.py 如下。

```
import pandas as pd
import seaborn as sns
import matplotlib.pyplot as plt
sns.set(style = 'whitegrid')
tips = pd.read_csv("d:/data/tips.csv")
ax = sns.barplot(x = "day", y = "total_bill", hue = "sex", data = tips)
plt.show()
```

（4）countplot()函数

countplot()函数用于计数，其格式如下。

```
seaborn.countplot(x=None, y=None, hue=None, data=None, order=None,
hue_order=None, orient=None, color=None, palette=None, saturation=0.75,
ax=None, **kwargs)
```

部分参数说明如下。

❑ x、y、hue：设置 x、y、hue 为 data 数据集中的列索引的标签，其中 hue 为分类变量。

❑ data：输入的数据集。

❑ order、hue_order：用于控制变量绘图的顺序。

❑ orient：用于控制绘图的方向，取值为 v 或 h，分别表示绘图为水平或者竖直方向。

❑ color：颜色。

❑ palette：调色板颜色。

❑ ax：指定一个 Axes 用于绘图，如果不指定，则使用当前的 Axes。

其示例代码 example9-3.py 如下。

```
import pandas as pd
import seaborn as sns
import matplotlib.pyplot as plt
```

```
sns.set(style = 'whitegrid')
titanic = pd.read_csv("d:/data/titanic.csv")
print(titanic)
sns.countplot(x = "alone", hue = "who", data = titanic)
plt.show()
```

（5）boxplot()函数

boxplot()函数可以表示数据的位置和分散情况，还能区分异常点。用该函数可绘制箱线图，其格式如下。

```
seaborn.boxplot(x=None, y=None, hue=None, data=None, order=None, hue_order
=None, orient=None, color=None, palette=None, saturation=0.75, width=0.8,
fliersize=5, linewidth=None, whis=1.5, notch=False, ax=None, **kwargs)
```

该函数中的大部分参数与 countplot()函数中的参数相同，少数不同参数采用默认值。

其示例代码 example9-4.py 如下。

```
import pandas as pd
import seaborn as sns
import matplotlib.pyplot as plt
sns.set(style = 'whitegrid')
tips = pd.read_csv("d:/data/tips.csv")
sns.boxplot(x = "day", y = "total_bill", hue = "smoker",data = tips)
plt.show()
```

（6）lmplot()函数

lmplot()函数是一种集合基础绘图与基于数据建立回归模型的，旨在创建一个方便拟合数据集回归模型的绘图方法，利用 hue、col、row 参数来控制绘图变量，其格式如下。

【微课视频】

```
seaborn.lmplot(x,y,data,hue=None,col=None,row=None,palette=None,col_wrap
=None,size=5,aspect=1,markers='o',sharex=True,sharey=True,hue_order=None,
col_order=None,row_order=None,legend=True,legend_out=True,x_estimator
=None,x_bins=None,x_ci='ci',scatter=True,fit_reg=True,ci=95,n_boot=1000,
units=None,order=1,logistic=False,lowess=False,robust=False,logx=False,
x_partial=None,y_partial=None,truncate=False,x_jitter=None,y_jitter=None,
scatter_kws=None,line_kws=None)
```

部分参数说明如下。

❑ x、y：string 类型，设置 x、y 为 data 数据集中的列索引的标签。

❑ data：输入的数据集。

❑ hue、col、row：string 类型，定义数据子集的变量，并在不同的图像子集中绘制。

❑ palette：调色板颜色。

❑ col_wrap：int 类型，可选参数，设置每行子图数量。

❑ size：scalar（标量），可选参数，定义子图的高度。

❑ markers：可选参数，定义散点的图标。

❑ order：int 类型，可选参数，表示多项式回归，设定为指数。

❑ logistic：bool 类型，可选参数，表示逻辑回归。

❑ logx：bool 类型，可选参数，转化为 log(x)。

以 Seaborn 内置的 tips 小费数据集为例，该数据集的部分数据如下。

```
     total_bill  tip     sex smoker  day    time  size
0         16.99  1.01  Female     No  Sun  Dinner     2
```

```
1        10.34 1.66    Male    No    Sun   Dinner    3
2        21.01 3.50    Male    No    Sun   Dinner    3
```

运用 lmplot() 函数研究小费 tip 与总消费金额 total_bill 在吸烟者与不吸烟者之间的关系。其示例代码 example9-5.py 如下。

```
import pandas as pd
import seaborn as sns
import matplotlib.pyplot as plt
sns.set(style = 'whitegrid')
tips = pd.read_csv("d:/data/tips.csv")
print(tips)
#研究小费 tip 与总消费金额 total_bill 在吸烟者与不吸烟者之间的关系
g = sns.lmplot(x = "total_bill", y = "tip", col = "smoker",data = tips)
plt.show()
```

运行结果如图 9-5 所示。

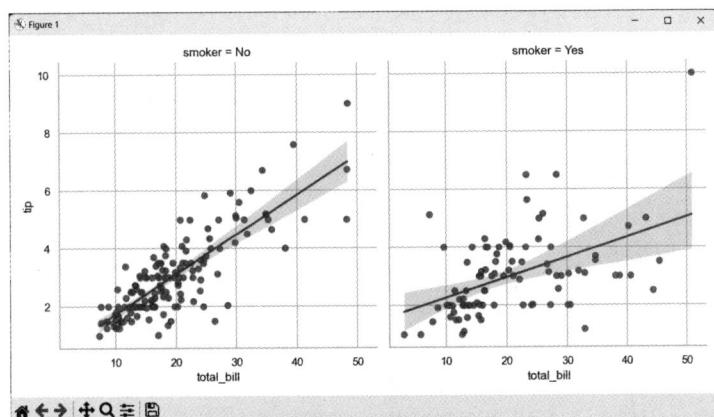

图9-5　运行结果

（7）pairplot() 函数

pairplot() 函数用于绘制多变量图。使用 pairplot() 函数可以绘制 x 的每一维度与对应 y 的散点图。通过设置 size 和 aspect 参数可调节显示的大小和比例。其格式如下。

```
seaborn.pairplot(data, hue=None, hue_order=None, palette=None, vars=None,
x_vars=None, y_vars=None, kind='scatter', diag_kind='hist',markers=None,
size=2.5, aspect=1, dropna=True, plot_kws=None, diag_kws=None, grid_kws=None)
```

部分参数说明如下。

❑ data：输入的数据集。

❑ hue：string 类型，使用指定变量为分类变量画图。

❑ hue_order：用字符串列表调整调色板中 hue 的级别。

❑ palette：调色板颜色。

❑ markers：可选参数，使用不同的形状表示散点的图标。

❑ size：数值型，表示图的尺度大小（正方形），默认值为 6。

其示例代码 example9-6.py 如下。

```
import pandas as pd
import matplotlib.pyplot as plt
import seaborn as sns
#绘制多变量图
```

```
iris = pd.read_csv("d:/data/iris.txt", sep = ",")
sns.pairplot(iris)
plt.show()
```

9.4.2　准备数据集

准备数据集就是将数据采集中所收集到的数据样本用二维数组或矩阵表示，其中，每一行表示一个样本的数据，每一列表示样本的特定定量信息（特征值），二维数组的形状为[n_samples, n_features]，n_samples 表示数据集中的样本总数，n_features 表示数据集中的特征个数；然后确定数据集中的特征矩阵和目标数组，并进行特征归一化和数据清洗；最后将整个数据集划分为训练集和测试集。

1. Iris 数据集

Iris 数据集是常用的分类实验数据集，它是由著名的英国统计学家和生物学家罗纳德·费希尔（Ronald Fisher）在 1936 年发表的论文中提出的。Iris 数据集也称鸢尾花数据集，在这个数据集中，包括 3 类不同的鸢尾属植物：Iris-setosa（山鸢尾）、Iris-versicolor（杂色鸢尾）、Iris-virginica（弗吉尼亚鸢尾）。每类鸢尾属植物收集 50 个样本，整个数据集一共包含 150 个样本。每个样本包含 4 个特征分别如下。

❑ sepal_length（花萼长度）。
❑ sepal_width（花萼宽度）。
❑ petal_length（花瓣长度）。
❑ petal_width（花瓣宽度）。

以上 4 个特征的单位都是厘米（cm）。通常使用 m 表示样本量的大小，n 表示每个样本所具有的特征数。因此，在该数据集中，$m=150$，$n=4$。

通过 Iris 数据集中的 150 个样本测量数据，根据样本数据中的 4 个特征，通过机器学习建立数据模型，预测鸢尾花属于 Iris-setosa、Iris-versicolor 或 Iris-virginica 中的哪一个种类。

Iris 数据集（部分数据）的文本格式如下。

```
sepal_length,sepal_width,petal_length,petal_width,class
5.1,3.5,1.4,0.2,Iris-setosa
4.9,3,1.4,0.2,Iris-setosa
4.7,3.2,1.3,0.2,Iris-setosa
4.6,3.1,1.5,0.2,Iris-setosa
5,3.6,1.4,0.2,Iris-setosa
5.4,3.9,1.7,0.4,Iris-setosa
4.6,3.4,1.4,0.3,Iris-setosa
```

其中，第一行表示数据属性名称，从第二行开始表示样本数据。

2. 特征矩阵

在 Iris 数据集中，特征是 sepal_length、sepal_width、petal_length 和 petal_width 等，特征矩阵就是由 150 行和 4 列特征数据组成的矩阵。

3. 目标数组

在 Iris 数据集中，class 列是由鸢尾花分类的名称（也称为标签的名称）组成的一维数组。在 scikit-learn 中，需要将标签的名称 Iris-setosa、Iris-versicolur、Iris-virginica 分别用数字 0、1、2 表示，即将 class 列由标签的名称组成的一维数组转换成由数字标签组成的一维数组，这个由数字标签组成的一维数组称为目标数组。

4．特征归一化

在机器学习中，提取某个样本特征的过程，称为特征工程。在同一个样本中，由于各特征的评价指标不同，往往会使各特征具有不同的量纲和量纲单位，从而造成各特征的数值范围不一致。为了消除指标之间的量纲影响，需要对数据进行特征归一化处理，以解决数据指标之间的可比性问题。所谓特征归一化，就是对各特征的数值进行缩放，使特征的数值范围转换为相同的区间。

在 scikit-learn 中常用的特征归一化函数有 MinMaxScaler()函数和 StandardScaler()函数。

另外，在进行特征归一化时，还需要使用 scikit-learn 中的数据预处理函数 fit_transform()和 transform()，其中，fit_transform()函数先拟合数据，再进行数据标准化，而 transform()函数则直接进行数据标准化。所以，fit_transform()函数一般用于训练集数据，而 transform()函数则用于测试集数据。

（1）归一化

在 scikit-learn 中，MinMaxScaler()函数可单独地缩放和转换每个特征，使这些特征值能转变到训练集所给定的范围内，即在 0 和 1 之间，从而实现特征归一化。

① MinMaxScaler()函数的格式如下。

```
sklearn.preprocessing.MinMaxScaler(feature_range=(0,1),copy=True)
```

参数说明如下。

❑ feature_range：tuple 类型，默认值为(0,1)，表示期望的转换数据范围。

❑ copy：bool 类型，可选参数，默认值为 True。设置为 False 表示不创建副本。

② 用 MinMaxScaler()函数进行特征归一化的公式如下。

```
X_std = (X - X.min(axis=0)) / (X.max(axis=0) - X.min(axis=0))
X_scaled = X_std * (max - min) + min
```

公式中的变量说明如下。

❑ X：矩阵。

❑ X_std：将 X 归一化到[0,1]。

❑ X.min(axis=0)：列最小值。

❑ max、min：MinMaxScaler()中参数 feature_range 的取值范围，即转换后最终结果的大小范围。

其示例代码 example9-7.py 如下。

```
from sklearn.preprocessing import MinMaxScaler
data=[[1100,8],[1567,2],[1348,4],[1671,7]]
scaler = MinMaxScaler()
X_train = scaler.fit_transform(data)   #转换成[0,1]的归一化数值
print(X_train)
```

运行结果如下。

```
[[0.         1.         ]
 [0.8178634  0.         ]
 [0.43432574 0.33333333]
 [1.         0.83333333]]
```

（2）标准化

在 scikit-learn 中，StandardScaler()函数是通过删除平均值和缩放到单位方差来标准化特征的。

① StandardScaler()函数的格式如下。

```
sklearn.preprocessing.StandardScaler(copy=True,with_mean=True,with_std=True)
```

参数说明如下。

❑ copy: bool 类型，默认值为 True。如果为 True，表示创建数据副本；如果为 False，表示不复制，只进行缩放。

❑ with_mean: bool 类型，默认值为 True。如果为 True，则在缩放之前将数据居中。当在稀疏矩阵上尝试时不起作用（并且会引发异常）。

❑ with_std: bool 类型，默认值为 True。如果为 True，则将数据缩放为训练样本的标准差，如果为 False，则为 1。

② 用 StandardScaler()函数实现标准化的方式是用每个特征减去列平均值，再除以列标准差或 1。

其示例代码 example9-8.py 如下。

```
from sklearn.preprocessing import StandardScaler
data=[[1100,8],[1567,2],[1348,4],[1671,7]]
scaler = StandardScaler()
X_train = scaler.fit_transform(data) #转换标准化数值
print(X_train)
```

运行结果如下。

```
[[-1.46673356  1.15311332]
 [ 0.66379388 -1.36277029]
 [-0.33531856 -0.52414242]
 [ 1.13825824  0.73379939]]
```

5. 数据清洗

Iris 数据集的数据清洗主要是查找缺失值和异常值，然后判断是否需要对数据集进行修补或剔除。下面通过 Jupyter Notebook 进行数据清洗操作。

Iris 数据集的数据清洗步骤及相关代码如下。

（1）导入相关库和 Iris 数据集

```
In  [1]: import pandas as pd
         import matplotlib.pyplot as plt
         import seaborn as sns
In  [2]: iris_df= pd.read_csv('d:/data/iris.txt',sep=',')
In  [3]: iris_df
```

（2）查看缺失值的数量

```
In  [4]: iris_df.isnull().sum()
```

从输出结果中发现 petal_width 列中有 5 个缺失值。

（3）通过 describe()函数寻找缺失值、异常值数据所在项

```
In  [5]: iris_df.describe()
```

从输出结果中观察统计函数中的 count、min、max 参数。

（4）通过 lmplot()函数建立线性回归模型，寻找 class 列中的异常值

```
In  [6]: sns.lmplot(x='sepal_length', y='sepal_width',\
                 col='class', data=iris_df)
```

从输出结果中发现，原本只有 3 种鸢尾花，但出现了 5 种，其中出现两个错误编码，即 Iris-setossa 和 versicolor。同时，发现 sepal_width 和 sepal_length 有异常值。

（5）处理 class 列中的异常值

将错误编码 Iris-setossa 和 versicolor 用正确编码 Iris-setosa 和 Iris-versicolor 替换。

```
In [7]: iris_df.loc[iris_df['class'] == 'versicolor', 'class'] =\
        'Iris-versicolor'
        iris_df.loc[iris_df['class'] == 'Iris-setossa', 'class'] =\
        'Iris-setosa'
In [8]: sns.lmplot(x='sepal_length', y='sepal_width', col='class',\
                 data=iris_df)
```

（6）处理 sepal_width 小于 2.5 厘米的异常值

处理方法如下。

❑　通过直方图查看 Iris-setosa 这类花的 sepal_width 的数据分布。

❑　发现 sepal_width 有小于 2.5 厘米的异常值。

❑　删除花萼宽度小于 2.5 厘米的异常值，并用直方图查看处理后的数据分布。

代码如下。

```
In [9]: iris_df.loc[iris_df['class'] == 'Iris-setosa','sepal_width'].hist()
In [10]: iris_df = iris_df.loc[(iris_df['class'] != 'Iris-setosa') | \
                          (iris_df['sepal_width'] >= 2.5)]
In [11]: iris_df.loc[iris_df['class'] == 'Iris-setosa',\
                    'sepal_width'].hist()
```

（7）处理 sepal_length 接近于 0 的异常值

处理方法如下。

❑　列出 Iris-versicolor 这类花的 sepal_length 接近于 0 的数值。

❑　这些接近于 0 的数值的计量单位为米，要转换为厘米，因此，将它们乘以 100。

❑　通过直方图查看数据分布。

代码如下。

```
In [12]: iris_df.loc[(iris_df['class'] == 'Iris-versicolor') & \
                 (iris_df['sepal_length'] < 1.0)]
In [13]: iris_df.loc[(iris_df['class'] == 'Iris-versicolor') &\
                 (iris_df['sepal_length'] < 1.0),\
                 'sepal_length'] *= 100.0
In [14]: iris_df.loc[iris_df['class'] == 'Iris-versicolor', \
                 'sepal_length'].hist()
```

（8）处理缺失值

❑　列出缺失值的样本。

```
In [15]: iris_df.loc[(iris_df['sepal_length'].isnull()) | \
                 (iris_df['sepal_width'].isnull()) |\
                 (iris_df['petal_length'].isnull()) | \
                 (iris_df['petal_width'].isnull())]
```

观察输出结果，发现缺失值都属于 Iris-setosa 类的 petal_width 属性，因此，可以用 petal_width
的平均值来填充缺失值。

❑　用平均值来填充缺失值。

```
In [16]: avg_value = iris_df.loc[iris_df['class'] == 'Iris-setosa',\
                          'petal_width'].mean()
        iris_df.loc[(iris_df['class'] == 'Iris-setosa') &
                 (iris_df['petal_width'].isnull()),
                 'petal_width'] = avg_value
```

```
                iris_df.loc[(iris_df['class'] == 'Iris-setosa') &
                            (iris_df['petal_width'] == avg_value)]
```

❑ 删除缺失值。

```
In [17]:  iris_df.dropna(inplace=True)
```

（9）将标签名称转换成标签

```
In [18]:  class_mapping = {'Iris-setosa':0,
                           'Iris-versicolor':1,
                           'Iris-virginica':2}
          iris_df['class'] = iris_df['class'].map(class_mapping)
```

（10）保存处理后的数据

```
In [19]:  iris_df.to_csv('d:/data/iris-clean.csv', index=False)
```

数据清洗的要点如下。

① 数据编码方式要正确。

② 数据取值范围要在合理的区间。

③ 处理缺失值可采用替换或删除方法。

④ 不要手动整理数据，因为这很难重现。

⑤ 使用程序代码可较好地记录数据处理的过程。

⑥ 除了用图表展示数据，还可用图表发现异常数据。

6. 划分训练集和测试集

在 scikit-learn 中，使用 train_test_split()函数可以很方便地将数据划分为训练集和测试集。该函数的功能是从样本中随机按比例选取训练集和测试集。该函数的调用形式如下。

```
X_train,X_test,y_train,y_test = train_test_split(train_data,train_target,
test_size=0.3,random_state=0)
```

调用形式说明如下。

❑ train_data：训练集的特征矩阵。

❑ train_target：训练集的目标数组。

❑ test_size：样本占比，如果为整数，表示全部样本数量。

❑ random_state：随机数生成器的种子。相同的种子，产生的随机数相同；不同的种子，产生不同的随机采样结果。设置该参数可确保每次随机分割得到相同的结果。

❑ X_train、y_train：训练集中的特征矩阵和目标数组。

❑ X_test、y_test：测试集中的特征矩阵和目标数组。

┃ **注意** ┃

调用 train_test_split()函数时，需要导入相应的模块，其代码如下。

```
from sklearn.model_selection import train_test_split, cross_val_score
```

其示例代码 example9-9.py 如下。

```
import numpy as np
from sklearn.model_selection import train_test_split
X, y = np.arange(18).reshape((6, 3)), range(6)
X_train, X_test, y_train, y_test = \
    train_test_split(X, y, test_size = 0.3,random_state = 32)
print('训练集特征矩阵',X_train,'\n 测试集特征矩阵',X_test)
print('训练集目标数组',y_train,'\n 测试集目标数组',y_test)
```

9.4.3　选择模型

在机器学习中，当准备好数据集后，接着就是根据机器学习问题选择相应的模型。例如，Iris 数据集是常用的分类实验数据集，因此，应选择分类模型。

【微课视频】

1. 选择模型的流程

在 scikit-learn 官网提供了一个选择模型的流程图，如图 9-6 所示。

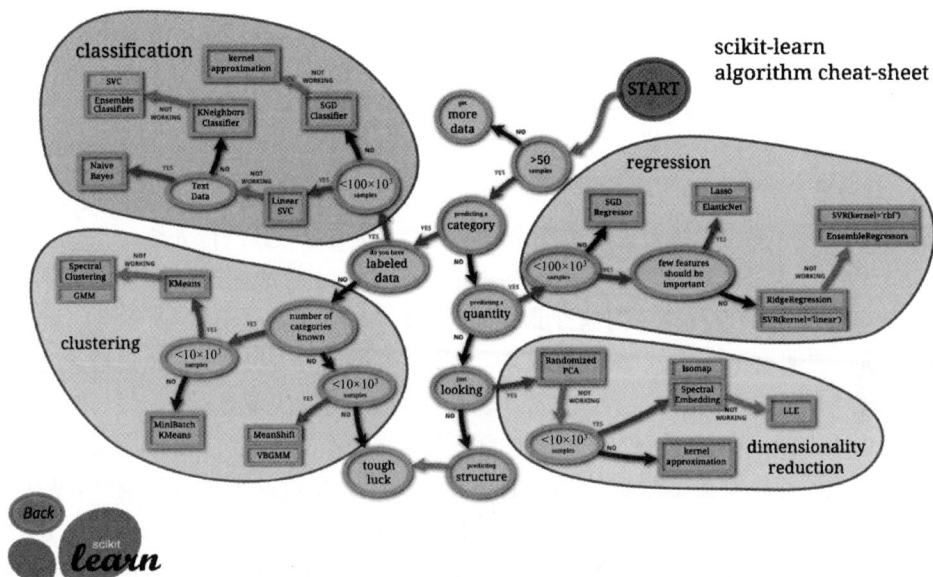

图9-6　选择模型的流程图

在流程图中，蓝色圆圈内是判断条件，绿色方框内是可以选择的模型。在流程图中有分类、回归、聚类、降维 4 类算法，其中，分类和回归是监督学习算法，即每个数据对应一个 label（标签），聚类是非监督学习算法，没有 label（标签），还有一类是降维。降维就是当数据集有很多属性的时候，可以通过降维算法把属性归纳起来。例如数据集中有 20 个属性，将其变成 2 个属性。应注意的是，降维不是挑选出 2 个属性，而是压缩成 2 个属性，这 2 个属性要集成原 20 个属性的所有特征，相当于提取出重要的信息，丢弃不重要的信息。

从 START 开始，首先看数据的样本是否大于 50。如果样本小于 50 则需要收集更多的样本。如果样本大于 50 就先判断预测的是不是一个分类。如果预测的是一个分类，就判断预测的数据是否有标签，如果预测的数据有标签就选择分类模型，否则选择聚类模型。如果预测的不是一个分类，而是数量，就选择回归模型。然后，在选择算法时还需要考虑数据的规模，例如 100×10^3 就是一个常见的阈值，某些算法可能更适合处理大规模数据，而另一些算法则适用于较小的数据集。另外，在流程图中，单击任何一个绿色方框都可以查看相应模型的 API 文档。

2. 应用模型

scikit-learn 有许多种类的数据集，数据集种类及导入方法如下。

❑ 自带的小数据集（packaged dataset）：sklearn.datasets.load_<name>。

❑ 可在线下载的数据集（Downloaded Dataset）：sklearn.datasets.fetch_<name>。

❑ 计算机生成的数据集（Generated Dataset）：sklearn.datasets.make_<name>。

❑ svmlight/libsvm 格式的数据集：sklearn.datasets.load_svmlight_file(...)。

其中，scikit-learn 自带的小数据集名称（name）如下。

❑ 鸢尾花数据集 iris。

❑ 手写数字数据集 digits。

❑ 乳腺癌数据集 breast_cancer。

❑ 糖尿病数据集 diabetes。

❑ 体能训练数据集 linnerud。

用户可以选择 scikit-learn 自带的数据集，也可以选择自行处理数据后的数据集进行练习。

【例 9-2】以 scikit-learn 自带的鸢尾花数据集 iris 和 9.4.2 节中数据清洗后保存的数据集 iris-clean.csv 为例，使用 KNN 分类器模型进行训练和预测。

（1）KNN 分类器

KNN 分类器是简单、初级的分类器，它可以将全部的训练数据所对应的类别都记录下来，当测试对象的属性和某个训练对象的属性完全匹配时，便可以对其进行分类。

KNN 分类器是依据 K 近邻（K-Nearest Neighbors，KNN）算法进行分类的。KNN 算法的核心思想是如果一个样本在特征空间中 k 个最相邻的样本中的大多数属于某一个类别，则该样本也属于这个类别，并具有这个类别上样本的特性。该算法在确定分类决策上只依据最邻近的一个或者几个样本的类别来决定待分样本所属的类别。使用 KNN 算法决策类别时，只与极少量的相邻样本有关。由于 KNN 算法主要靠周围有限的邻近的样本而不是靠判别类域的方法来确定所属类别，因此对于类域的交叉或重叠较多的待分样本集来说，使用 KNN 算法较其他算法更为适合。

在 scikit-learn 中，与 KNN 算法这一大类相关的类库都在 sklearn.neighbors 中。KNN 分类树的类是 KNeighborsClassifier，KNN 回归树的类是 KNeighborsRegressor，KNN 分类和回归的类的参数完全一样。

（2）使用 KNN 分类器模型的步骤

① 导入 KNN 模块：from sklearn.neighbors import KNeighborsClassifier。

② 导入 scikit-learn 自带的鸢尾花数据集 iris，其代码如下。

```
from sklearn import datasets
iris = datasets.load_iris()
```

③ 将整个数据集分为训练集和测试集，包括特征矩阵和目标数组。

④ 建立模型：clf = KNeighborsClassifier()。

⑤ 用 fit()函数训练模型：clf.fit(X_train, y_train)。

⑥ 用 predict()函数进行预测：clf.predict(X_test)。

⑦ 用 score()函数计算准确率：clf.score(X_test, y_test,sample_weight=None)。

⑧ 保存模型：当模型训练好后，可以保存模型，以便下次直接调用。保存模型需要导入 pickle，保存模型的代码如下。

```
with open('d:/data/knn_model.pkl', 'wb') as f:
    pickle.dump(knn_model, f)
```

⑨ 读取保存的模型，代码如下。

```
with open('d:/data/knn_model.pkl', 'rb') as f:
    model = pickle.load(f)
```

⑩ 绘制 distplot（统计直方图与核密度估计图）图形，判断模型的表现与训练集的选择的关系。

其示例代码 test9-2.py 如下。

```python
import pandas as pd
from sklearn import datasets
from sklearn.model_selection import train_test_split
from sklearn.neighbors import KNeighborsClassifier
import seaborn as sns
import matplotlib.pyplot as plt
import pickle
#自定义函数
def knn_function(X,y):
    #划分训练集和测试集，其中test_size=0.3，即测试集占总数据的30%
    X_train, X_test, y_train, y_test = \
        train_test_split(X, y, test_size = 0.3)
    clf = KNeighborsClassifier()          # 建立模型
    clf.fit(X_train, y_train)              # 用fit()函数训练模型
    #用predict()函数进行预测，输出模型预测值
    predict_test = clf.predict(X_test)
    print('预测值','\n',predict_test)
    print('真实值','\n',y_test)           # 输出真实值，将其与预测值对比
    #计算准确率
    score = clf.score(X_test, y_test, sample_weight = None)
    print('准确率','\n',score)
    return clf


#导入自带的数据集
iris = datasets.load_iris()
#查看数据集
print(iris.data)
print(iris.data.shape)
print(iris.target_names)
print(iris.target)
#获取特征矩阵和目标数组
iris_X = iris.data
iris_y = iris.target
#调用函数
knn_function(iris_X,iris_y)


#导入iris-clean.csv数据集
iris= pd.read_csv('d:/data/iris-clean.csv')
#获取特征矩阵和目标数组
iris_X = iris.loc[0:,'sepal_length':'petal_width']
iris_y = iris['class']
#调用函数
knn_model = knn_function(iris_X, iris_y)


# 保存模型
with open('d:/data/knn_model.pkl', 'wb') as f:
    pickle.dump(knn_model, f)


# 读取保存的模型
```

```
with open('d:/data/knn_model.pkl', 'rb') as f:
    model = pickle.load(f)

#绘制 distplot 图形
model_accuracies = []
for repetition in range(1000):
    X_train, X_test, y_train, y_test = \
        train_test_split(iris_X, iris_y, test_size = 0.3)
    # 通过读取 knn_model.pkl，建立模型 model
    score = model.score(X_test, y_test, sample_weight = None)
    model_accuracies.append(score)
sns.distplot(model_accuracies)
plt.show()
```

观察运行结果可知，准确率为 0.9777。通过绘制 distplot（统计直方图与核密度估计图）图形，可以观察到模型的表现与训练集的选择有很大关系，这种现象被称为"过度拟合"，即模型针对训练集的分类表现太好，而对那些没有见过的数据则表现很差。distplot 图形如图 9-7 所示。

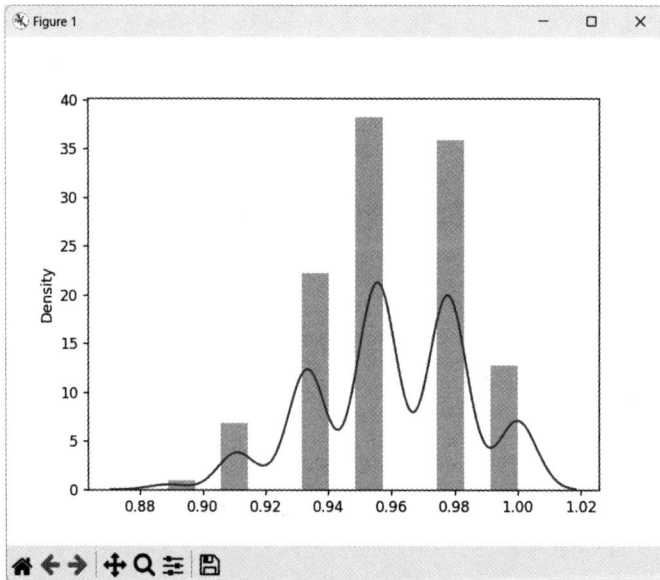

图9-7　distplot图形

9.4.4　调整参数并训练和测试模型

1. 超参数与调参

在 scikit-learn 中，机器学习的模型一般都有超参数。所谓超参数是指在模型开始学习之前人为预先定义的参数，而不是通过训练得到的参数。这些参数用于定义模型更高层次的概念，如模型复杂性、学习能力等。通过调整超参数来训练模型的过程称为调参。调参的目的是寻找最佳模型，使训练后的模型检测样本更精确。调参可以看作一个多元函数优化问题。

在机器学习中，与超参数对应的有模型参数，模型参数是指模型在学习过程中学习的参数。如 KNN 分类器模型只有超参数，没有模型参数。KNN 分类器模型中常用的超参数是 n_neighbors，也称为 K 参数，K 参数表示从训练集中找到和新数据最接近的 K 条记录。

调参就是寻找 K 取多少值时为最优值。寻找最优超参数的方法，一种是依靠经验取值，另一种是依靠实验确定，如通过交叉验证（cross_validation）来验证模型优劣。

2. K 折交叉验证

K 折交叉验证的过程如下。

① 将整个数据集分为训练集和测试集两个部分。

② 使用不重复抽样将训练集的数据随机分为 K 份。

③ 将 K-1 份数据用于模型训练，剩下的数据用于模型验证。

④ 重复第③步 K 次，并保证每重复一次所选择的测试集和训练集是不相同的。

⑤ 重复 K 次后将得到 K 个模型和它的评估结果。为了减小由于数据分割引入的误差，通常 K 折交叉验证要随机使用不同的划分方法重复 p 次，常见的有 10 次 10 折交叉验证。然后计算 K 折交叉验证结果的平均值，并将该平均值作为模型精度的估计值，同时作为当前 K 折交叉验证下模型的性能指标。

使用 K 折交叉验证时，一旦寻找到最优参数，就要使用这组参数在原始数据集上的训练模型中作为最终的模型。

10 折交叉验证过程如图 9-8 所示，其中，黑色方框表示测试集，白色方框表示训练集。

图9-8 10折交叉验证过程

在 scikit-learn 中，当模型训练完成后，可获得 Estimator 对象 clf，该对象是从训练数据学习中得到的。Estimator 对象的参数可以在训练前初始化，也可以在训练之后更新，使用 clf.get_params()函数可返回 Estimator 对象之前定义的参数。

使用 cross_val_score()函数可对 Estimator 对象进行评分，分类模型使用"准确率"（accuracy）评分，代码如下。

```
cross_val_score(clf, X_train, y_train, cv=10, scoring='accuracy')
```

回归模型使用"决定系数"（coefficient of determination）评分，代码如下。

```
cross_val_score(clf, X_train, y_train, cv=10,scoring='neg_mean_squared_
error')
```

3. 测试模型

模型训练完成后，可在测试集上进行预测。利用 predict(X_test)可返回测试样本的预测标签，而利用 score(X_test,y_test)可根据预测值和真实值计算评分。

【例 9-3】以 scikit-learn 自带的鸢尾花数据集 iris 为例，选择 KNN 分类器模型，调整超参数 K 值，用 10 折交叉验证判断 K 值为 1～25 时的最优值。

其示例代码 test9-3.py 如下。

```
from sklearn.model_selection import train_test_split, cross_val_score
from sklearn import datasets
from sklearn.neighbors import KNeighborsClassifier
import matplotlib.pyplot as plt
```

```
iris = datasets.load_iris()
X = iris.data
y = iris.target
#划分训练集和测试集，测试集占总数据的33%，随机种子为10
X_train, X_test, y_train, y_test = train_test_split(X, y, test_size = 0.33,
                                                    random_state = 10)

k_range = range(1, 26)
v_scores = []
for n in k_range:
    clf = KNeighborsClassifier(n)
    scores = cross_val_score(clf, X_train, y_train, cv = 10,
                             scoring = 'accuracy')
    cv_scores.append(scores.mean())

plt.plot(k_range, cv_scores)
plt.xlabel('K')
plt.ylabel('Accuracy')
plt.show()


#选择最优的K
best_clf = KNeighborsClassifier(n_neighbors = 5)
best_clf.fit(X_train, y_train)
print('参数',best_clf.get_params())
print('准确率',best_clf.score(X_test, y_test))
print('预测的值',best_clf.predict(X_test))
```

运行结果如图 9-9 所示。从图 9-9 中可见 K 为 5 时是最佳值。

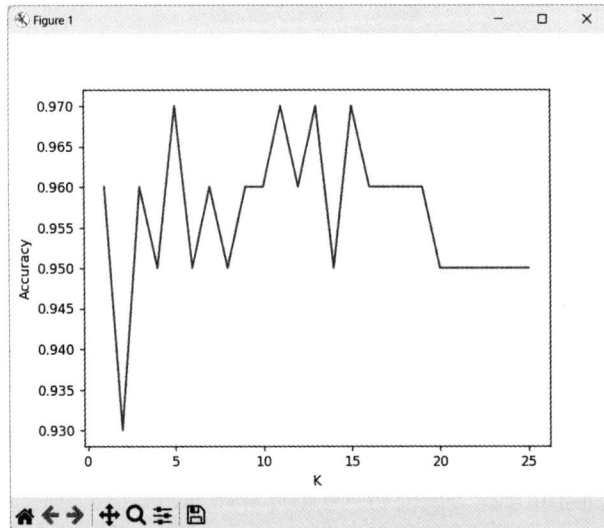

图9-9 10折交叉验证运行结果

选择最优的 K=5，在测试集中预测，输出结果如下。

```
参数{'algorithm': 'auto', 'leaf_size': 30, 'metric': 'minkowski', 'metric_params':
None, 'n_jobs': 1, 'n_neighbors': 5, 'p': 2, 'weights': 'uniform'}
准确率 0.96
预测的值 [1 2 0 1 0 1 2 1 0 1 1 2 1 0 0 2 1 0 0 0 2 2 2 0 1 0 1 1 1 2 1 1 2 2 2 0 2
2 2 2 0 0 1 0 1 0 1 2 2 2]
```

项目实践

1. 项目描述

以 scikit-learn 自带的糖尿病数据集 diabetes 为例，该数据集包括 442 个病人的生理数据及一年以后的病情发展情况，该数据集包含 10 个属性，即 10 个特征值，具体如表 9-1 所示。其中属性 s1、s2、s3、s4、s5、s6 是指 6 种血清的化验数据，而且这 10 个属性中的每一个都以平均值为中心，并按标准差乘以 "n_samples"（即每列的平方和总计为 1）进行缩放。

表 9-1　糖尿病数据集中的属性

属性	描述
age	年龄
sex	性别
bmi	身体质量指数，是衡量是否肥胖和标准体重的重要指标
bp	血压（平均血压）
s1	tc，T 细胞（一种白细胞）
s2	ldl，低密度脂蛋白
s3	hdl，高密度脂蛋白
s4	tsh，促甲状腺激素
s5	ltg，拉莫三嗪
s6	glu，血糖水平

要求完成下列任务。

（1）采用线性回归算法对糖尿病数据集进行分析。

（2）通过绘制散点图，观察每个特征值与糖尿病之间的关系。

（3）利用线性回归分析找出特征值与糖尿病的关联性，并预测出相关结果。

2. 项目设计思路

（1）导入 scikit-learn 自带的糖尿病数据集。

（2）获取糖尿病数据集中的特征矩阵、目标数组和属性名，查看数据和数据形状。

（3）将糖尿病数据集中的特征矩阵转换成 DataFrame，目标数组和属性名转换成 Series。

（4）获取特征矩阵和目标数组，划分训练集和测试集。

（5）建立线性回归模型和训练模型，计算测试值和均方差值，并分别用训练集和测试集给模型评分。

（6）保存模型。

（7）自定义函数以实现绘制每个特征值与糖尿病之间关系的散点图。

（8）利用线性回归分析找出特征值与糖尿病的关联性，并预测出相关结果。

3. 程序代码设计

示例代码 test9-4.py 如下。

```
import numpy as np
import pandas as pd
from sklearn.datasets import load_diabetes
from sklearn.model_selection import train_test_split
import seaborn as sns
import matplotlib.pyplot as plt
```

```
from sklearn.linear_model import LinearRegression
from sklearn.metrics import mean_squared_error
import pickle

#导入数据集
data_diabetes = load_diabetes()
print(data_diabetes)
#获取特征矩阵和目标数组
data = data_diabetes['data']
target =  data_diabetes['target']
feature_names = data_diabetes['feature_names']
#查看数据集
print('特征矩阵',data)
print(data.shape)
print('目标数组',target)
print(target.shape)
#将 data 转换成 DataFrame，将 target 转换成 Series
diabetes_data = pd.DataFrame(data, dtype = float)
diabetes_target = pd.Series(target, dtype = float)
#将 data_diabetes 属性转换成 Series
diabetes_columns = pd.Series(feature_names)
print('属性名',diabetes_columns)

print(diabetes_data.head())
print(diabetes_data.info())


#获取特征矩阵和目标数组
X = data
y = target

#划分训练集和测试集，其中 test_size=0.5，即测试集占总数据的 50%
X_train, X_test, y_train, y_test = \
    train_test_split(X, y, test_size = 0.5,random_state = 1)


lr_model = LinearRegression()                    #建立线性回归模型
lr_model.fit(X_train, y_train)                   #训练模型
print(lr_model.get_params())                     #返回参数


pred_y = lr_model.predict(X_test)                #计算测试值
print('测试值: ',pred_y)
print('均方差值: ',mean_squared_error(y_test,pred_y)

print('训练集 Score:%.2f' % lr_model.score(X_train, y_train))    #用训练集给模型评分
print('测试集 Score:%.2f' % lr_model.score(X_test, y_test))      #用测试集给模型评分

# 保存模型
with open('d:/data/lr_model.pkl', 'wb') as f:
    pickle.dump(lr_model, f)


#自定义函数，实现绘制每个特征值与糖尿病之间关系的散点图
```

```
def scatter_show(test_X,test_y,names):
    sns.set(style = 'whitegrid')
    plt.title('LinearRegression Diabetes')     #标题
    plt.xlabel(names)                            #x 轴标签
    plt.ylabel('Measure of diabetes')           #y 轴标签
    plt.scatter(test_X, test_y, color = 'red')
    plt.show()

for z in range(10):
    X = data[:, np.newaxis, z]
    y = target
    names = diabetes_columns[z]
    train_X, test_X, train_y, test_y = \
        train_test_split(X, y, test_size = 0.5,random_state = 1)
    model = LinearRegression()
    model.fit(X_train, y_train)
    scatter_show(test_X, test_y, names)

    #预测结果，直线表示
    plt.plot(test_X, model.predict(test_X), color = 'blue' linewidth = 3)
    plt.show()
    print(names + '测试集Score:%.2f' % model.score(test_X, test_y)
```

观察测试集评分数据可发现，bmi（身体质量指数）与糖尿病的相关性最强，其他血清指标虽然多少都和糖尿病有些关系，但是有的相关性强，有的相关性弱。

本章小结

本章首先介绍了机器学习的基本概念和机器学习的流程，然后介绍了 scikit-learn 的安装与使用，以及利用 scikit-learn 实现简单机器学习的程序。在机器学习的过程中，为了更好地观察数据分布，介绍了 Seaborn 的使用。最后通过 Iris 数据集机器学习案例，重点介绍了使用 scikit-learn 进行机器学习的流程。同时，在项目实践中，根据糖尿病数据集，分析了糖尿病与哪些因素有相关性，以及如何建立糖尿病的预测模型。

思考练习

1. 简答题

（1）什么是机器学习？机器学习的基本流程是什么？

（2）机器学习的问题分为几类？每一类的机器学习问题中各有哪些算法？

（3）scikit-learn 有什么作用？它的简称是什么？

（4）在 scikit-learn 中，数据是如何表示的？数据分为哪些部分？

（5）在机器学习中，什么是特征归一化？为什么要进行特征归一化？

（6）在 scikit-learn 中，特征归一化有几种方法？如何实现特征归一化？

（7）简述使用 scikit-learn 进行机器学习的流程。

（8）什么是超参数？为什么要调参？调参的方法有哪些？举例说明调参的作用。

（9）简述交叉验证的原理。

2. 编程题

（1）以 scikit-learn 自带的手写数字数据集 digits 为例，使用 scikit-learn 对该数据集进行机器学习的训练，构建机器学习的预测模型。

（2）以 scikit-learn 自带的体能训练数据集 linnerud 为例，使用 scikit-learn 对该数据集进行机器学习的训练，构建机器学习的预测模型。

第10章

电影数据分析项目

① 了解电影数据分析项目。 ④ 掌握数据分析方法。
② 熟悉电影数据分析流程。 ⑤ 掌握数据可视化方法。
③ 掌握数据预处理方法。

10.1 项目描述

【微课视频】

  IMDB（Internet Movie Database）是目前全球互联网中较大的一个电影资料库，在该电影资料库中有丰富的电影作品信息，包括影片演员、导演、电影题材、片长、剧情关键字、分级、评分等关于影片的基本信息，其中使用最多的就是 IMDB 的评分。

  IMDB 创建于 1990 年 10 月 17 日，正式启动于 1993 年，是互联网上第一个完全以电影为内容的网站。与之相似的国内网站是豆瓣网。

  在电影数据分析项目中，选择的数据集是从 IMDB 网站上抓取的从 1916 年至 2016 年这 100 年间出品的 5043 部电影数据，该数据集称为 IMDB5000 部电影数据集，文件名为 movie_metadata.csv，它也是电影数据分析项目中常用的经典数据集。在该数据集中包含 28 个属性、4906 张海报，电影时间跨度超过 100 年，共有 65 个国家及地区的影片，并包括 2399 位导演和数千位演员的信息。近些年中国国产电影取得了辉煌的成就，根据 2025 年 3 月 19 日，猫眼专业版数据显示，《哪吒之魔童闹海》（《哪吒 2》）全球票房（含预售及海外）已突破 150 亿元，跻身全球电影票房榜前 5。MDB5000 部电影数据集的属性信息如表 10-1 所示。

表 10-1　IMDB5000 部电影数据集的属性信息

属性	描述
movie_title	电影片名
color	画面颜色
genres	电影题材
duration	电影时长
director_name	导演姓名

属性	描述
actor_1_name	男一号演员姓名
actor_2_name	男二号演员姓名
actor_3_name	男三号演员姓名
num_critic_for_reviews	评论家评论的数量
num_user_for_reviews	用户的评论数量
director_facebook_likes	脸书上喜欢该导演的人数
actor_1_facebook_likes	脸书上喜爱男一号演员的人数
actor_2_facebook_likes	脸书上喜爱男二号演员的人数
actor_3_facebook_likes	脸书上喜爱男三号演员的人数
gross	总票房
num_voted_users	参与投票的用户数量
cast_total_facebook_likes	脸书上投喜爱的总数
movie_facebook_likes	脸书上被点赞的数量
facenumber_in_poster	海报中的人脸数量
plot_keywords	剧情关键字
country	国家及地区
content_rating	电影分级
budget	制作成本
title_year	电影年份
imdb_score	IMDB 上的评分
movie_imdb_link	IMDB 地址
aspect_ratio	画布的比例
language	语言

要求根据 IMDB5000 部电影数据集进行下列数据分析。

（1）电影出品国及地区的情况分析。

（2）电影数量的分析。

（3）电影类型的分析。

（4）电影票房统计及电影票房相关因素的分析。

（5）电影评分统计及电影评分相关因素的分析

下面根据数据分析的问题，利用 Jupyter Notebook 说明电影数据分析项目的操作步骤及相关程序代码。

10.2　准备数据

在项目描述中，已经阐述了 IMDB5000 部电影数据集数据分析的具体要求及 movie_metadata.csv 的结构。在确定了数据分析问题后，下面的步骤是准备数据。

在准备数据中，主要的任务是导入 movie_metadata.csv 文件，其程序代码如下。

```
In [1]: import pandas as pd
        import matplotlib.pyplot as plt
In [2]: #加载数据
        movies_df = pd.read_csv('d:/data/movie_metadata.csv',encoding="GBK")
In [3]: movies_df.head()    #输出默认前 5 行
In [4]: movies_df.info()     #输出 movies_df 的信息
        movies_df.describe()  #输出 movies_df 的基本统计量和分位数等值
```

10.3　数据清洗

当数据导入完成后，下一步要完成的工作就是数据清洗。在电影数据分析项目中，数据清洗的主要任务是对原始数据集进行缺失值和重复值的处理。其程序代码如下。

1. 统计每列的缺失值个数

```
In  [5]: column_null_number = movies_df.isnull().sum()
In  [6]: print('每列缺失值个数','\n',column_null_number)
```

2. 删除任何含有缺失值的行

```
In  [7]: movies_df_nonull = movies_df.dropna()
In  [8]: print('每列缺失值个数','\n',movies_df_nonull.isnull().sum())
```

3. 删除重复值

```
In  [9]: movies_df_new = movies_df_nonull.drop_duplicates(keep='first')
```

4. 查看数据清洗后的信息

```
In  [10]: movies_df_new.count()
In  [11]: movies_df_new.head()     #输出默认前 5 行
```

5. 输出 movies_df_new 的基本统计量和分位数等值

```
In  [12]: movies_df_new.describe()
```

通过删除缺失值和重复数据，获得一个数据清洗后的"干净"数据 movies_df_new，有效数据记录为 3723 条。

10.4　数据分析与数据可视化

在电影数据分析项目中，数据分析与数据可视化的主要内容和相关程序代码如下。

1. 电影出品国及地区的情况分析

（1）统计每个国家及地区出品的电影数量

```
In  [13]: country_group = movies_df_new.groupby('country').size()
In  [14]: country_group
```

（2）显示电影出品数量排名前 10 位的国家及地区

```
In  [15]: group_head_10=country_group.sort_values(ascending=False).head(10)
In  [16]: group_head_10
```

（3）绘制电影出品数量排名前 10 位的国家及地区的柱形图（见图 10-1）

```
In  [17]: group_head_10.plot(kind = 'bar')
Out[17]:
```

2. 电影数量的分析

（1）按年份统计每年的电影数量

```
In  [18]: group_year= movies_df_new.
groupby('title_year').size()
In  [19]: group_year
```

（2）绘制每年的电影数量图形（见图 10-2）

```
In  [20]: group_year.plot()
Out[20]:
```

图10-1　电影出品数量排名前10位的国家及地区

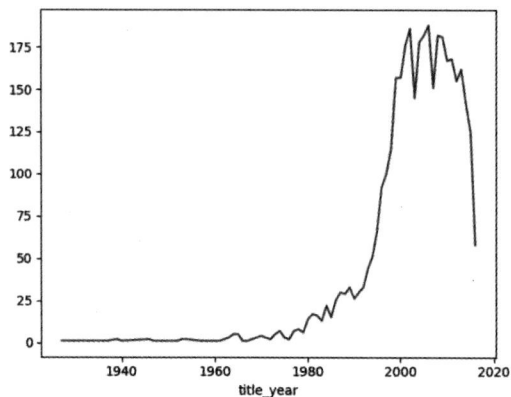

图10-2　每年的电影数量

（3）按年份统计每年的电影总数量、彩色影片数量和黑白影片数量并绘制图形（见图 10-3）

```
In  [21]: movies_df_new['title_year'].value_counts().sort_index().\
                          plot(kind='line',label='total number')
          movies_df_new[movies_df_new['color']=='Color']['title_year'].\
                     value_counts().sort_index().plot(kind='line',\
                              c='red',label='color number')
          movies_df_new[movies_df_new['color']!='Color']['title_year'].\
                 value_counts().sort_index().plot(kind='line',c='black',\
                              label='Black White number')
          plt.legend(loc='upper left')
Out[21]:
```

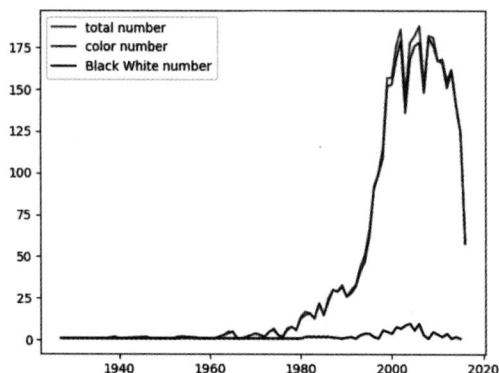

图10-3　每年的电影总数量、彩色影片数量和黑白影片数量

3. 电影类型的分析

根据电影数据集中影片类型属性的格式，如"Action|Adventure|Fantasy|Sci-Fi"可见，影片类型由影片类型关键字组成，每个影片类型关键字用"|"分隔符分隔。

（1）计算不同类型的电影数量

首先用 for 语句遍历 movies_df_new 中的电影类型（genres）列，用 split()函数分隔该列中的每一行的字符串，并将分隔的字符串保存到 types 列表中，然后将列表转换成 types_df DataFrame，再计算每一个电影类型的数量。

```
In  [22]: types = []
          for tp in movies_df_new['genres']:
```

```
              sp = tp.split('|')
              for x in sp:
                  types.append(x)
types_df = pd.DataFrame({'genres':types})
In  [23]: types_df_counts = types_df['genres'].value_counts()
In  [24]: types_df_counts
Out[24]: Drama          1876
          Comedy         1455
          Thriller       1105
          Action          951
          Romance         851
          Adventure       773
          Crime           704
          Fantasy         504
          Sci-Fi          492
          Family          440
          Horror          386
          Mystery         378
          Biography       238
          Animation       196
          War             150
          Music           149
          Sport           147
          History         147
          Musical          96
          Western          57
          Documentary      45
          Film-Noir         1
          Name: genres, dtype: int64
```

（2）绘制不同类型的电影数量图形（见图 10-4）

```
In  [25]: types_df_counts.plot(kind='bar')
          plt.xlabel('genres')
          plt.ylabel('number')
          plt.title('genres&number')
Out[25]:
```

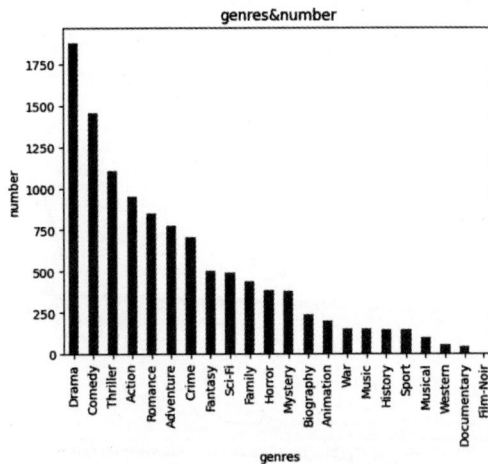

图10-4　不同类型的电影数量

（3）绘制各个电影类型的比例饼图（见图 10-5）

```
In [26]: b1 = types_df_counts/types_df_counts.sum()
         explode = (b1>=0.06)/20+0.02
         types_df_counts.plot.pie(autopct='%1.1f%%',figsize=(8,8),\
                                 label='',explode=explode)
         plt.title('Movie Type Proportional Distribution Map')
Out[26]:
```

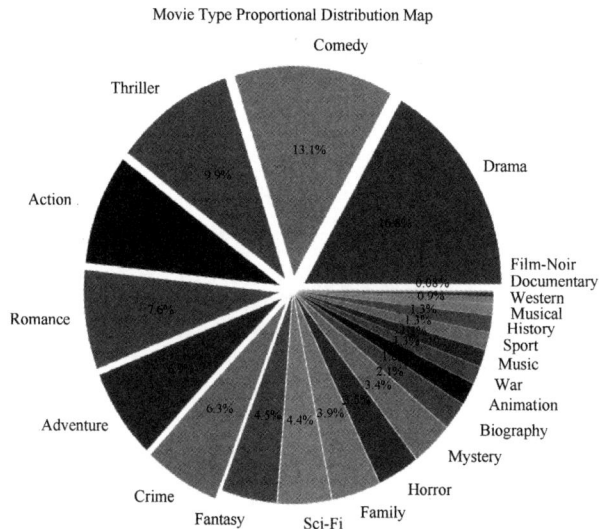

图10-5　各个电影类型的比例

4. 电影票房统计及电影票房相关因素的分析

（1）每年票房统计

```
In [27]: year_gross = movies_df_new.groupby('title_year')['gross'].sum()
```

（2）绘制每年票房统计图（见图 10-6）

```
In [28]: year_gross.plot(figsize=(10,5))
         plt.xticks(range(1915,2018,5))
         plt.xlabel('year')
         plt.ylabel('gross')
         plt.title('year&gross')
Out[28]:
```

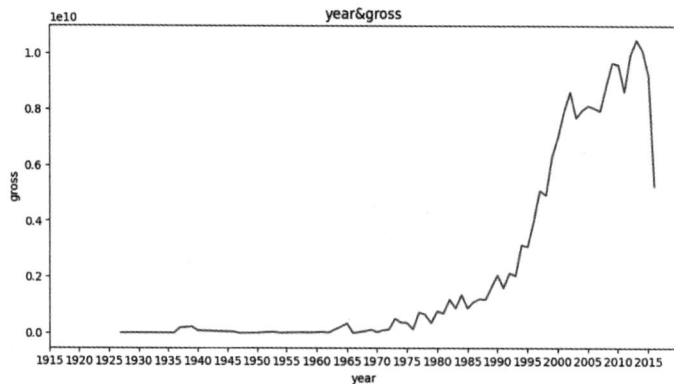

图10-6　每年票房统计

（3）查看票房收入排名前 20 位的电影片名和类型

```
In  [29]: movie_grose_20 = movies_df_new.sort_values(['gross'],\
                                       ascending=False).head(20)
In  [30]: movie_grose_20[['movie_title','gross','genres']]
```

（4）绘制电影评分与票房的关系散点图（见图 10-7）

```
In  [31]: plt.scatter(x= movies_df_new.imdb_score,y=\
                    movies_df_new.gross/1000000000)
          plt.xlabel('imdb_score')
          plt.ylabel('gross')
          plt.title('imdb_score&gross')
Out[31]:
```

Text(0.5, 1.0, 'imdb_score&gross')

图10-7　电影评分与票房的关系

（5）绘制电影时长与票房的关系散点图（见图 10-8）

```
In  [32]: plt.scatter(x= movies_df_new.duration,y=\
                    movies_df_new.gross/1000000000)
          plt.xlabel('duration')
          plt.ylabel('gross')
          plt.title('duration&gross')
Out[32]:
```

Text(0.5, 1.0, 'duration&gross')

图10-8　电影时长与票房的关系

5. 电影评分统计及电影评分相关因素的分析

（1）显示在 IMDB 网站上评分排名前 20 位电影的片名和评分。

```
In  [33]: movie_score_20 = movies_df_new.sort_values(['imdb_score'],\
                                                ascending=False).head(20)
In  [34]: movie_score_20[['movie_title','imdb_score']]
```

（2）绘制评分与受欢迎程度的关系散点图（见图 10-9）

```
In  [35]: plt.scatter(x= movies_df_new.imdb_score,y= \
                      movies_df_new.movie_facebook_likes)
          plt.xlabel('imdb_score')
          plt.ylabel('movie_facebook_likes')
          plt.title('imdb_score&likes')
Out[35]:
```

Text(0.5, 1.0, 'imdb_score&likes')

图10-9　评分与受欢迎程度的关系

6. 分析总结

（1）在 IMDB5000 部电影数据集中，电影高产地区主要集中在欧美。

（2）在 IMDB5000 部电影数据集中，电影产业的高速发展始于 20 世纪 90 年代，彩色电影发展迅速，其中剧情片（Drama）、喜剧片（Comedy）、惊悚片（Thriller）、动作片（Action）、爱情片（Romance）是所有电影类型中产量较高的几种类型。

（3）在 IMDB5000 部电影数据集中，电影票房收入从 20 世纪 90 年代后高速增长。

（4）在 IMDB5000 部电影数据集中，票房收入排名前 20 位的电影主要有《阿凡达》《泰坦尼克号》《侏罗纪世界》《复仇者联盟》等，类型主要为科幻、爱情、动作和冒险类，说明这类电影一般情况下能产生较高的票房收益。

（5）在 IMDB5000 部电影数据集中，评分前 20 位的电影主要有《肖申克的救赎》《教父》《蝙蝠侠：黑暗骑士》《教父2》《黄金三镖客》等。

（6）在 IMDB5000 部电影数据集中，评分与受欢迎程度之间相关性不是很明显，但是大部分受欢迎度高的影片，评分也高。

（7）在 IMDB5000 部电影数据集中，从电影时长与票房的关系可见，电影时长过短或过长票房效果都不佳，一般电影时长为 90～160 分钟为最佳。

（8）在 IMDB5000 部电影数据集中，评分与票房之间相关性不是很明显，但是大部分评分高的影片，票房基本上也较高。

本章小结

本章通过电影数据分析项目，介绍数据分析的流程、数据预处理方法，以及数据分析与数据可视化的方法，并通过数据分析结果进行分析总结。

思考练习

编程题

利用 IMDB5000 部电影数据集进行下列数据分析。

（1）电影时长与受欢迎程度的关系分析。

（2）评分排名前 20 位的导演姓名。

（3）拍摄电影数最多的前 10 位导演姓名。

（4）票房排名前 10 位的导演姓名。

（5）票房排名前 5 位的男一号演员姓名。

（6）排名前 10 位最受欢迎的男一号演员姓名。

参考文献

［1］Ivan Idris. Python 数据分析基础教程：NumPy 学习指南[M]. 2 版. 张驭宇，译. 北京：人民邮电出版社，2014.

［2］Fabio Nelli. Python 数据分析实战[M]. 2 版. 杜晓春，译. 北京：人民邮电出版社，2019.

［3］Wes McKinney. 利用 Python 进行数据分析[M]. 唐学韬，译. 北京：机械工业出版社，2014.

［4］黄红梅，张良均. Python 数据分析与应用[M]. 北京：人民邮电出版社，2018.